21世纪高等学校规划教材

XINGAINIAN C YUYAN JIAOCHENG

新概念C语言教程

编著　张基温

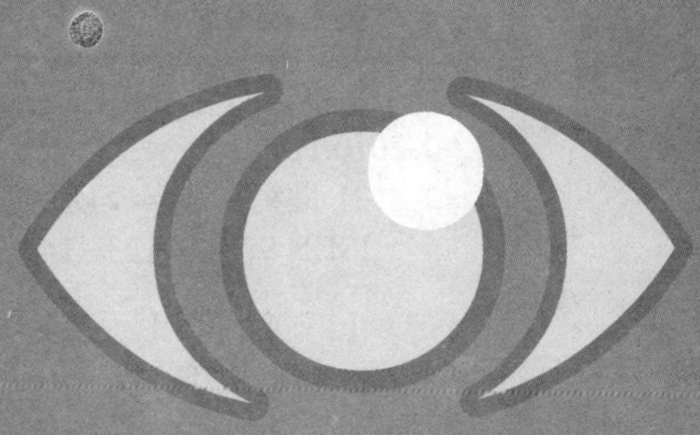

内容提要

本书是21世纪高等学校规划教材，是一本基于能力培养体系的程序设计教材。

全书按照作者提出的“提出问题、分析问题—编写程序、语法说明—程序测试、结果分析”的思路和“前期以培养解题思路为主，语法知识够用即可，后期补充必要的语法细节”的教学原则编写，旨在引导读者从逻辑思维能力、语法应用能力和程序测试能力三个方面同步提高。全书分为3篇。第1篇采用了全新的问题体系，从几个经典问题入手，将读者带入迭代、穷举、递归、随机模拟、时间步长、事件步长等基本求解方法的学习之中，并相对集中地融入基本语法，为初学者奠定程序设计的基本知识和能力。第2篇通过数组、结构体和指针三种数据类型的介绍，使读者初步领略数据结构在程序设计中的重要性，程序设计能力进一步提高。第3篇对C语言重点语法进行总结、提升和拓展，使读者在发挥C语言优势方面得到提升。

全书结构新颖、概念准确、鱼渔并重，例题经典，习题丰富、题型全面，适合教学、兼顾自学、适应面宽、注重效果，可以作为高等学校各专业的新一代程序设计课程教材，也可供从事程序设计相关领域的人员自学或参考。

图书在版编目（CIP）数据

新概念C语言教程 / 张基温编著. —北京：中国电力出版社，2010.11

21世纪高等学校规划教材

ISBN 978-7-5123-1145-9

Ⅰ. ①新… Ⅱ. ①张… Ⅲ. ①C语言－程序设计－高等学校－教材 Ⅳ. ①TP312

中国版本图书馆CIP数据核字（2010）第231402号

中国电力出版社出版、发行

（北京市东城区北京站西街19号 100005 http://www.cepp.sgcc.com.cn）

航远印刷有限公司印刷

各地新华书店经售

*

2011年2月第一版 2011年2月北京第一次印刷

787毫米×1092毫米 16开本 17印张 411千字

定价 **26.00** 元

前　言

（一）

自20世纪80年代起，本人在教学过程中就开始探索两个方面的问题：一是程序设计课程的教学如何从语法体系向问题体系（或应用能力体系）转变；二是如何把软件工程中的思想和方法结合到程序设计课程中。然而在实践中，第二个问题倒是比第一个问题容易些。所以，在我早期出版的教材中，较早地引入了结构化、模块化、自顶向下、逐步求精等。但是第一个问题实践起来并非如此简单。因为我深知习惯势力的强大和我自己的渺小，只能慢慢地进行，先引入一些算法数据结构的简单例子，再逐步加大它们的分量。

一个时机终于到来了。20世纪90年代初，教育部考试中心与英国剑桥大学合作，以CIT（剑桥信息技术考试）的模式开发中国的NIT（国家信息技术考试），聘请我作为考试委员会成员，负责C语言考试教材的编写。CIT考试有点像驾驶员的培训，采用过一关算一份成绩的办法，每一关都有一些考点。这样的教材非常适合按照问题体系来编写。这就成就了我的第一本按照问题体系的程序设计教材——《程序设计（C语言）》（清华大学出版社，1999）的问世。在编写这本教材的过程中，CIT教材中把测试与编程一起训练的做法给了我很大的启发。但是，这毕竟是按照问题体系编写的第一本程序设计教材，在许多地方还很不成熟。

之后，陆续有几家出版社约稿，给了我不断改进的机会，先后出版了《新概念C语言程序设计》（中国铁道出版社，2003）、《C语言程序设计案例教程》（清华大学出版社，2004）、《新概念C程序设计教程》（南京大学出版社，2007）。所以将它们以“新概念”命名，是因为这种按照内容体系编写的程序设计教材本身就体现了一种全新的程序设计教学理念。让我欣慰的是，随着这儿本书的不断改进，类似的书也陆续问世，品种不断增加，说明面向问题的程序设计教学思路正在得到越来越多的认可，接受了算法分析—给出代码—语法说明的程序设计教材结构形式。

本书是应中国电力出版社之邀而写的，它是对前几本的进一步完善与改进。全书分为3篇。第1篇由4个单元组成，在这4个单元中，以常见的问题类型为载体，使读者能初步掌握常见问题的设计思路、程序的基本测试方法和C语言的基本语法知识。第2篇由3个单元组成，分别介绍了数组、结构体和指针这三种支持程序数据结构的重要类型，使读者可以初步领略数据结构对于程序设计的重要性。前面这两篇按照“培养解题思路为主，语法够用即可”的原则编写。第3篇由6个单元组成，补充了一些重要的语法细节，使读者能在前两篇初步掌握程序设计的基本方法的基础上，将C语言程序设计的学习引向深入。这不仅建立了一种全新的内容体系——将应试教育向能力培养作了较大幅度的转变，而且也兼顾了学生希望获得某些证书的现实需求。可以说，本书是我在C语言教学改革上的最新成果与结晶。

（二）

程序设计是需要多练的课程，为了能有的放矢地进行训练，本书以大节为单位给出习题。

习题分为概念辨析、代码解析、探索验证和开发练习四个栏目。

概念辨析主要提供了一些选择题和判断题，旨在提高对基础语法知识的认知。

代码解析包括了指出程序（或代码段）执行结果、改错和填空，旨在提高读者的代码阅读能力。因为读程序也是程序设计的一种基本训练。

探索验证主要是用于提示或者指导读者如何通过自己上机验证来提高掌握语法细节的能力。除了这个栏目中的习题外，读者最好也能通过设计程序验证自己对于概念辨析栏目中习题的判断是否正确。

开发练习是一种综合练习，应当要求读者写出开发文档。内容主要包括问题（算法）分析、代码设计、测试用例设计、测试及调试结果分析等。要强调的是，程序设计训练的重点应当放在问题分析、代码设计和测试用例的设计上，要把这些工作都做好，再上机调试、测试。不要什么还没有设计出来就上机。

（三）

本书就要出版了。在即将出版之际，由衷地感谢在本书初稿完成后参与有关章节校读工作的张秋菊、杜勇、文明瑶、张展为、李博、张有明、张航、罗会枫、李绍恩、张亮。同时，也殷切地期待着广大读者和同仁的批评和建议。让我们共同把程序设计课程的改革做得更有实效。

张基温

2010 年 11 月

目　录

前言

第1篇　算法与C程序结构 ········· 1

第1单元　C语言程序设计初步 ········· 2

1.1　两个整数相加程序 ········· 2

1.1.1　最简单的两个整数相加程序 ········· 2

1.1.2　C语言程序的编译与连接 ········· 3

1.1.3　带有输出操作的C语言程序 ········· 4

习题1.1 ········· 6

1.2　变量初步 ········· 7

1.2.1　使用变量的两个整数相加程序 ········· 7

1.2.2　从键盘给变量输入值 ········· 9

1.2.3　用户友好的输入/输出原则 ········· 10

习题1.2 ········· 10

1.3　用实数进行除运算 ········· 13

1.3.1　整数相除的问题 ········· 13

1.3.2　两个实数相除的C语言程序 ········· 13

习题1.3 ········· 14

第2单元　有选择功能的C语言程序 ········· 16

2.1　二路if-else分支选择结构 ········· 16

2.1.1　将从键盘输入的任意两个数按升序输出 ········· 16

2.1.2　程序测试 ········· 19

2.1.3　程序异常处理 ········· 20

习题2.1 ········· 21

2.2　多路if-else分支选择结构 ········· 23

2.2.1　三中取大 ········· 23

2.2.2　一个简单的计算器模拟程序 ········· 26

2.2.3　字符型数据 ········· 29

习题2.2 ········· 30

2.3　switch选择结构 ········· 33

2.3.1　switch结构概述 ········· 33

2.3.2　使用switch结构的简单计算器 ········· 34

2.3.3　字符分类 ········· 35

2.3.4　程序测试用例设计——等价分类法 ········· 36

习题 2.3……38
第 3 单元　重复结构……41
3.1　迭代与递推……42
3.1.1　用辗转相除法求两个正整数的最大公因子……42
3.1.2　Fibonacci 数列……44
3.1.3　猴子吃桃子……47
3.1.4　用二分迭代法求解一元二次方程……49
3.1.5　用步长迭代法求解盐水池问题……52
习题 3.1……55
3.2　穷举……61
3.2.1　求素数……61
3.2.2　搬砖问题……63
3.2.3　推断名次……65
习题 3.2……68
第 4 单元　用函数组织 C 程序……71
4.1　函数基础……71
4.1.1　函数定义与函数返回……71
4.1.2　函数调用……72
4.1.3　函数原型声明……74
4.1.4　局部变量……75
习题 4.1……77
4.2　递归……79
4.2.1　阶乘的递归计算……80
4.2.2　汉诺塔……81
习题 4.2……83
4.3　随机问题模拟……84
4.3.1　产品随机抽样……84
4.3.2　用蒙特卡洛法求π的近似值……87
4.3.3　用基于事件步长的迭代法求解中子扩散问题……89
习题 4.3……90
第 2 篇　C 语言程序的数据结构基础……93
第 5 单元　顺序地组织同类型数据——数组类型……94
5.1　数组基础……94
5.1.1　扑克牌的表示与数组定义……94
5.1.2　扑克牌查找：数组元素引用与数组名参数……95
5.1.3　扑克洗牌的随机模拟……98
5.1.4　扑克牌整理：数组元素排序……99
5.1.5　扑克发牌：二维数组应用……101

习题 5.1 …………………………………………………………104
5.2 字符串 …………………………………………………………107
5.2.1 字符串与字符数组 ……………………………………………107
5.2.2 字符串输入/输出 ……………………………………………108
5.2.3 字符串的其他操作 ……………………………………………110
习题 5.2 …………………………………………………………114
第 6 单元 描述一类对象的属性——结构体类型 ……………………117
6.1 结构体类型的定义与实例化 ……………………………………117
6.1.1 结构体类型的定义 ……………………………………………117
6.1.2 结构体类型的实例化 …………………………………………117
习题 6.1 …………………………………………………………119
6.2 结构体变量及其成员操作 ………………………………………121
6.2.1 结构体变量间的赋值 …………………………………………121
6.2.2 引用结构体变量的成员 ………………………………………121
6.2.3 结构体类型数据的输出 ………………………………………121
习题 6.2 …………………………………………………………122
6.3 结构体数组 ……………………………………………………123
6.3.1 结构体数组的定义与初始化 …………………………………123
6.3.2 结构体数组元素的引用 ………………………………………124
习题 6.3 …………………………………………………………126
第 7 单元 指针类型 ……………………………………………129
7.1 指针的概念 ……………………………………………………129
7.1.1 指针＝基类型＋地址 …………………………………………129
7.1.2 指针的操作 …………………………………………………131
7.1.3 多级指针 ……………………………………………………133
7.1.4 悬空指针、空指针与 void 指针 ………………………………133
习题 7.1 …………………………………………………………134
7.2 数组的指针形式 ………………………………………………137
7.2.1 数组名与指向数组的指针 ……………………………………137
7.2.2 二维数组的指针形式 …………………………………………139
7.2.3 指针与 C 字符串 ……………………………………………140
习题 7.2 …………………………………………………………141
7.3 指针参数 ………………………………………………………144
7.3.1 指针参数与函数的地址传送调用 ……………………………144
7.3.2 带参主函数 …………………………………………………151
习题 7.3 …………………………………………………………153
7.4 链表 ……………………………………………………………156
7.4.1 链表及其特点 …………………………………………………156
7.4.2 链表的构建 …………………………………………………157

7.4.3 链表操作……158
习题 7.4……161

第 3 篇 深入学习 C 语言……167

第 8 单元 程序实体的生存期与其名字的作用域……168
8.1 基本概念……168
8.1.1 实体的存储分配与生存期……168
8.1.2 标识符的作用域……169
习题 8.1……170
8.2 C 语言中程序实体的存储类型……171
8.2.1 局部变量……171
8.2.2 全局变量……172
习题 8.2……176
第 9 单元 C 语言中常量的表示……181
9.1 字面常量……181
9.1.1 整型字面常量的表示和辨识……181
9.1.2 实型字面常量的表示和辨识……182
9.1.3 字符类型常量的表示……182
习题 9.1……186
9.2 宏……188
9.2.1 宏定义……188
9.2.2 使用宏应当注意的几点……188
9.2.3 带参宏定义……190
习题 9.2……192
9.3 const 修饰符……195
9.3.1 用 const“固化”变量……195
9.3.2 用 const 修饰指针……196
习题 9.3……198
9.4 枚举类型……200
9.4.1 枚举类型及其定义……200
9.4.2 枚举变量的定义……200
9.4.3 对枚举变量和枚举元素的操作……201
习题 9.4……202
第 10 单元 数据类型……204
10.1 基本数据类型……204
10.1.1 整数的有符号类型与无符号类型……205
10.1.2 类型宽度与取值范围……205
习题 10.1……207
10.2 union 类型……208

10.2.1 共用体类型的定制与共用体变量的定义……208
10.2.2 共用体类型与结构体类型的比较……208
10.2.3 共用体变量的应用……210
习题 10.2……211
10.3 数据类型转换……213
10.3.1 几个概念……213
10.3.2 自动数据类型转换……216
10.3.3 用户定义转换……217
10.3.4 函数调用时的参数类型转换……217
习题 10.3……218
10.4 typedef……219
习题 10.4……220
第 11 单元 文件……222
11.1 C 文件与 FILE 类型指针……222
11.1.1 文本文件与二进制文件……222
11.1.2 文件缓冲区……222
11.1.3 FILE 类型及其指针……223
习题 11.1……223
11.2 C 文件操作的一般过程……224
11.2.1 文件打开……224
11.2.2 文件读写定位与读写操作……226
11.2.3 文件关闭……227
习题 11.2……227
11.3 文件操作程序示例……230
11.3.1 写若干行字符串到文本文件……230
11.3.2 文件复制……231
习题 11.3……232
第 12 单元 格式化输入/输出……233
12.1 printf( )格式详解……233
12.1.1 基本格式符……233
12.1.2 长度修饰符……233
12.1.3 域宽与精度说明……234
12.1.4 前缀修饰符……234
习题 12.1……236
12.2 scanf( )格式详解……237
12.2.1 地址参数……237
12.2.2 格式字段……237
12.2.3 数值数据流的分隔……239
12.2.4 scanf( )与输入缓冲区……241

12.2.5 scanf( )用于字符输入 ······ 241
12.2.6 scanf( )的停止与返回 ······ 243
习题 12.2 ······ 244
第 13 单元 位运算与位段 ······ 246
13.1 位运算 ······ 246
13.1.1 按位逻辑运算 ······ 246
13.1.2 移位运算 ······ 247
13.2 位段 ······ 248
习题 13 ······ 250

附录 A C 语言的关键字及其用途 ······ 253
附录 B C 语言运算符的优先级和结合方向 ······ 254
附录 C 编译预处理命令 ······ 255
附录 D C 语言常用标准库函数 ······ 256

参考文献 ······ 262

第1篇　算法与C程序结构

计算机是人类历史上迄今为止最为神奇的一种机器。它几乎“无所不能”地在人类社会每个领域都能大显身手。然而，这种神奇之所在主要来自于它的程序系统。因为计算机的工作完全是由程序控制的，程序安排计算机做什么，计算机才能做什么。离开了程序系统，计算机就只剩下一堆金属和塑料。

程序是由人编写的，是用计算机能（直接或间接）理解的某种语言表达出来的人的意志。这些计算机能理解的语言称为计算机程序设计语言，简称计算机语言。计算机语言可以告诉计算机每一步应当做什么和如何做。计算机按照程序的安排，执行完一系列操作，就能实现某种功能。本书介绍的C语言，就是目前在计算机语言市场上占据统治地位的一种计算机程序设计语言。

程序既是程序设计者用计算机解决一类问题的思路反映，也是程序设计者在解题过程中运用程序设计语言技巧的结果。或者说，程序设计者就是用语句序列向计算机发布一系列命令来实现解题过程，而技巧就在于如何通过对语句执行流程的控制来达到用有限的代码求解复杂问题的目的。

C语言的来历

C语言的来历要从ALGOL（也称A语言）说起，ALGOL是首批高级程序设计语言之一。1963年剑桥大学基于ALGOL 60提出了CPL(Combined Programming Language)。1967年剑桥大学的Martin Richards对CPL语言进行了简化，形成了BCPL语言。1970年贝尔实验室的Ken Thompson将BCPL“煮”了一下，提炼出其精华，将之命名为B语言。他还用B语言写了第一个UNIX操作系统。1973年贝尔实验室的Dennis M. Ritchie又把B语言“煮”了一次，在此基础上设计出了一种新的语言，将之称为C语言。1977年Ritchie发表了不依赖于具体机器系统的C语言编译文本——可移植的C语言编译程序。1978年Brian W. Kernighian和Dennis M.Ritchie出版了名著《The C Programming Language》，把C语言推向流行最广的高级程序设计语言宝座。

Brian W. Kernighian 和 Dennis M. Ritchie

1988年后，随着微型计算机的日益普及，出现了许多C语言版本。由于没有统一的标准，使得这些C语言之间出现了一些不一致的地方。为了改变这种情况，美国国家标准研究所（ANSI）为C语言制定了一套ANSI标准，成为现行的C语言标准。

在C的基础上，1983年贝尔实验室的Bjarne Stroustrup推出了C++。C++进一步扩充和完善了C语言，成为一种面向对象的程序设计语言。在此基础上，Sun推出了Java，微软推出了C#。

这一篇介绍程序中常用的解题思路（算法——algorithms）和用C语言实现这些算法的基本方法（语句如何书写，流程如何控制）。

第1单元　C语言程序设计初步

1.1　两个整数相加程序

两个整数相加是一个非常简单的问题。通过对这个问题的处理可以看出一个C语言程序是个什么样子。

1.1.1　最简单的两个整数相加程序

代码1.1　一个用于计算2+3的C语言程序。

```
int main(void){
    2 + 3;
    return 0;
}
```

说明：（1）一个C语言描述的程序都有图1.1所示的基本结构，这个结构也被称为主函数。

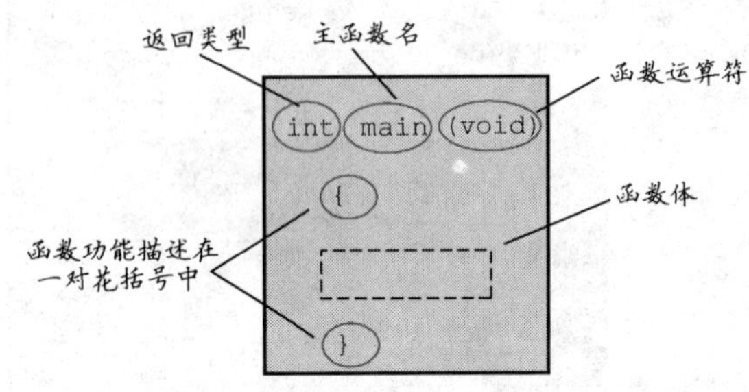

图1.1　C语言主函数的基本框架

在演绎数学中，函数（function）是表示一种映射关系。设X是一个非空集合，Y是非空数集，f是映射法则，若对X中的每个x，Y中存在唯一的一个元素y与之映射，则称f是在X上的一个函数，记为$y=f(x)$，X为函数$f(x)$的定义域，集合$\{y|y=f(x), x\in\mathbf{R}\}$为其值域（值域是$Y$的子集），$x$称为自变量（参数），$y$称为因变量（函数值）。在计算机程序中，函数的概念与演绎数学中不尽相同，主要指封装了一段用于实现某些功能的代码，可以有参数，也可以没有参数；可以形成映射关系，也可以仅表明一个操作过程。

（2）C语言的函数由函数头和函数体两部分组成。函数头包括函数名（如代码1.1中的main）、函数参数（如代码1.1中main后面圆括号中的部分）和函数返回类型（即函数计算后返回的是哪种类型的数据，如代码1.1中的int）。

函数体由一些语句（sentence）组成，如代码1.1的函数体中包含了两条语句："2+3;"和"return 0;"。函数体要用一对花括号括起。

（3）C语言程序是以函数为单位组成的。图1.2表明了一个C语言程序的基本结构：任何一个C程序都是从一个称为main的函数开始，并由这个函数结束的。这个函数在一个程序中只有一个，并且必须有一个。它的名字是固定的。当要执行一个程序时，操作系统总是从以main命名的函数开始执行。主函数执行结束，程序也就结束了。主函数也可以用一些其他函数作为功能的补充。图1.2表明，主函数是操作系统调用的，而其他函数是主函数调用的，其他函数还可以调用另外一些函数。

（4）语句。C语言函数体中封装的是语句或声明（declaration）。通常人们并不太区分语句和声明，都当作语句。语句用于向计算机发出操作指令。C语言规定，每个语句都以分号结束。

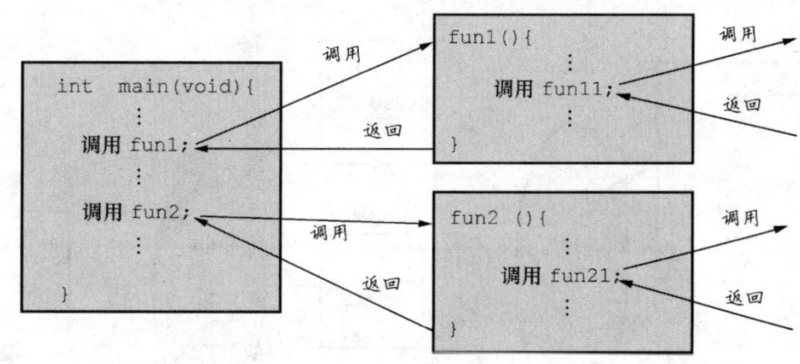

图 1.2　大型 C 语言程序的一般结构

（5）“2+3”称为一个 C 语言表达式。C 语言表达式是用操作数和操作符组成的合乎 C 语言语法的式子。在“2+3”这个表达式中，2 和 3 称为操作数；“+”称为操作符，准确地说，是一个算术操作符。C 语言的操作符有算术操作符、关系操作符、逻辑操作符、赋值操作符等十几种类型。其中，算术运算符有+（加）、-（减）、*（乘）、/（除）、%（模，即整除取余）。例如，19%7 的结果是 5。

注意，在 C 语言中，整数相除是取整，例如，19/7 的结果为 2。

（6）return 的作用是返回，即将执行流程返回调用者，并向其送回必要的数据。这里的 return 语句在主函数中，而主函数是由操作系统调用的，所以这里的“return 0;”是向操作系统返回一个数据 0，并把程序的执行流程交回操作系统——程序执行结束。那么为什么要向操作系统返回一个 0 呢？这是一个事先约定的默认数据，表示程序（主函数）正常结束了，而不是半途终止。所以，这个“return 0;”语句一定要放在主函数的最后。这样，只有执行到了这条语句，即前面的语句都正常执行了，才能向操作系统返回这个 0，以报“平安”。由于主函数要返回整数 0，所以在 main 的前面使用了 int 加以表示。

（7）main 后面的（void）是这个函数的参数部分，一对圆括号中间的是函数参数。本例中用 void 表示这个函数没有参数，只执行两条语句。关键字 void 常被省略。

1.1.2　C 语言程序的编译与连接

前面提到 C 语言程序在执行时使用了“可执行的”限定词。这说明，并非程序员编写出来的 C 程序就可以立即执行。因为 C 语言近似于人的自然语言，CPU 并不理解，也无法执行。CPU 所能理解和执行的是自己的机器语言，要用 0 和 1 表示。不同类型的 CPU，其机器语言也是不相同的。这样，要 CPU 执行一个 C 语言程序，就需要将这个程序转换——翻译成所在计算机 CPU 的语言。这个过程称为编译（compile）。为了区别程序员编写的程序和经过编译的程序，将前者称为源程序代码或源程序，将后者称为目标程序代码或目标程序。实现编译功能的程序称为编译器（compiler）。

但是，目标程序还不是可以执行的程序。因为，随着计算机所求解的问题越来越复杂，计算机程序的规模也越来越庞大。为了便于发现错误和纠正程序中的错误，采用了分块编写程序的方法。一个程序在编写过程中形成多个模块，并且有些是程序员自己编写的，有些可以使用别人或开发商提供的。要让系统正确地执行一个程序，必须将这些经过编译的程序资源同主函数连接起来，这个过程称为链接（或连接）。执行这个任务的程序称为链接器。只有经过链接的程序才可以成为可执行程序。

图 1.3 描述了一个 C 语言程序的编译和链接过程。

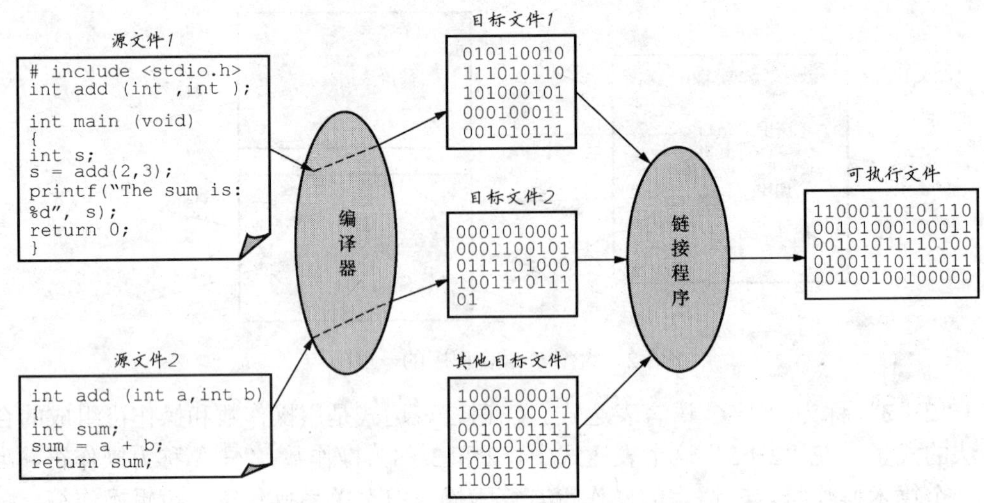

图 1.3　C 语言程序的编译和链接过程示意图

一个完整的高级语言程序的开发过程，就是从问题出发，编写出高级语言程序，再编译链接得到可执行程序的过程。图 1.4 描述了这个过程。

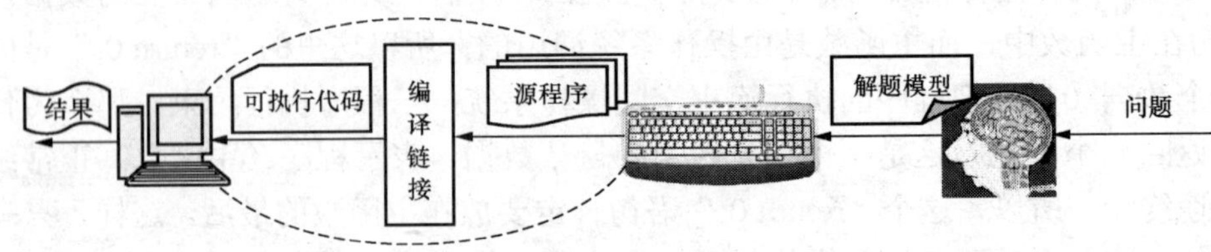

图 1.4　高级语言程序开发的过程

1.1.3　带有输出操作的 C 语言程序

如果在计算机上运行代码 1.1，计算机上什么也不会出现，即得不到任何结果。什么原因呢？不是计算机没有进行计算，而是这个程序没有输出功能，犹如“哑巴吃饺子——心中有数”却没有表达出来。因此，一个程序必须有输出功能，把运行的状况和结果告诉用户。

代码 1.2　带有输出操作的、计算 2＋3 的 C 语言程序。

```
#include <stdio.h>
int main(){
   printf("%d",2 + 3);
   return 0;
}
```

执行这个程序，计算机屏幕上显示：

```
5
```

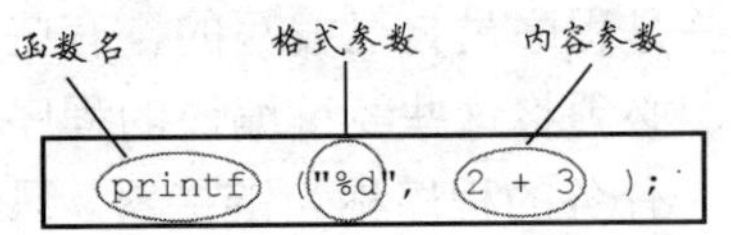

图 1.5　函数 printf( )的调用表达式

说明：

(1) C 语言追求精干、高效和灵活，它没有设置专门输入和输出语句，输入和输出采用一些库函数实现。printf( )就是最常用的一个用于格式化输出的库函数。图 1.5 说明了其应用格式。

函数运算符（一对圆括号）中的内容，称为函数的参数。printf( )的参数分为两部分：前面一部分被括在一对双引号中，称为格式参数。其中的“%d”称为格式字段，“%”表明后面的字符“d”不是普通字符，而是用来说明后面的数据项要用十进制整型格式输出的符号，称为整型格式字符。后面一部分参数称为内容参数，如本例中的“2+3”。两部分合起来，就表示：把“2+3”的结果用整型格式显示出来。

用一个 printf( )函数可以输出多个内容表达式的值。

代码 1.3　用 printf( )函数输出多个内容表达式的值。

```
#include <stdio.h>            代替
int main(void){
   printf("%d + %d = %d",1 + 1,1 + 2,2 + 3 );
   return 0;
}  显示
```

执行这个程序，会在计算机屏幕上显示：

```
2 + 3 = 5
```

计算机执行这个 printf( )函数时，首先分别计算后面的 3 个内容表达式的值，再分别按照顺序用计算出的 3 个值代替格式参数中的格式字段“%d”，最后将形成的一串字符显示出来。可以看出，原来格式字符串中的“＋”、“＝”都原样显示出来了，只有格式字段被用后面表达式的值替换了。显然，需要几个输出项，就需要在格式字符串中使用几个用“%”开始的格式字段。

（2）除了主函数 main( )外，其他被调用的函数可以是程序员设计的，也可以是系统给出的标准库中的函数，简称库函数。printf( )就是一个库函数。库函数都是一些经过考验的函数。使用库函数，要向编译器提供有关这个库函数定义的相关信息。库函数 printf( )的相关定义信息，保存在头文件 stdio.h 中，使用命令#include <stdio.h>，可以将这些信息包含在当前程序中。#include 是一条编译预处理命令（不是语句，不用分号结尾），用于将一个文件包含到当前程序中。

（3）头文件。头文件是后缀为.h 的文件，用于存放一些说明信息。可以由程序员自己编写，也可以是系统提供的。库函数所要求的头文件就是系统提供的。例如，头文件 stdio.h 就是库函数 printf( )要求的头文件，是系统提供的。

（4）文件包含。文件包含是一种编译预处理，即在源代码进行编译前应当完成的工作。它要求把指定的文件（一般是头文件）的内容包含到当前源代码文件中。图 1.6 为对一个源代码文件进行文件包含预处理的示意图。

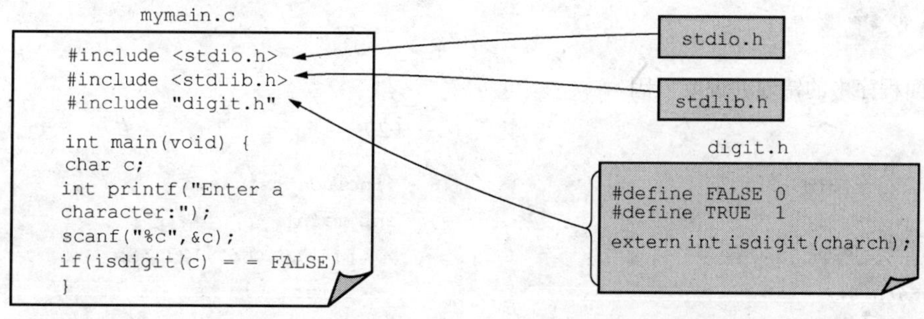

图 1.6　对一个源代码文件进行文件包含预处理的示意图

习 题 1.1

概念辨析

选择答案

（1）下面叙述中，错误的是（　　）。

A．一个C语言程序至少要有一个主函数

B．为了让操作系统能找到并执行一个C语言程序的主函数，该程序的主函数要与存储该程序的文件同名

C．执行一个C语言程序的过程就是执行该程序主函数的过程

D．所有C语言程序的主函数都使用同一个名字——main

（2）一个C语言的语句，必须用（　　）结束。

A．，　　B．；　　C．。　　D．Enter

（3）一个C语言程序总是从（　　）开始执行。

A．编译预处理命令　　B．输出语句

C．主函数　　D．排在前面的语句

（4）一个C语言程序（　　）。

A．可以没有主函数　　B．应当包含一个主函数

C．应当包含两个主函数　　D．可以包含任意个主函数

（5）下列叙述中，正确的是（　　）。

A．C语言程序是一种可以由计算机直接执行的程序

B．在C语言程序中，要用分号分隔语句，不需要分隔时，可以不使用分号

C．C语言是一种用接近英语的自然语言和数学语言描述程序的语言

D．在设计C语言程序时，可以根据任务的数量确定所需要的main( )函数数量

（6）编译器的作用是（　　）。

A．提供源程序的编写和翻译功能的软件

B．将源代码块翻译成计算机可以直接理解的代码块的软件

C．将源代码块翻译成计算机可以执行的代码块的软件

D．将自然语言描述的问题描述成计算机程序的程序

代码分析

找出下面程序中的错误并说明原因。

（1）

```
#include <stdio.h>
int Main(void){
    printf("%d",123*3);
    return 0;
}
```

（2）

```
#include <stdio.h>
int main{
    printf("%d",123*3);
    return 0;
}
```

(3)

```
#include <stdio.h>
main(void){
    printf("%d",123*3)
    return 0;
}
```

(4)

```
#include <stdio.h>
main(void){
    printf("%d",1.23*3);
    return 0;
}
```

探索验证

分别编写一个 C 程序，测试在下列情况下，会出现什么问题。

1．一个程序中有两个 main( )函数，将会如何？

2．若把 main( )函数写成 Main( )，会出现什么情形？

3．使用 printf( )而不写 "#include <stdio.h>" 将会如何？

开发练习

设计下面各题的 C 程序，并设计相应的测试用例。

1．编写一个 C 程序，将 999min 换算成××小时××分钟。

2．设计一个仅显示“你好，C 语言！”的 C 程序。

1.2　变 量 初 步

变量是程序设计者的魔术道具。使用变量可以使程序灵活、多变。

1.2.1　使用变量的两个整数相加程序

前一小节演示了计算“2+3”的 C 程序。但是，仅仅为计算“2+3”是没有必要设计一个计算机程序的。程序一般用于具有普遍意义的计算，例如，任意两个数的相加计算。这种情况下，就要使用变量（variable）。

代码 1.4　使用变量进行“2+3”的计算程序。

```
#include <stdio.h>
int main(void){
    int number1 = 0,number2 = 0;           /* 定义两个操作数变量并初始化 */
    int sum = 0;                           /* 定义和的变量并初始化       */
    number1 = 2;                           /* 给变量 number1 赋值        */
    number2 = 3;                           /* 给变量 number2 赋值        */
    sum = number1 + number2;               /* 计算和并赋值给变量 sum     */
    printf("和为%d",sum);                  /* 输出变量 sum 的值          */
    return 0;
}
```

执行这个程序，会在计算机屏幕上显示：

```
和为 5
```

说明：

(1) 变量是程序中值可以被改变的元素。例如，本例中的 number1、number2 和 sum 都是变量。变量需要一个名字，称为变量名。变量名是一种标识符，C 语言要求标识符遵守下列规则。

- 标识符是大小写字母、数字和下划线组成的序列，但不能以数字开头。例如，下面是合法的C语言标识符：

a A Ab _Ax _aX A_x abcd

下列是不合法的C语言标识符：

5_A（数字开始） A-3（含非法字符）

- C语言区别同一字母的大小写，如abc与abC被看成是不同的标识符。
- ISO/IEC 9899：1999（通常称为C99）校准要求C编译器最少能识别标识符的前63个有效字符（C89为31）。
- 标识符不能使用对于系统有特殊意义的名字。这些对系统有特殊意义的名字称为关键字。C99关键字见附录A。

关于变量名的几点建议

（1）尽量做到"见名知义"，以增加程序的可读性。

（2）尽量避免使用容易混淆的字符，例如

- 0（数字）、–O（大写字母）、–o（小写字母）；
- 1（数字）、–I（大写字母）、–i（小写字母）；
- 2（数字）、–Z（大写字母）、–z（小写字母）；

（3）名字不要太短，可以采用词组形式。采用词组形式时，有如下两种格式可供参考。

- 骆驼命令法。即名字中的每一个逻辑断点都有一个大写字母来标记，例如，myFirstName、myLastName等。
- 下划线法。即使用下划线作为一个标识符中的逻辑点，分隔所组成标识符的词汇。例如，my_First_Name、my_Last_Name等。

（4）名字不可太长。因为有些语言对变量名的长度有一定限制，同时太长的名字在书写时会很麻烦。

（2）变量的类型。在C语言中，每一个数据都属于特定的类型。数据类型规定了数据的书写形式（不同类型数据的书写形式可以不同，如实数可以带小数点）、存储格式（例如，整型采用定点形式存储，实数采用浮点形式存储）、取值范围（如int类型的取值范围为－2 147 483 647～2 147 483 647，float类型的取值范围为$\pm 3.4\times 10^{\pm 38}$）和可以进行的操作种类（如整型可以进行＋、－、*、/、%运算。其中的%称为模运算，即整除取余，例如，17% 7得3，19 % 7得5）。变量作为程序中数据存在的一种形式，也需要指明其类型。这样有助于编译器检查这个变量应用中的某些错误。

（3）变量的定义。C语言规定标识符必须先定义、后使用。变量在声明语句中定义。定义变量时要指明变量的类型和名字。

（4）变量的初始化。一个变量定义好后，在没有赋值之前，其值是不可预料的。如果拿来就用是不安全的。为此在变量定义的同时，可以对其进行初始化，即给其一个初始值。如代码1.4中的

```
int number1 = 0,number2 = 0;            /* 定义两个操作数变量并初始化 */
```

就是将变量number1和number2分别初始化为0。

给变量初始化的表达式称为初始化表达式。

注意：每个变量应当独自使用一个初始化表达式进行初始化，不可以几个变量使用一个初始化表达式。例如

```
int number1 = number2 = 0;              /* 错误的初始化          */
```

（5）变量的赋值。变量实际上代表了计算机内存中的某个空间。变量名就是为这个内存空间而起的名字。赋值就是把一个值存储到这个空间中。C语言用符号"＝"表示赋值操作。例如，表达式number1＝2表示将数值2存储到名字为number1代表的存储空间中。

"＝"理解为相等，相等与赋值的含义不同。例如，表达式a＝a＋2表示将a的值增加2

后再赋值给 a。若把"="当作等号是无法理解的。此外，可以使用一个赋值表达式给多个变量赋同一个值，例如

```
int a,b,c,d,e;
a = b = c = e = 5;
```

注意：赋值号的左边一定是一个具有存储空间意义的表达式，例如上面的连续赋值表达式中，最后一个赋值符的左边就是一个具有存储空间意义的表达式，通常人们称其为左值表达式，简称左值。变量就是最容易理解的左值。

（6）注释。注释是写程序的人向阅读程序的人（包括写程序的人自己）所做的一些说明，以帮助阅读者理解程序。现代程序设计要求程序中有充分的注释，以提高程序的可读性。在 C 语言中，符号"/*"与"*/"之间的文字称为注释，这种注释可以写在几行中，后面可以有有效语句。C99 也允许使用两个斜杠"//"来引出写在一行而后面没有有效语句的注释。

1.2.2　从键盘给变量输入值

使用代码 1.4 计算两个整数的和时，只需修改 number1 和 number2 的两个赋值语句便可以对任何整数求和。但是，这还是不够灵活的。因为在多数情况下，使用程序的人并不是编写程序的人，他并不知道该如何修改程序。为了使计算更有普遍性，需要修改程序，使其能在运行中接收用户输入的数据。

代码 1.5　在运行中接收用户输入的数据。

```
#include <stdio.h>
void main(void){
    int number1 = 0,number2 = 0;
    int sum = 0;
    scanf("%d%d",&number1,&number2);        /* 从键盘给变量输入数值 */
    sum = number1 + number2;
    printf("%d",sum);
}
```

执行这个程序，会在计算机屏幕上显示：

```
3□5↵        在键盘上输入了一个 3、一个空格、一个 5，按了一个 Enter 键
8
```

说明：（1）计算机存储器是按照地址进行管理的。而在高级语言程序中一般用变量名进行数据存取。C 语言是一种具有低级功能的高级语言，它允许使用一个取地址操作符&来获取变量的地址，例如，&number1 就是获取变量 number1 的地址。

（2）库函数 scanf( )的功能是将键盘上输入的数据存储到一个内存地址所指示的空间中。这个函数的相关信息也定义在头文件 stdio.h 中，所以使用它要使用文件包含命令#include <stdio.h>。

（3）scanf( )的格式与 printf( )相当，也由两部分组成，前面是括在双引号中的格式字符串，后面是一个变量地址参数列表。当在格式参数字符串中遇到一个格式字段时，scanf( )将首先去检查输入字符流中的字符是否符合格式字符要求的类型，若符合按照格式字段要求的格式将该数据存放到地址参数指出的内存空间中；若类型不符合，则立即返回。

（4）scanf( )执行时，要用格式参数字符串与键入到缓冲区中字符流进行匹配。若格式参数字符串中含有非格式字段规定的字符（包括空格）时，字符流中也应有同样的字符。因此

必须对格式参数字符串中非格式字段的字符照原样输入，例如语句

```
scanf("number1=%d,number2=%d",&number1,&number2);
```

要求输入的内容为

```
number1=3,number2=5↵
```

若输入了与格式参数要求不一致的字符，scanf( )将立即返回。

（5）当要输入数值数据时，若对应的格式字段间无其他字符，scanf( )会跳过空白（数量不限，包括 Enter、Tab 键等空白键）去寻找数值数据的开始（正、负号以及后面的数字）。因此输入的多个数值数据之间可以用空格分隔。这样就能仅用空格表示前一个数值数据的结束。

1.2.3　用户友好的输入/输出原则

代码 1.5 可以在程序运行过程中给变量输入数据，确实灵活多了。但是，在运行这个程序时，最先给出的是一个黑屏，不了解程序代码的人会感到莫名其妙，不知所措。最后给出的一个数字也不知道是什么。为了运行程序，还必须熟悉程序的代码。这显然不太“友好”。现代程序设计有一个——“用户友好”的原则，就是要让用户感到方便，起码要在不了解程序代码内容的情况下知道该做什么，也能够知道程序给出了什么信息。

代码 1.6　具有输入提示的程序。

```
#include <stdio.h>
int main(void){
    int number1 = 0,number2 = 0;
    int sum = 0;
    printf("请输入要求和的两个整数，两数之间用空格分隔：";        /* 程序提示 */
    scanf("%d%d",&number1,&number2);                            /* 从键盘上给变量输入数值 */
    sum = number1 + number2;
    printf("这两个数的和为：%d",sum);
    return 0;
}
```

执行这个程序，会在计算机屏幕上显示：

```
请输入要求和的两个整数，两数之间用空格分隔：3□5↵
这两个数的和为：8
```

说明：这里 printf( )函数只输出一串字符。故格式字符串中不需要格式字段了。

习　题　1.2

概念辨析

选择题

（1）以下各项中，合法的变量名为（　　）。

A．a＋b　　B．int　　C．3x　　D．x3

（2）以下关于变量名的叙述中，正确的是（　　）。

A．C 语言不区分字母的大小写，例如 a 与 A 被看作同一个字符

B．C 语言允许使用任何字符构成变量名

C．在变量名中开始的字符只能是字母或下划线

D．C 语言的变量名可以是任意长度

（3）下列关于 C 语言变量的叙述中，正确的为（　　）。

A．变量的定义可以放在使用之前，也可以放在使用之后，只要在一个程序中就行

B．一个变量可以多次定义

C．一个变量只能定义一次

D．定义变量就是定义变量的名字

（4）对于定义

int a, b, c;

则正确的输入语句为（　　）。

A．scanf("%d%d%d",a,b,c);　　B．scanf("%d%d%d",%a,%b,%c);

C．scanf("%D%D%D",a,b,c);　　D．scanf("%d%d%d",&a,&b,&c);

（5）以下叙述中，正确的是（　　）。

A．在赋值表达式中，赋值号左边可以是任意表达式

B．若 x 与 y 为同类型变量，则执行赋值操作 x＝y 后，就会将 y 中的值移至 x 中

C．对于定义

int x＝3, y＝5;

在执行赋值操作 x＝y 后，就会使 y 中的值变为 3，使 x 中的值变为 5

D．对于定义

int x＝3, y＝5, z＝7;

在执行赋值操作 x＝y;y＝z; z＝x 后，就会使 y 与 z 的值交换

（6）若变量 a、b 和 t 都已经定义为同类型变量，则下列各段代码中，不能交换变量 a 和 b 值的是（　　）。

A．t＝a; a＝b;b＝t　　B．a＝t; t＝b; b＝a

C．t＝b; b＝a; a＝t　　D．a＝a ＋ b; b＝a－b; a＝a－b

（7）以下叙述中，正确的是（　　）。

A．define 和 printf 都是 C 语句

B．define 和 printf 都不是 C 语句

C．define 是 C 语句，而 printf 不是 C 语句

D．define 不是 C 语句，而 printf 是 C 语句

代码解析

1．选择程序的执行结果。

（1）有下面的程序

```
#include <stdio.h>
int main(void){
    int m = 3, n = 5;
    printf("m = %d\nn = %d\n",m,n);
    return 0;
}
```

其运行的输出为（　　）。

A. 3　5　　B. 3　5　　C. m=3，n=5　　D. m=3，n=5

（2）有下列程序

```
#include <stdio.h>
int main(void){
    int m = 3, n = 5;
    printf("m = %d, n = %d\n", m,n);
    return 0;
}
```

其运行的输出为（　　）。

A. 3　5　　B. 编译出错　　C. m=3, n=5　　D. m=3.0, n=5.0

2. 找出程序中的错误，并说明原因。

（1）

```
#include <stdio.h>
int main(void){
    int m , n ;
    scanf("%d",m);
    scanf("%d",n);
    printf("m = %d, n = %d\n",m,n);
    return 0;
}
```

（2）

```
#include <stdio.h>
int main(void){
    int x, y, z ;
    x + y + z = 10;
    printf("sum = %d\n",x + y +z );
    return 0;
}
```

（3）

```
#include <stdio.h>
int main(void){
    int x = y = z = 6 ;
    printf("sum = %d\n",x + y +z );
    return 0;
}
```

（4）

```
#include <stdio.h>
int main(void){
    int x, y, z ;
    printf("sum = %d\n",x + y +z );
    return 0;
}
```

探索验证

编写一个C语言程序，测试在下面情况下会出现什么问题。

用一个scanf()函数同时给多个变量输入数据并且在格式参数中含有非格式字段规定的字符时，在下列情况下分别用空格分隔，还是用逗号分隔，或其他符号分隔出现的情况。

（1）格式字段之间会有其他字符。

（2）格式字段之间不会有其他字符。

开发练习

设计下列各题的C语言程序，并设计相应的测试用例。

1. 编写一个C语言程序，可以计算任意两个数的积。

2. 设计一个计算矩形面积的C语言程序，矩形的两个边长由键盘输入。

1.3　用实数进行除运算

1.3.1　整数相除的问题

按照前面的方法，设计一个两个数相加、相减、相乘的程序应该可以了。但是要计算两个数相除，就会有一些问题。因为 C 语言进行整数的除运算是取整舍余。

代码 1.7　两个整数相除的演示程序。

```
#include <stdio.h>
int main(void){
    printf("%d",2 / 3 * 100000);
    return 0;
}
```

执行这个程序，会在计算机屏幕上显示：

```
0
```

说明：程序的运行出现了意想不到的结果。不过，这个结果却是正确的。原因就在于 C 语言中的整除是“取整舍余”。对于表达式 2 / 3 *100 000，先进行 2 / 3 的计算，得到结果为 0，再乘 100 000，结果仍然为 0。这个例子说明，进行整数除时，尤其要注意取整导致的计算误差。解决的一个方法是将取整与取余结合起来。

代码 1.8　求商与求余数。

```
#include <stdio.h>
int main(void){
    printf("商:%d，余数:%d",2 / 3 ,2 % 3);
    return 0;
}
```

执行这个程序，会在计算机屏幕上显示：

```
商:0，余数:2
```

1.3.2　两个实数相除的 C 语言程序

采用实数（带小数的数）进行除运算是比较安全的。C 语言使用的实数有两种基本类型：float 和 double。表 1.1 为不同宽度的一般系统中这两种实数类型与 int 类型整数的基本特点。

表 1.1　int、float、double 类型数据的取值范围和表数精度

数据类型	二进制宽度（位）	取 值 范 围	说　　明
int	16	−32 768～32 767	16 位计算机系统中
	32	−2 147 483 648～2 147 483 647	32/64 位计算机系统中
float	32	|3.4e−38|～|3.4e+38|	大约 7 位十进制有效数字，6 位精度
double	64	|1.7e−308|～|1.7e+308|	16 或 17 位十进制有效数字，10 位精度

代码 1.9　两个实数相除。

```
#include <stdio.h>
int main(void){
    double number1 = 0.0d,number2 =0.0d;
    printf("请输入要求商的两个实数，两数之间用空格分隔：";        /* 程序提示                    */
    scanf("%lf%lf",&number1,&number2);                       /* 从键盘上给变量输入数值      */
    printf("这两个数的商为：%lf", number1 / number2);
    return 0;
}
```

执行这个程序，会在计算机屏幕上显示：

```
请输入要求商的两个实数，两数之间用空格分隔：3□7↵
这两个数的商为 0.428571
```

说明：（1）常数 0.0 后加 d（D），表示这个常数是双精度类型；若加 f（F），表示为单精度类型。

（2）使用 scanf( )和 printf( )进行 double 类型数据的输入和输出，在格式字段中要使用相应的格式字符“lf”，意为“长浮点”输出的数据有效数字 16 位，其中小数点后 6 位。

（3）在输入时，3 和 7 形式上是整数，但输入到计算机后，便会根据格式字符 f 以及变量 number1 和 number 2 的类型存储成双精度类型，即占用 8B 空间。

（4）采用实型除，避免了整型可能造成的误差。

习　题　1.3

代码解析

1．选择题。

（1）当执行说明

int a＝3;

后，要输出 a 的值，可以使用的语句有（　　）。

A．printf("a＝",a);　　B．printf("a＝%d",a);

C．printf("a＝%f", a);　　D．printf("a＝%",a);

（2）当程序执行说明

float f＝1.23456;

后，要输出 f 的值，可以使用的语句是（　　）。

A．printf("f＝",f);　　B．printf("f＝%d",f);

C．printf("f＝%f", f);　　D．printf("f＝%f",f);

2．找出程序中的错误，并说明原因。

（1）

```
#include <stdio.h>
int main{
    float m = 3, n = 5;
    printf("m = %d, n = %d\n",m,n);
    return 0;
}
```

（2）

```
#include <stdio.h>
int main(void)
    float m = 3, n = 5;
    printf("m = %d, n = %d\n",m,n);
    return 0;
}
```

（3）

```
#include <stdio.h>
int main(void){
    float m = 3; n = 5;
    printf("m = %d, n = %d\n",m,n);
    return 0;
}
```

（4）

```
#include <stdio.h>
int main(void){
    float m = 3, n = 5;
    printf("M = %d, N = %d\n";M,N);
    return 0;
}
```

（5）

```
#include <stdio.h>
int main(void){
    float m, n ;
    scanf("%d",m);
    scanf("%d",n);
    printf("m = %d, n = %d\n",m,n);
    return 0;
}
```

探索验证

编写一个 C 语言程序，测试下列情况。

（1）输出 double 类型和 float 类型数据时，有效位数各是多少？有效位数是指小数部分，还是整数部分，还是所有数字都算？

（2）运行一个用零作被除数的程序时，会出现什么情形？

开发练习

设计下面各题的 C 语言程序，并设计相应的测试用例。

1．设计一个计算圆面积的 C 语言程序，圆的半径由键盘输入。

2．有一个 4 人学习小组，为其设计一个计算平均成绩的 C 语言程序。程序开始运行后，依次提示每个人输入自己的成绩；最后一个人输入自己的成绩后，计算机立即给出该小组的平均成绩。

第 2 单元　有选择功能的 C 语言程序

在前面的程序中，语句都是顺序执行的，那些语句按照书写的顺序在内存中存储，然后按照存储的顺序逐一执行。但是，顺序执行程序的能力有限，因为有相当多的问题需要根据不同情形进行相应的处理。为此，程序就应当具有选择功能，可以根据不同的条件选择不同的处理方式。有选择功能的程序就会有些语句不执行，形成一种非顺序执行结构。

2.1　二路 if–else 分支选择结构

2.1.1　将从键盘输入的任意两个数按升序输出

1. 问题分析

从键盘输入任意两个数，意味着先输入的数可能比后输入的数大，也可能小或两数相等。假如分别用变量 firstNumber 和 secondNumber 存储先输入的数和后输入的两个数，并且先输出 firstNumber，后输出 secondNumber，则可以按如下方法进行处理：

（1）若 firstNumber＜＝secondNumber，则这两个变量的值不改变。

（2）若 firstNumber＞secondNumber，则交换两个变量的值。

然后按照预定的方案先输出 firstNumber，后输出 secondNumber。

上述处理过程可以用图 2.1 所示的流程图描述。

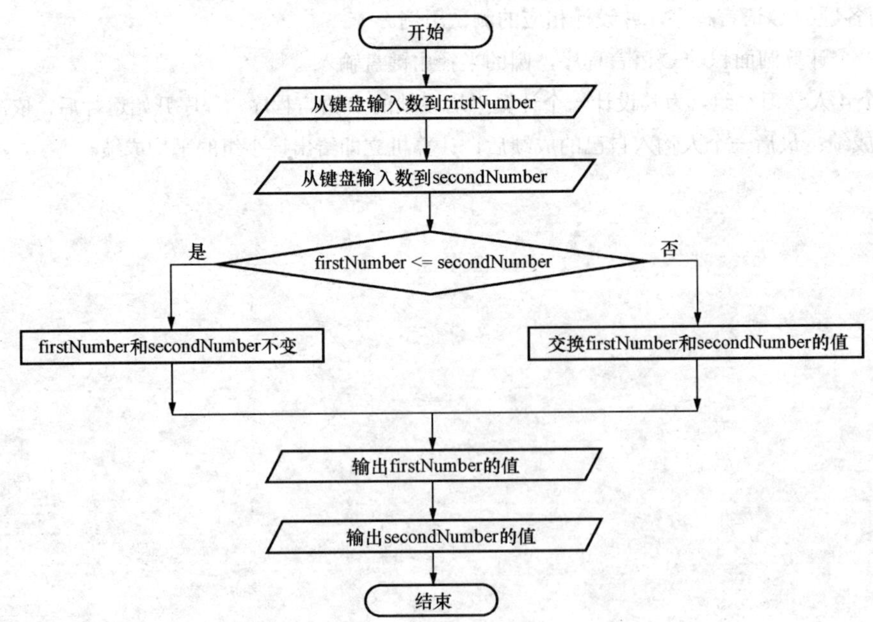

图 2.1　将从键盘输入的两个数按升序方式输出的流程

说明：（1）在上述流程图中，采用了如下图件：

- 菱形框表示选择有一个入口，有“是”（true）、“否”（false）两个出口。在菱形框中写条件（命题），当条件成立，即命题的值为“是”true，执行“是”（true）分支的操作；当条件不成立，即命题的值为“否”false，执行“否”（false）分支的操作。
- 矩形框，即操作框，中间写着进行操作的内容。
- 带箭头的线，表示流程的方向。

（2）＜＝是一个关系（比较）操作符，用于描述其前的数据小于等于其后的数据。C 语言的关系操作符有表 2.1 的 6 种。

表 2.1　　C 语言的关系（比较）操作符

操作符	＞	＞＝	＜＝	＜	＝＝	!＝
含　义	大于	大于等于	小于等于	小于	等于	不等于

关系操作的结果只能有两个：true（命题成立，为“真”）和 false（命题不成立，为“假”）。这个概念与数学中的概念不同。例如，在数学中，只能写 3＜5，而在程序中可以写 3＜5，也可以写 3＝＝5，还可以写 3＞5。只不过判断的结果（即表达式的值）不同：3＜5 的值为 true，即这个命题成立；3＝＝5 和 3＞5 的值都为 false，即这两个命题都不成立。

C99 定义一个取值为 1 或 0 的－Bool 类型（在 C89 中－Bool 是一个保留字），并且如果在源文件中包含了头文件 stdbool.h，则可以使用名字 true 和 false 分别代表 1 和 0。

2. *参考代码*

代码 2.1

```
#include <stdio.h>
int main(void){
    double firstNumber,secondNumber,temp;
    printf("请输入两个实数，两数之间用空格分隔：");        /* 程序提示           */
    scanf("%lf%lf",&firstNumber,&secondNumber);      /* 从键盘给变量输入数值 */
    if(firstNumber <= secondNumber){
        firstNumber = firstNumber;
        secondNumber = secondNumber;
    }
    else{                                             if-else 分支结构
        temp = firstNumber;
        firstNumber = secondNumber;
        secondNumber = temp;
    }
    printf("两个数按照升序排列为%lf，%lf", firstNumber,secondNumber);
    return 0;
}
```

说明：（1）代码 2.1 使用了 if-else 分支结构。图 2.2 为 if-else 分支结构的流程图——选择结构的流程控制。执行完语句 1 后，将根据条件表达式的值决定是执行语句 2 还是执行语句 3，最后执行语句 4。

（2）if 和 else 是 if-else 的两个分支。在语法上，这两个分支组成一个语句，每个分支也相当于一个语句。但是很多情况下，一个简单语句满足不了一个分支的逻辑要求，必须用多条语句。这时需要用花括号将这多条语句形成的语句块用花括号括起来（后面没有分号）。

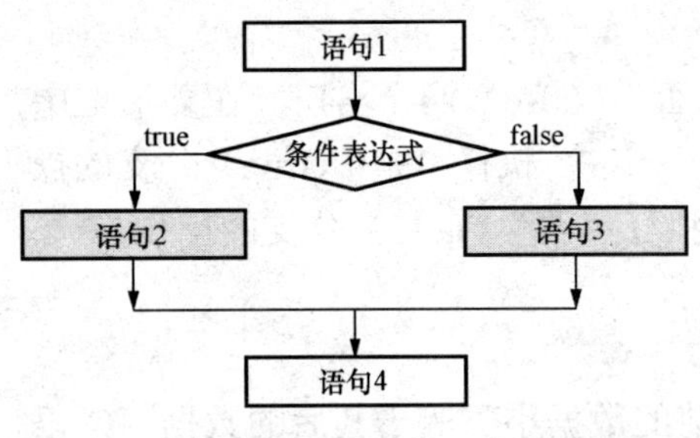

图 2.2 if-else 选择结构的流程控制

用花括号括起来的语句块称为块语句或复合语句。从语法规则上看，块语句与简单语句是等价的。

为了让源代码清晰可读，应当将块语句中的语句缩进书写。有人建议缩进 8 个字符，这样可以使用 Tab 键进行快速书写，也使程序更清晰。也有人建议缩进 4 个字符，因为有多层缩进时，受纸张或屏幕宽度限制，缩进 8 格会书写不下。至于花括号的书写，则出现了一些不同的风格。常用的有如下 4 种。

- K&R 风格，也称 Kernel 风格——UNIX 内核采用的风格、C 风格等。其特点是将开始花括号放在前一行的最后，而将结束花括号单独放在一行的起始位置，块中语句缩进 8 格、4 格或 2 格，如

```
if□(…)□ {
    // 块中语句缩进
}
else□{
    // 块中语句缩进
}
```

- Allman（也称 BSD 风格或学生风格）。其特点是开始花括号和结束花括号都分别独占一行并放在起始位置，块中语句缩进 8 格、4 格或 3 格，如

```
if□(…)
{
        // 块中语句缩进 8 格、4 格或 3 格
}
else
{
        // …
}
```

- GNU 风格。GNU EMACS 和自由软件基金会的代码都采用这种格式。其特点是花括号的内外都缩进 2 格或 4 格。

```
if□(…)
    {   // 在括号缩进 2 格或 4 格
        //块中语句再缩进 2 格或 4 格
    }
else
    {
        // …
    }
```

- Whitesmith 风格。其特点是花括号连同块中语句一块缩进，如

```
if□(…)
    {   //花括号缩进 4 格
        // 块中语句与花括号齐
    }
else
    {
```

```
    // …
    }
```

不管采用哪种风格，在一个程序中要一致。

（3）在计算机程序中，一个逻辑关系的表达可以有不同的形式。例如，本例中的 if-else 结构可以改写为

```
if(firstNumber > secondNumber){
    temp = firstNumber;
    firstNumber = secondNumber;
    secondNumber = temp;
}   else{
    firstNumber = firstNumber;
    secondNumber = secondNumber;
}
```

（4）在本例中，语句

```
firstNumber = firstNumber;
secondNumber = secondNumber;
```

在逻辑上并没有任何价值，只是在语法上充当一个填充，让图 2.2 的结构呈平衡形式。不过，if-else 结构也允许缺少 else 分支，形成不平衡形式。例如上述代码，可以修改为

```
if(firstNumber > secondNumber){
    temp = firstNumber;
    firstNumber = secondNumber;
    secondNumber = temp;
}
```

2.1.2　程序测试

1. 程序中的错误

程序设计的过程是人的智力与客观问题的复杂性之间较量的过程。在这个过程中，任何疏漏或知识、经验的不足，都会造成程序的错误。

一般说来，程序的错误大致可以分为 3 类：

（1）语法错误。程序中任何不符合语法规则的情况，都会造成语法错误，例如：

- 主函数名写成 Main。
- 一个语句没有用西文分号结束，而是用了“。”号、“.”号、中文分号（；）等结束。
- 一个语句块的前后花括号不配对，或配对错误。
- 文件包含命令后使用了分号。

……

语法错误将导致一个程序无法编译和链接。

（2）逻辑错误。逻辑错误是指程序没有按照设计者预期的思路执行，虽然可以执行，但得不到预期的结果。下面是几种常见的逻辑错误。

- 运算符使用不正确。例如将 if(a > b)写成了 if(a < b)，或写成了 if(a >=b)。
- 语句的先后顺序不对。

……

（3）运行中错误，也称程序异常，主要指由于用户操作而造成程序无法运行的错误。例

如：数组下标越界，算法溢出（超出数值表达范围），除数为零，无效参数、内存溢出、要使用的文件打不开、网络连接中断等。

2. 程序测试及其观点

程序测试是发现程序中错误的过程。基于不同的立场，存在着两种截然相反的测试观点：一类人认为，测试的目的是为了证明程序是正确的；另一类人认为，测试的目的是为了发现程序中的错误。实际上前一种观点将指导一种自欺欺人的行为，它对于提高程序的质量毫无价值。正确的观点是后者，Glenford J. Myers 把它归结为如下三句话：

- 测试是程序的执行过程，目的在于发现错误。
- 一个好的测试实例在于能发现至今未发现的错误。
- 一个成功的测试是发现了至今未发现的错误的测试。

3. 静态测试与动态测试

静态测试就是人工仔细阅读程序代码，从中发现程序中的错误。这要求程序测试者必须熟悉 C 语言语法，也要清楚程序的逻辑。

动态测试就是让计算机执行程序，通过执行发现程序中的错误。一般说来，编译器可以发现程序中的语法错误。所以，动态测试的主要内容是发现逻辑错误。由于程序的每次运行都是在一定的数据条件下进行的，每一次程序运行能发现的错误是有限的。因此，动态测试的关键是如何设计测试数据，使每一次测试（运行）都能发现更多的错误。也就是说，程序测试的关键是设计测试用的数据——测试用例，通过这些数据让程序运行来找出程序中的错误。目前，人们已经总结出一套测试用例的设计方法。本书会通过具体的例子来介绍这些方法。

4. 代码 2.1 的测试用例设计方法

假定使用一对数据{2，3}作为测试用例，从程序代码看，所有的语句（if-else 在语法上相当于一个语句）都执行了一遍。能让程序中的所有语句都执行一遍的测试用例，实现了语句覆盖。但是，从流程图来看，它只对 if 分支进行了测试，而没有对 else 分支进行测试，即没有实现分支覆盖。要想实现分支覆盖，还必须使用另外一组测试数据{3，2}进行测试。这样两组数据才能保证进行分支覆盖。

2.1.3 程序异常处理

1. 问题分析

零不能做除数。但是，一个程序交给用户时，用户可能不慎将除数输入为零。这时，程序就会无法运行。

但是，作为一个对用户友好的程序，应当在正常情况下能够顺利执行并给出正确结果，也应当在异常情况下顺利执行，给出合适的提示而不完全依靠系统。

2. 参考代码

代码 2.2 带有异常处理的两个实数相除程序。

```
#include <stdio.h>
#include <cstdlib.h>

int main(){
    double number1 = 0.0d,number2 = 0.0d;
    printf("请输入要求商的两个实数，两数之间用空格分隔：";        /* 程序提示              */
    scanf("%lf%lf",&number1,&number2);                     /* 从键盘上给变量输入数值    */
```

```
    if(number2 == 0){
        printf("\n 除数为零，不能计算!");                              /* 异常提示          */
        exit(-1);                                                  /* 流程返回操作系统   */
    }
    else
        printf("这两个数的商为：%lf", number1 / number2);
    return 0;
}
```

执行这个程序，会在计算机屏幕上显示：

```
请输入要求商的两个实数，两数之间用空格分隔：3□0↵
除数为零，不能计算!
```

说明：（1）exit()函数的功能是将程序流程返回到操作系统。通常约定，参数为 0，表示程序正常返回；参数为非 0，表示异常返回。这个函数的有关信息定义在头文件 stdlib.h 中，所以要用#include 命令将 stdlib.h 包含进程序中。

（2）运算符“==”是一种相等关系运算符，当该运算符两边的值相等时，该表达式的值为 true（C 语言中用非 0 表示），否则该表达式的值为 false（C 语言中用 0 表示）。

（3）在 C 的字符串中，“\n”不表示一个字母 n，而是表示一个换行操作。这种跟在反斜杠后面，不再具有字母本身含义的字符，称为转义字符。C 语言中的转义字符还有一些，稍后陆续介绍。

3. 代码 2.2 的测试

基于分支覆盖，本例可以采用如下一组测试用例：

（1）除数为 0，如用 6.234 作为被除数，用 0.0 作为除数。

（2）除数不为 0，如用 6.234 作为被除数，用 2.0 作为除数。

习　题　2.1

选择题

（1）程序测试的目的是（　　）。

A. 验证程序的正确性　　B. 找出程序中的错误

C. 以便顺利地交付用户　　D. 留档备查

（2）程序动态测试的基本方法是（　　）。

A. 自己选有利数据运行　　B. 不同人分别运行一遍

C. 用调试工具检查错误　　D. 设计测试用例

代码分析

1. 程序段。

```
int x = 1, y = 2 z = 3;
if(x > y) z = x; x = y; y = z;
```

执行后，变量 x、y 和 z 的值分别是（　　）。

A．1,2,3　　B．2,3,3　　C．2,3,1　　D．2,3,2

2．写出下面程序段的输出结果。

（1）

```
#include <stdio.h>
int main(void){
    int a;
    scanf ("%d", &a);
    if (a>=0)
        printf("plus\n");
    else
        printf ("minus\n");
    return 0;
}
```

（2）

```
#include <stdio.h>
int main(void){
    int a = 5, b = 4, c = 3, d;
    d = (a > b > c);
    printf ("%d",d);
    return 0;
}
```

3．从备选项中选择合适的项。

（1）当把下列表达式作为if语句的条件表达式时，有一个选项的含义与其他3个选项不同，这个选项是（　　）。

A．k%2　　B．k%2==1　　C．(k%2)!=0　　D．!k%2==1

（2）下列分支语句中，有一个语句的功能与其他语句不同，这个语句是（　　）。

A．if(a)　　printf("%d\n",y); else printf("%d\n",y);

B．if(a==0) printf("%d\n",y); else printf("%d\n",x);

C．if(a!=0) printf("%d\n",x); else printf("%d\n",y);

D．if(a==0) printf("%d\n",x); else printf("%d\n",y);

开发练习

设计下列各题的C语言程序，并设计相应的测试用例。

1．从键盘输入任意3个线段的长度，判断这3个线段所能组成的三角形的种类。这些种类可以分为

（1）不能构成三角形。

（2）等边三角形。

（3）等腰三角形。

（4）直角三角形。

（5）等腰直角三角形。

（6）一般三角形。

2．星期天计算机0801班4位同学上街遇到一位犯病老人，其中一位同学将这位老人背到了医院，直到老人醒来才离开。星期三，老人的家属来到学校表示感谢。学校很快查到是这4位同学中的一位。于是系主任把这4位同学叫到办公室，问是谁做了好事。结果

甲说：不是我。

乙说：是丙。

丙说：是丁。

丁说：他说的不对。

系主任急了，说：你们到底怎么回事？

老人家属仔细看了看这4位同学说：这4位同学中有一个人说了假话。系主任打开计算机写了一个C

语言程序，马上知道了做好事的是谁。请你也写一个 C 语言程序，来确定做好事的是哪位同学。

提示：分别用 1、2、3、4 表示 4 位同学，并用变量 thisStudent 代表做了好事的同学，则 4 位同学的话可以描述为

thisStudent != 1（甲说）

thisStudent == 3（乙说）

thisStudent == 4（丙说）

thisStudent != 4（丁说）

按照老人家属的说法是有一个人说了假话，即在真实情况下上述 4 个表达式中有 3 个成立。由于逻辑真一般用 1 代表，所以在真实情况下上述 4 个表达式的和为 3。

这样，看看当 thisStudent 分别为 1、2、3、4 时，哪一种情况下 4 个逻辑表达式的和为 3，这种情况就是真实情况。

请你也编一个有相同功能的 C 语言程序。

2.2　多路 if–else 分支选择结构

复杂的问题，往往需要进行多级选择，形成多路分支的程序结构。

2.2.1　三中取大

1. 算法分析

本例要求从键盘输入 3 个数，输出其中最大的一个数。设 3 个数为 a，b，c，则在 3 个数中取一个大的数，解题思路——算法可以描述为

```
if(a 最大)
    输出 a;
if (b 最大)
    输出 b;
否则输出 c;
```

这个算法可以用图 2.3 所示的流程图描述。

> **算　法**
>
> 算法（algorithm）是一系列解决问题的清晰指令，一般可以理解为由基本运算及规定的运算顺序所构成的完整的解题步骤。或者看成按照要求设计好的有限的确切的计算序列，并且这样的步骤和序列可以解决一类问题。
>
> 一个算法应该具有以下 5 个重要特征：
>
> （1）有穷性。算法中每条指令的执行次数有限，执行每条指令的时间有限。
>
> （2）确切性。算法的每一步骤必须有确切的定义。
>
> （3）输入。一个算法有 0 个或多个输入，以刻画运算对象的初始情况，0 个输入，是指算法本身除了初始条件没有其他输入。
>
> （4）输出。一个算法有一个或多个输出，以反映对输入数据加工后的结果。没有输出的算法是毫无意义的。
>
> （5）可行性。算法中执行的任何计算步骤都是可以被分解为基本的可执行的操作步骤，即每个计算步骤都可以在有限时间内完成。
>
> 不同的算法可能用不同的时间、空间或效率来完成同样的任务。一个算法的优劣可以用空间复杂度与时间复杂度来衡量。

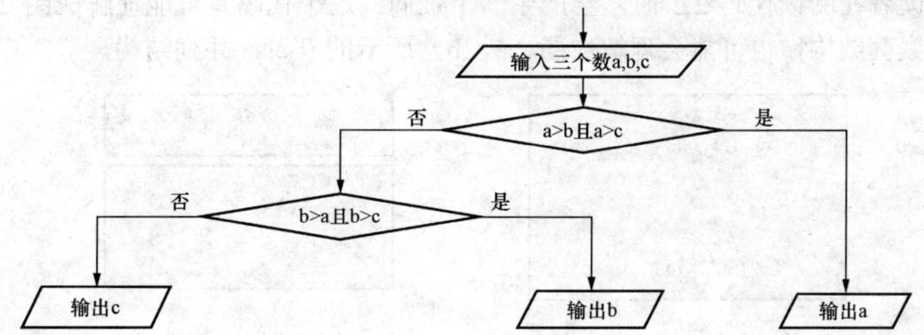

图 2.3　三数中取大算法之一流程图

2. 参考代码

代码 2.3 多分支 if-else 结构的 C 语言程序。

```
#include <stdio.h>

int main(void){
    int a,b,c;
    printf("\nEnter 3 integers separated by spaces: ");
    scanf("%d %d %d",&a,&b,&c);
    if (a > b && a > c)
        printf("\nThe max is :%d",a);
    if (b > a && b > c)
        printf("\nThe max is :%d",b);
    else
        printf("\nThe max is :%d",c);
    return 0;
}
```

说明：操作符&&称为逻辑与操作符。它的功能是，当其两边的命题都为真（成立，即值为非零）时，其值才为真（非零）。

C 语言提供三个基本逻辑操作符。除&&外，还有

- ||（逻辑或）：当其两侧的命题有一个为真（非零）时，其本身就为真（非零）。
- !（逻辑非）：单目运算符。其功能是，取与操作对象相反的逻辑值。

以上 3 个逻辑操作符的意义可以用图 2.4 所示的开关操作来理解。图中的开关相当于操作符的操作对象，灯相当于该逻辑表达式的值。

- 逻辑与，相当于开关 A 与 B 都合上（值为真）时灯才亮。
- 逻辑或，相当于开关 A 或 B 中有一个合上（值为真）时灯就亮。
- 逻辑非，相当于开关 A 合上（值为真）时灯不亮，开关 A 打开（值为假）时灯才亮。

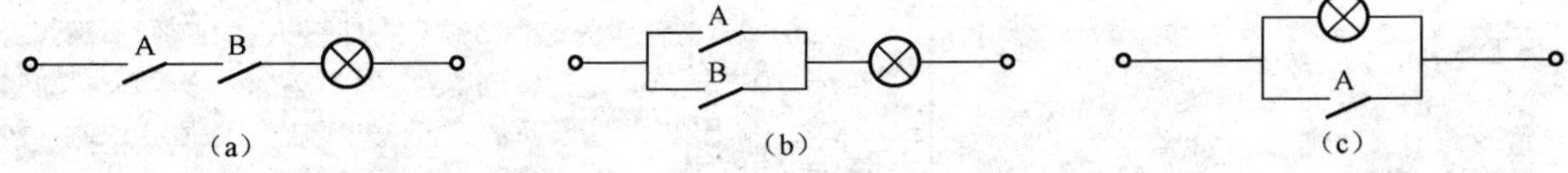

图 2.4 基本逻辑操作的意义

（a）逻辑与；（b）逻辑或；（c）逻辑非

3. 讨论

细心的读者在阅读代码 2.3 时，会产生一个疑问：这个代码有可能理解成图 2.5（a）所示的 if-else 嵌套结构，也可能会理解成图 2.5（b）所示的 if-else 并列结构。

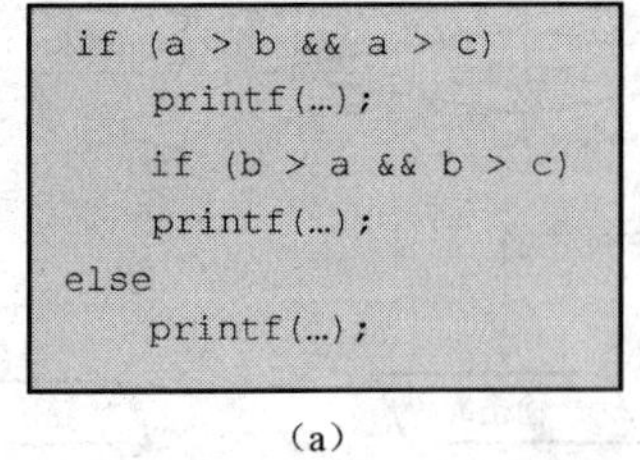

```
if (a > b && a > c)
    printf(…);
    if (b > a && b > c)
    printf(…);
else
    printf(…);
```

（a）

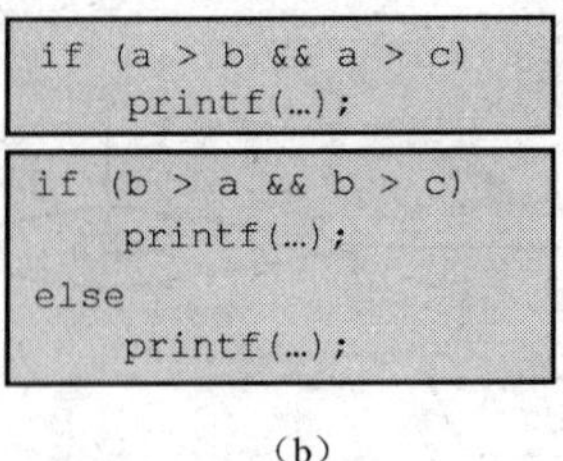

```
if (a > b && a > c)
    printf(…);
```

```
if (b > a && b > c)
    printf(…);
else
    printf(…);
```

（b）

图 2.5 对于代码 2.3 的两种不同理解

造成这种理解上歧异的原因在于，代码中使用了缺腿的 if-else 结构——缺少 else 的 if-else 结构。解决这个问题的办法有如下 3 种。

（1）严格地按照语法规则理解代码结构。在有缺腿的 if-else 多分支结构中，if 与 else 配对的原则：从最后一个没有被配对的 else 开始，跳过已经配对的 if 和 else，先碰到的 if 就是与之配对的 if；然后按同样的原则对其前面尚未配对的 else 进行 if 配对；直到所有的 else 都找到配对的 if 为止。按照这个原则，显然代码 2.3 应当是图 2.6（b）所示并列结构，而不是图 2.6（a）所示嵌套结构。

（2）在代码的书写上，用花括号显式表明嵌套关系。

（3）用空语句填充缺腿分支，例如本例可以写为

```
if (a > b && a > c)
   printf("\nThe max is :%d",a);
else
   ;                                    /* 空语句 */
if (b > a && b > c)
   printf("\nThe max is :%d",b);
else
   printf("\nThe max is :%d",c);
return 0;
```

4. 关于 else if 结构

else if 是 if-else 结构的延伸，是 if-else 并联结构的紧凑表示形式，其格式如下：

```
if(表达式 1)
   语句 1
else if(表达式 2)
   语句 2
   …
else if(表达式 n)
   语句 n
else
   语句 n+1
```

代码 2.4　代码 2.3 的多分支 if-else 结构表示。

```
#include <stdio.h>

int main(void){
   int a,b,c;
   printf("\nEnter 3 integers separated by spaces:");
   scanf("%d %d %d",&a,&b,&c);
   if (a > b && a > c)
      printf("\nThe max is :%d",a);
   else if (b > a && b > c)
      printf("\nThe max is :%d",b);
   else
      printf("\nThe max is :%d",c);
   return 0;
}
```

5. 测试用例设计

图 2.6 为本例的流程图。为了实现分支覆盖，必须取 3 组数据，让最大数分别在前、中、后 3 个位置。这里，取{5，3，1}、{3，5，1}和{3，1，5}。

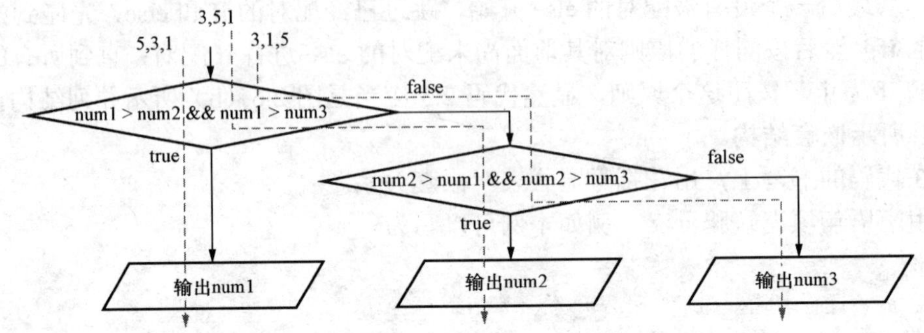

图 2.6 三中取大的一种算法及其测试用例设计

6. 本例的另一种算法——基于两两比较的算法

图 2.7 为本例的另一种算法。这个算法是基于两两比较的，并且形成了分支（条件）嵌套结构。其代码请读者自己编写。这里主要讨论其测试用例的设计。

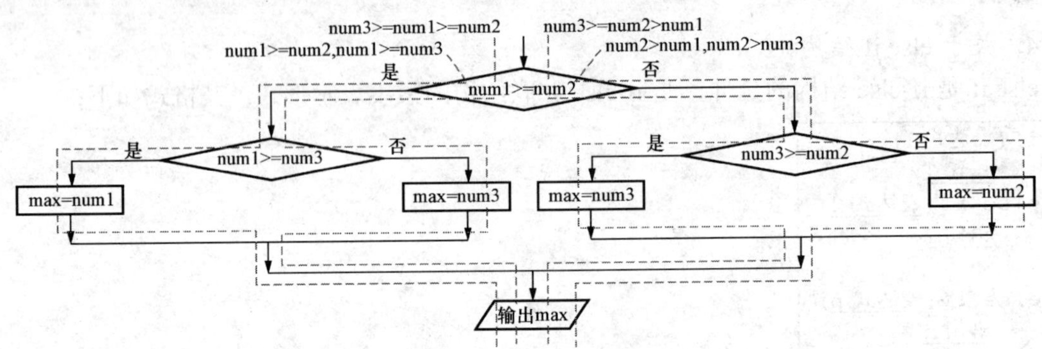

图 2.7 嵌套的 if-else 结构

由图 2.7 可以看出，要覆盖所有分支，需要如下 4 组数据：

（1）num3 >=num1 > num2，如对 num1, num2, num3 分别取{3,1,5}。

（2）num2> num1, num2 > num3，如对 num1, num2, num3 分别取{1,5,3}或{3,5,1}。

（3）num3 >= num2 > num1，如对 num1, num2, num3 分别取{1,3,5}。

（4）num1 >= num2, num1 >= num3，如对 num1, num2, num3 分别取{5,3,1}或{5,1,3}。

这说明，同一个问题，算法结构不同，测试用例也是不同的，这种依赖于程序结构的测试方法，称为结构测试，也称白箱测试。

2.2.2 一个简单的计算器模拟程序

1. 问题描述

一个简单的计算器可以进行加、减、乘、除 4 种运算，当用户输入两个操作数和一个操作符后进行计算，并输出结果。

2. 算法分析

求解这个问题的程序，应当包含如下 4 个部分：

- 变量设置部分。
- 数据和操作符的输入部分。
- 计算部分。
- 结果输出部分。

（1）变量设置部分。本题起码要设置 3 个变量：两个操作数 number 1 和 number 2、一个操作符 operat。设置程序段如下。

```
double number1 = 0.0d, number2 = 0.0d;
char operat;
```

说明：关键字 char 用于说明后面声明的变量是字符类型，即这些变量的值为一个字符。字符型数据用 1B（8b）存储。为了与变量名相区别，字符常量要用单撇号括起来。例如，关系表达式 operat =='+'。

（2）数据和操作符的输入部分。这个部分比较简单，但一般应给用户提示，代码如下：

```
printf("请按顺序输入操作数、操作符、操作数");
scanf("%f%c%f",&number1,&operat,&number2);
```

说明："%c"是字符的格式字段。本例中输入三个数据：实数、字符和实数。由于两个实数之间已经由一个字符分隔，所以就不要再输入空格了，否则会出错。

（3）计算部分。这部分的关键是根据用户输入的操作符选择对应的计算，算法可以用图 2.8 所示的程序流程图表示。

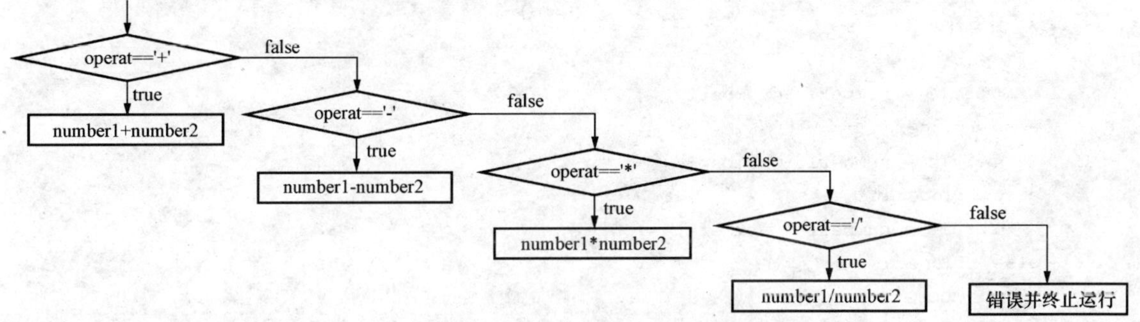

图 2.8　calculate( )方法中的算法流程图

显然，这是一组并联的 if-else 结构，可以用 else if 结构描述。程序代码如下。

```
if(operator == '+')
   result = integer1 + integer2;
else if(operator == '-')
   result = integer1 - integer2;
else if(operator == '*')
   result = integer1 * integer2;
else if(operator == '/' ){
   if(integer2 == 0){
      printf("\n 除数为零，不能计算!");                  /* 异常提示          */
      exit(0);                                          /* 流程返回操作系统    */
   }  else
```

```
        result = integer1 / integer2;
}
else{
    printf("\n这个操作符不存在，不能计算!");                /* 异常提示          */
    exit(0);                                              /* 流程返回操作系统  */
}
```

这里使用了一个变量 result 用来存储计算结果，需要在声明部分增加相应的声明。

（4）结果输出部分。输出 result 的值。

3. 参考代码

代码 2.5 根据上面的分析，可以得到如下 C 语言程序代码。

```
#include <stdio.h>
#include <cstdlib.h>

int main(void){
    /* 设置部分 */
    double number1 = 0.0d,number2 =0.0d,resule;
    char operat;

    /* 输入部分 */
    printf("请按顺序输入被操作数、操作符、操作数:");          /* 输入提示              */
    scanf("%lf %c %lf",&number1,&operat,&number2);  /* 从键盘上给变量输入数值  */

    /* 计算部分 */
    if(operat == '+')
        result = number1 + number2;
    else if(operat == '-')
        result = number1 - number2;
    else if(operat == '*')
        result = number1 * number2;
    else if(operat == '/' ){
        if(number2 == 0){
            printf("\n除数为零，不能计算!");              /* 异常提示              */
            exit(0);                                     /* 流程返回操作系统      */
        } else
            result = number1 / number2;
    } else{
        printf("\n这个操作符不存在，不能计算!");           /* 异常提示              */
        exit(0);                                         /* 流程返回操作系统      */
    }

    /* 输出部分 */
    printf("\n计算结果为：%lf",result);
    return 0;
}
```

4. 测试用例设计

按照分支覆盖原则，本例可以采用下列几组数据作为测试用例：

- (35, '＋', 18)：测试加操作分支；
- (35, '－', 18)：测试减操作分支；
- (35, '*', 18)：测试乘操作分支；
- (35, '/', 18)：测试除操作分支，除数小；
- (18, '/', 35)：测试除操作分支，除数大；
- (18, '/', 0)：测试除操作分支，除数为零；
- (18, '&', 35)：测试非算术操作符。

具体测试结果这里就不给出了。

2.2.3　字符型数据

计算机中，字母、标点符号、数字等统称为字符。字符也要用 0,1 码表示，为此要采用某种规定的编码规则。目前，应用最为广泛的编码规则是 ASCII 码。表 2.2 为 ASCII 码字符表，它用 8 位来表示字符代码，其基本代码占 7 位，第 8 位用作奇偶校验位，通过对奇偶校验位设置“1”或“0”状态，保持 8 位字节中的“1”的个数总是奇数（称奇校验）或偶数（称为偶校验），用以检测字符在传送（写入或读出）过程中是否出错。

表 2.2　　ASCII 码（7 位码）字符表

	列	0	1	2	3	4	5	6	7
行	$b_6b_5b_4$ / $b_3b_2b_1b_0$	000	001	010	011	100	101	110	111
0	0000	NUL	DLE	SP	0	@	P	、	p
1	0001	SOH	DC1	!	1	A	Q	a	q
2	0010	STX	DC2	"	2	B	R	b	r
3	0011	ETX	DC3	#	3	C	S	c	s
4	0100	EOT	DC4	$	4	D	T	d	t
5	0101	ENQ	NAK	%	5	E	U	e	u
6	0110	ACK	SYM	&	6	F	V	f	v
7	0111	BEL	ETB	'	7	G	W	g	w
8	1000	BS	CAN	(	8	H	X	h	x
9	1101	HT	EM	)	9	I	Y	I	y
A	1010	LF	SUB	*	：	J	Z	j	z
B	1011	VT	ESU	＋	;	K	[	k	{
C	1100	FF	FS	,	＜	L	\	l	|
D	1101	CR	GS	—	＝	M	]	m	}
E	1101	SO	RS	.	＞	N	^	n	～
F	1111	SI	US	/	?	O	_	o	DEL

ASCII 码表中的第 0 列和第 1 列表示一些特殊的操作，如 ENQ（查询）、ACK（肯定回答）、NAK（否定回答）等用于串行通信的控制字符，CR 表示换行。

在 ASCII 码表中查找一个字符所对应的 ASCII 编码的方法：向上找 $b_6b_5b_4$，向左找 $b_3b_2b_1b_0$。例如，字母 J 的 $b_6b_5b_4$ 为 100，$b_3b_2b_1b_0$ 为 1010，故其 ASCII 码为 1001010。

字符的 ASCII 码值在 0～255 之间。在 C 语言中也可以用 char 类型表示 0～255 之间的整数。

习　　题　　2.2

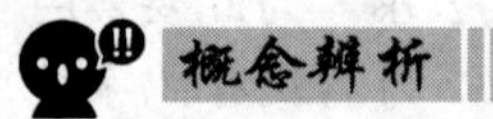

用 C 语言描述下列命题。

（1）a 小于 b 或小于 c。

（2）a 不能被 b 整除。

（3）a 和 b 都大于 c。

（4）a 是奇数。

（5）a 和 b 中有一个小于 c。

（6）a 是一个带小数的正数，而 b 是一个带小数的负数。

（7）a 是非正整数。

代码分析

1．写出下列表达式的值。

（1）1 < 4 && 4 < 7

（2）!(1 < 3) || (2 < 5)

（3）1 < 4 && 7 < 4

（4）!(4 <= 6) && (3 <= 7)

（5）!(2 <=5)

2．若 ch 为 char 型变量，k 为 int 型变量（已知字符 a 的 ASCII 码是 97），则执行程序段

```
ch='b';
k = 24;
printf("%x,%o,",ch, ch, k);
printf("k=%%d\n",k);
```

后输出为（　　）。

A．因变量类型与格式描述符类型不匹配，输出无定值

B．输出项与格式描述符个数不符，输出为 0 或不定值

C．62，142，k=%d

D．62，142，k=%24

3．有下列语句：

if (a < b) if(c < d)x = 1; else

if (a < c) if(b < d)x = 2; else x = 3; else

if (a < d) if(b < c)x = 4; else x = 5; else x = 6; else x = 7;

（1）把此语句写得逻辑关系更清晰一些。

（2）检查其中有无多余的判定条件或矛盾的判定条件。

（3）重写一个等效的简洁的判断语句。

4．阅读下列程序，指出其功能。

```
#include <stdio.h>

int main(void){
    char c;
    printf("Enter a character:");
    c=getchar();
    if(c<31) printf("\nI'st a control character.");
    else if(c>='0' && c<='9')
        printf("\nI'st a digit character.");
    else if(c>='A' && c<='Z')
        printf("\nI'st a captal character.");
    else if(c>='a' && c<='z')
        printf("\nI'st a lower character.");
    else printf("\nI'st a other character.");
    return 0;
}
```

说明：库函数getchar( )用于接收键盘输入的一个字符。

5．阅读下列程序，指出其中的错误及其原因。

（1）程序1

```
#include <stdio.h>
int main(void) {
      int a,b,c;
      printf("\nEnter 3 integers separated by spaces:");
      scanf("%d %d %d",a,b,c);
      if (a > b > c)          printf("\nThe max is :%d",a)
      else  if (b > a  > c)  printf("\nThe max is :%d",b)
      else  printf("\nThe max is :%d",c);
      return 0;
}
```

（2）程序2

```
#include <stdio.h>
int main(void) {
      int a,b;
      printf("\nEnter 2 integers separated by spaces:");
      scanf("\n%d %d %d",&a,&b,&c);
      if (a > b);
            temp = a;
            a = b;
            b = temp;
      printf("\na - b = ",a - b);
      return 0;
}
```

6．写出下列程序段的输出结果。

（1）

```
#include <stdio.h>
int main(void){
    int x,y=1,z;
    if(y!=0) x=5;
    printf ("x=%d\t",x);
    if (y==0) x=3;
    else x=5;
    printf ("x=%d\t\n",x);
    z=-1;
    if (z<0)
    if (y>0)x=3;
    else x=5;
    printf ("x=%d\t\n",x);
    if (z=y<0)x=3;
    else if (y==0)x=5;
    else x=7;
    printf ("x=%d\t",x);
    printf ("z=%d\t\n",z);
    if (x=z=y)x=3;
    printf ("x=%d\t",x);
    printf ("z=%d\t\n",z);
    return 0;
}
```

（2）

```
#include <stdio.h>
int main(void){
    int a = 8;
    printf("%d",!a);
}
```

探索验证

1．如何知道在一个多分支结构中，程序实际运行的是什么路径？

2．假设变量 a、b、c、d 已经确定，对于语句

```
scanf("%d%c%f%f",&a,&b,&c,&d);
```

若分别在键盘输入

（1）2a—5.6—8.9

（2）2.3a5.68.9

（3）2a5.6—8.9

（4）2a—5.6—8.9

将会在变量 a、b、c、d 中存储什么内容？

开发练习

设计下面各题的 C 语言程序，并设计相应的测试用例。

1．设计一个 C 语言程序，判断用户输入一个年份是否是闰年（能用 4 整除但不能被 100 整除，若能用 100 整除也要能用 400 整除）。

2．某航空公司规定：在旅游旺季 7～9 月份，如果订票 20 张及其以上，优惠票价的 10%；20 张以下，优惠 5%；在旅游淡季 1～6 月份、10～12 月份，订票 20 张及其以上，优惠 20%，20 张以下，优惠 10%。编写一个 C 语言程序能够根据月份和旅客订票张数决定优惠率。

3．八币问题。有 8 枚硬币，其中一枚是假的，它只有重量与其他几枚不同，外形无法辨认。现在有一台无砝码的天平。则如何用这台天平，用最少的次数找出假币？

4．国家颁布并从 2006 年 1 月 1 日起开始实施的个人所得税税率（工资、薪金所得适用）见表 2.3。其起征点为 1600 元，即计算纳税金额时，先扣除 1600 元，再按照表 2.3 计算。

表 2.3　　个人所得税税率（工资、薪金所得适用）

级　数	全月应纳税所得额	税率（%）
1	不超过 500 元	5
2	超过 500～2000 元的部分	10
3	超过 2000～5000 元的部分	15
4	超过 5000～20 000 元的部分	20
5	超过 20 000～40 000 元的部分	25
6	超过 40 000～60 000 元的部分	30
7	超过 60 000～80 000 元的部分	35
8	超过 80 000～100 000 元的部分	40
9	超过 100 000 元的部分	45

请设计一个 C 语言程序，对输入的任何一个月收入计算应交税金额。

5．用本节介绍的有关知识和方法，重新设计习题 2.1 程序开发中的各题。

2.3　switch 选择结构

2.3.1　switch 结构概述

1．switch 结构的语法格式及控制特点

switch 结构也是一种选择控制结构，其语法格式和流程图如图 2.9 所示。

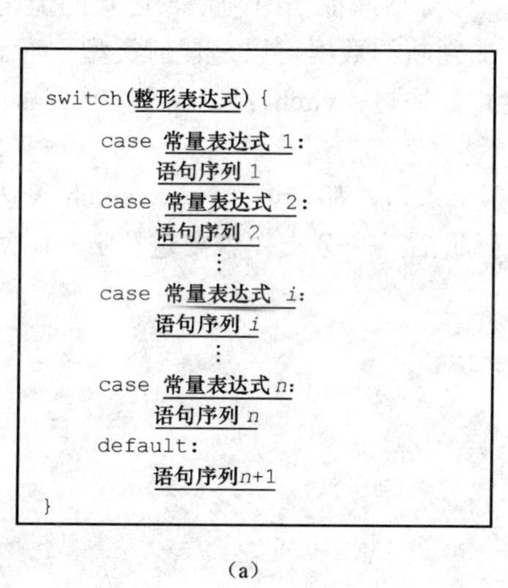

（a）

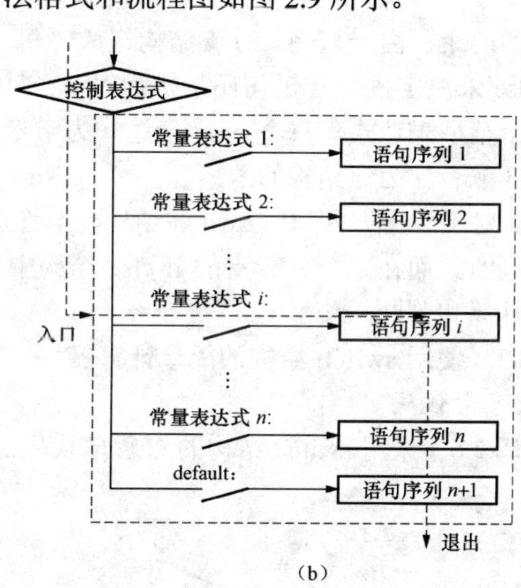

（b）

图 2.9　switch 选择控制结构

（a）语法格式；（a）流程图

switch 结构由 switch 头和 switch 体两部分组成。switch 头由一个关键词 switch 引入，后面是一个整型（包括 int 型、字符型）的控制表达式。switch 体由多个 case 引入的分量组成。每个 case 后面是一个常数。常数后面是一个冒号，表示后面的语句序列属于这个分量。最后的 default 分量是可选的。default 后面没有常量，表示“其余”情况。

执行这个结构时，主要测试哪个case常量与switch控制表达式匹配（相等）。找到相匹配的case，便找到了进入switch结构的入口，并连续执行后面的所有语句序列，而不再对后面的case常量进行匹配测试，如图2.9（b）中的虚线所示。如果所有的case常量与控制表达式的值都不匹配，则以最后的default作为入口；如果没有default分量，则退出switch结构。

2. switch结构与if-else结构的比较

表2.4为switch结构与if-else结构的比较。

表2.4 **switch结构与if-else结构的比较**

比较内容	switch结构	if-else结构
字句间关系	串联	并列
选择原则	switch的整型表达式与case常量表达式是否匹配	根据关系/逻辑表达式的逻辑值二中选一
选择内容	一个入口	一个分支
判定次数	只匹配一次，与子句数量无关	判定次数与分支的位置有关
结构结束	从入口开始直到整个结构结束或遇到break语句	分支执行结束整个结构即执行结束

说明：（1）if-else结构是由一些并列的子句组成的，在执行时只能选择其中一个子句形成分支结构。而switch结构由一些串联的子句组成，执行时选择的是一个入口，即没有特殊情况，会连续地执行后面串联的各子句。要想从入口开始，只顺序地执行一些有关语句，就要使用break语句进行隔离，使得从入口执行完需要的语句后能跳出当前的switch结构。

（2）if-else由一系列二分支结构组成，每一个二分支结构都是由判定表达式的值是true还是false来决定执行if子句还是执行else子句，参加判断的数据可以是任何类型。而switch使用一个整型表达式，每个case表达式为常量表达式，通过switch表达式在多个case子句中寻找匹配者作为该结构的入口。

（3）对于一个n入口的switch结构，不管选择哪个入口，都只进行一次switch表达式的计算和判断。而在一个n分支的if-else结构中若选择最后一个分支，就要进行$n-1$次if表达式的计算和判断。

2.3.2 使用switch结构的简单计算器

1. 参考代码

代码2.6 采用switch结构的C程序代码。

```
#include <stdio.h>
#include <stdlib.h>

int main(void){
    /* 设置部分 */
    double number1 = 0.0d,number2 =0.0d,result;
    char operat;

    /* 输入部分 */
    printf("请按顺序输入被操作数、操作符、操作数：");              /* 程序提示            */
    scanf("%lf %c %lf",&number1,&operat,&number2);          /* 从键盘上给变量输入数值  */

    /* 计算部分 */
```

```
    switch (operat ){
        case '+':
            result = number1 + number2;break;
        case '-':
            result = number1 - number2;break;
        case '*':
            result = number1 * number2;break;
        case '/':
            if(number2 == 0){
                printf("\n 除数为零，不能计算!");              /* 异常提示         */
                exit(0);                                     /* 流程返回操作系统 */
            }else{
                result = number1 / number2;
            }
        default:{
            printf("\n 这个操作符不存在，不能计算!");          /* 异常提示         */
            exit(0);                                         /* 流程返回操作系统 */
        }
    }

    /* 输出部分 */
    printf("\n 计算结果为%lf",result);
    return 0
}
```

2. 关于 switch 结构与 if-else 结构之间的转换

一般说来，任何 switch 结构都可以转换为 if-else 结构，但是只有判定表达式为整型表达式与常量之间进行相等比较的 if-else 结构，才可以转换为 switch 结构。

3. 测试用例设计

按照分支覆盖原则，本例可以采用与代码 2.5 相同的测试用例。具体测试结果这里就不给出了。

2.3.3 字符分类

1. 问题描述与算法分析

判断由键盘输入的字符是数字、字母，还是空白。基本算法流程图如图 2.10 所示。

2. 参考代码

代码 2.7　字符分类的 C 语言参考代码。

```
#include <stdio.h>
  int main(void) {
        char c;
        printf("Enter a character:");
        c = getchar();                                 /* 输入一个字符     */
        printf("\nIt\'s a");                           /* 用'\'输出撇号    */

        switch(c) {
            case'0':
            case'1':
            case'2':
            case'3':
            case'4':
            case'5':
            case'6':
            case'7':
```

```
        case'8':
        case'9':
            printf(" digiter.\n");
            break;
        case' ':
        case'\n':
        case'\t':
            printf(" white.\n");
            break;
        default:
            printf(" char.\n");
            break;
    }

    return 0;
}
```

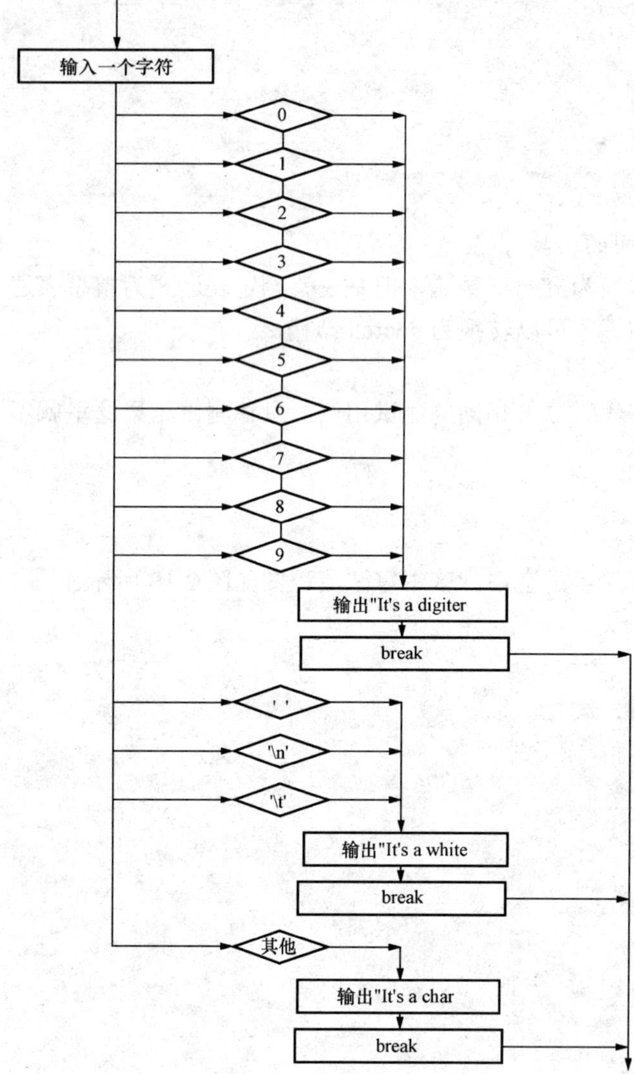

图 2.10　判断输入字符的类型

程序运行结果示例：

```
Enter a character:4
It's a digiter.
Enter a character:t
It's a char.
Enter a character:
It's a white.
```

3. 说明

（1）getchar()函数。getchar()函数的作用是接收从键盘（或系统隐含指定的输入设备上)输入的一个字符，它没有参数(圆括号中没有内容)。在使用时要注意：

- 引用 getchar()函数，必须在引用语句之前用文件包含命令将头文件 stdio.h 包含在程序中。
- 输入字符时，按了 Enter 键字符才被送到内存。

（2）由这个例子可以看出，不是每个 case 分支都必须使用 break，只有需要时才使用。

2.3.4　程序测试用例设计——等价分类法

一个程序结构的所有输入中，总可以找到一些代表性的数据。这些有代表性的测试数据应包括对程序有效的和无效的输入，还包括了极端的、正常的和特殊的数据元素。

如果能把程序输入数据的可能值划分成若干等价类，在每一类中选定一组有代表性的数据等价于其他数据，使这组数据能发现的错误，该类中的其他数据也可以发现；该组数据发现不了的错误，该类中的其他数据也发现不了（除非该类例子中的某些数据也属于其他类）。这种测试用例设计方法就称为等价分类法。

1．划分等价类

用等价分类法设计测试用例的第一步是划分等价类。划分等价类的基本方法是，从程序的功能说明中找出各个输入条件，然后为每个输入条件划分等价类。同时对每一个条件要划分有效等价类和无效等价类。有效等价，是指属于程序的合理输入范围的那些数据。无效等价类是指非法的输入数据。例如，对计算((*X*－3)/(5－*X*))平方根的程序进行等价分类法测试，可以得到表 2.5 所示的等价类。

表 2.5　　计算((*X*-3)/(5-*X*))平方根程序的等价类划分

输入条件	有效等价类		无效等价类
分母不为零	（1）$x<5$	（2）$x>5$	（3）$x=5$
分子合理	（4）$x>3$	（5）$x=3$	（6）$x<3$

等价类的划分取决于程序的功能要求和定义域，也取决于测试人员的理解力和创造力，带有很大的试探性。对于本例，题目中的输入条件分为三种情形：数字、空白和字母，从而可以得到 3 个等价类，见表 2.6。

表 2.6　　本例的等价类划分

输入条件	有效等价类	无效等价类
数字类	（1）0～9 中的任意一个数字	（2）有效字母等价类和有效空白等价类
空白类	（3）'　'，'\t'和'\n'	（4）有效字母等价类和有效数字等价类
字母类	（5）任何一个字母	（6）有效空白等价类和有效数字等价类

2．选定测试用例

划分等价类后，利用等价类来确定测试用例应按如下步骤进行：

① 给每个等价类规定一个编号，表 2.5 和表 2.6 中的（1）～（6）。

② 设计一个测试用例，使其尽可能多地覆盖未被覆盖的有效等价类。重复这一步直到所有的有效等价类都被覆盖为止。如在表 2.5 中取 x＝3 就可以覆盖（1）、（5）；取 x＝6 可以覆盖（2）、（4）。

③ 为每个无效等价类设计一个测试用例。如对表 2.5 中的无效等价类，取 x＝5 覆盖了（3）；取 x＝2，覆盖了（6）。

在本例的 3 个字符类中，任何一个类的无效等价类由另外两个类的有效等价类组成。因此，只要设计 3 个有效等价类即可完成对这个程序的测试。下面是一组测试用例：

- 有效数字等价类（无效空白等价类和无效字符等价类）：0，9，5。
- 有效空白等价类（无效数字等价类和无效字符等价类）：'　'，'\t', '\n'。
- 有效字符等价类（无效数字等价类和无效空白等价类）：A，a，Z，z。

习 题 2.3

代码分析

1. 若 x 和 y 已经定义为整型变量，则下列 switch 结构中，合法的是（　　）。

A.

```
switch(x / y){
    case 1: case 2.3: z = x / y;break;
    case 2: case 3.4:z = x % y;break;
}
```

B.

```
switch (x_y) {
    case 1: z = x % y;break;
    case 2: z = x / y;break;
}
```

C.

```
switch x {
    default: z = a + b;
    case 1: z = x / y;break;
    case 2:z = x % y;break;
}
```

D.

```
switch (x * y + y) {
    case 3:
    case 2:z = x % y;break;
    case 2: z = x / y;break;
}
```

2. 阅读下列程序段，给出其输出内容。

（1）

```
int x = 0, y = 2, z = 3;
switch (x){
    case 0:switch (y != 2){
        case 0:printf("*");break;
        case 2: printf("%");break;
    }
    case 1: switch (z ){
        case 1:printf("$");break;
        case 2: printf("#");break;
        default: printf("&");break;
    }
}
printf("\n");
```

（2）

```
#include <stdio.h>

int main(void){
    char ch;
    printf("\n*******TIME********");
    printf("\n1.mornong");
    printf("\n2.afternoon");
    printf("\n3.night");
    printf("Enter your choice:");
    ch = getchar();
    switch(ch){
        case'1':printf("\nGood morning!\n");
```

```
        case'2':printf("\nGood afternoon!\n");
        case'3':printf("\nGood night!\n");
        default:printf("Selection wrong!\n");
    }
    return 0;
}
```

3. 下面是同一问题的两个程序段。试比较它们的优缺点。

（1）

```
if (x == 1)
    printf (" x is equal to one.\n");
else if (x == 2)
    printf ("x is equal to two.\n");
else if (x ==3)
    printf ("x is equal to three.\n");
else
    printf ("x is not equal to one,two or three.\n");
```

（2）

```
switch (x){
    case 1: printf ("x is equal to one.\n"); break;
    case 2: printf ("x is equal to two.\n"); break;
    case 3: printf ("x is equal to three.\n"); break;
    default: printf ("x is not equal to one,two,or three.\n"); break;
}
```

4. 分析下面的两个程序段中 default 语句的作用。

（1）

```
switch (char_code){
    case'Y':case'y':printf("You answered YES!\n"); break;
    case'N':case'n':printf("YOU answered NO!\n"); break;
    default:printf ("Unknown response :%d\n",char_code); break;
}
```

（2）

```
void move_cursor (int direction){
    switch (direction) {
        case UP:    cursor_up();  break;
        case DOWN:  cursor_down();  break;
        case LEFT:  cursor_left();  break;
        case RIGHT: cursor_right();break;
        default:printf("Logic error on line number %ld!!!\n",_ _LINE_ _); break;
    }
}
```

5. 下面是一个进行 5 分制与 5 级评语之间转换的程序段，指出其中的错误及其原因。

```
switch (score)
    case 5, printf("very good");
    case 4, printf("good.");
    case 3, printf("pass.");
```

```
    case 2, printf("fail.");
    default:printf("error.");
```

探索验证

编写一个 C 程序，测试在 switch 结构中，不用 break 会出现什么情况。

开发练习

设计下面各题的 C 程序，并设计相应的测试用例。

1．用 switch 结构重新考虑习题 2.1 和习题 2.2 中的程序开发各题。对于能实现的，设计程序并设计测试用例；对于无法实现的，说明原因。

2．设计一个进行数值月份向英文名称月份转换的 C 程序。即当用户输入一个数字月份时，输出其对应的英文月份名称。

第3单元　重　复　结　构

与人工计算相比，计算机的优势在于不怕繁琐、运算速度快。能够充分发挥这种优势的算法是重复。所以重复结构（或称循环结构）是程序最常见的结构。C 语言提供的重复结构有如下 3 种。

（1）while 结构。while 结构的格式如下。

```
while(循环条件表达式)
    循环体代码
```

这种结构的控制机理如下：

- 进入条件：循环条件表达式为真。
- 进入后重复执行循环体代码，每一次执行循环体代码后都要对循环条件表达式进行一次测试。
- 退出条件：循环条件表达式为假。

（2）do-while 结构。do-while 结构的格式如下。

```
do{
    循环体代码
} while(循环条件表达式)
```

这种重复结构的控制机理如下：

- 无条件进入。
- 进入后重复执行循环体代码，每一次执行循环体代码后都要对循环条件表达式进行一次测试。
- 退出条件：循环条件表达式为假。

（3）for 结构。for 结构的格式如下。

```
for(表达式 1; 表达式 2; 表达式 3)
    循环体代码
```

这种重复结构的控制机理如下：

- 执行表达式 1 后，若表达式 2 为真进入。
- 进入后重复执行循环体代码。每一次执行循环体代码后，都要执行一次表达式 3，并对表达式 2 进行一次测试。
- 退出条件：表达式 2 为假。

图 3.1～图 3.3 为 C 语言 3 种重复结构的流程图。

这一单元通过重复算法的两种最基本的形式——迭代（递推）和穷举来介绍 3 种重复结构的用法。

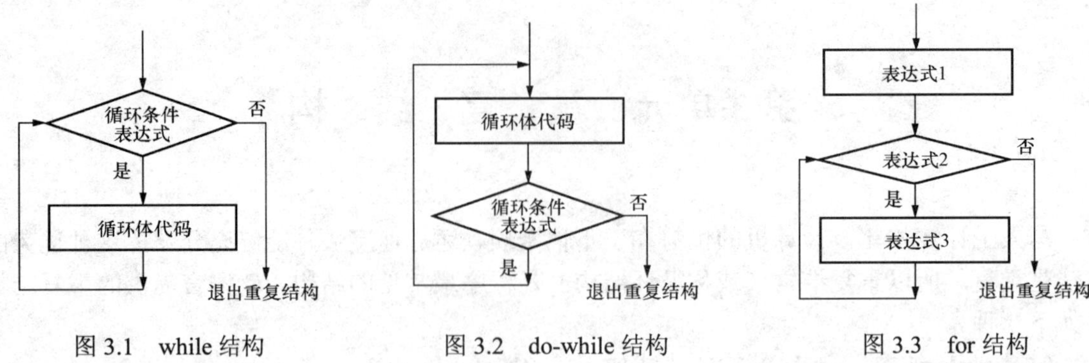

图 3.1 while 结构　　图 3.2 do-while 结构　　图 3.3 for 结构

3.1 迭代与递推

迭代就是不断用变量的新值替代其旧值。例如，一笔存款每年自动转存，就形成利滚利的情况，本金每年不同，不断迭代。

递推是由一个变量的值推出另外变量的值。例如，若每代人之间的年龄相差 25 岁，则由一个人的年龄推出其父亲年龄、爷爷年龄的过程，就称为递推。

实际上，迭代与递推没有严格的界限。例如在上述存款问题中，将各年的本金用不同的变量表示，就成了递推问题。

迭代或递推一般采用重复结构，并且由如下三要素组成：

（1）迭代或递推初始状态，即迭代或递推比变量的初始值。

（2）迭代或递推关系，即一个问题中某个状态的前项与后项之间的关系。

（3）迭代或递推的终止条件。

3.1.1 用辗转相除法求两个正整数的最大公因子

1. 问题描述

我国东汉时期的《九章算术》（见图 3.4）中，记录了一种求两个正整数的最大公因子的算法，将之称为辗转相除法。它是已知最古老的迭代算法。在西方它首次出现于欧几里德的《几何原本》（第Ⅶ卷，命题 i 和 ii）中。

> **《九章算术》**
>
> 《九章算术》是中国古代数学专著，承先秦数学发展的源流，进入汉朝后又经许多学者的删补才最后成书，这大约是公元 1 世纪的下半叶。
>
> 图 3.4《九章算术》
>
> 它的出现，标志着中国古代数学体系的形成。
>
> 《九章算术》共收有 246 个数学问题，分为 9 章：方田、粟米、衰分、少广、商功、均输、盈不足、方程、勾股。

2. 算法分析

其基本思想可以简单地描述如下。

对于两个自然数 u 和 v，计算它们的最大公因子的方法为

第 1 步：计算 $u \div v$，令 r 为所得余数（$0 \leq r < v$），若 $r=0$，算法结束；v 即为答案；若 $r \neq 0$，则执行第 2 步。

第 2 步：迭代互换，即置 $u \leftarrow v$，$v \leftarrow r$，再返回第一步。

图 3.5 为当 $m=36$、$n=21$ 时的迭代过程。可以看出，判断余数 r 是否为 0，经过迭代，可以用判断 v 是否为 0 代替。这样，当最初的 v 值为 0 时就不需要迭代。

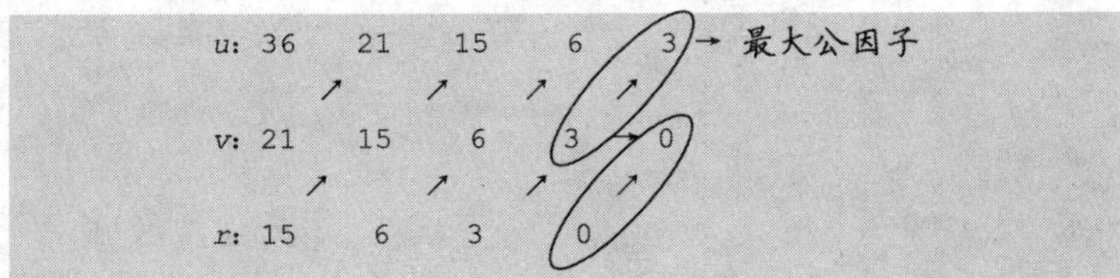

图 3.5　m=36、n=21 时欧几里德算法的迭代过程

求两个非负整数 u 和 v 最大公因子的辗转相除法，可以粗略地描述为

```
u = m, v = n;                    /* 初始化 */
while(r = u % v= 0){
    u =  v;
    v = r;
}
输出 v;
```

本例的迭代三要素如下。

- 设定迭代初始值：u 的初始值为 m，v 的初始值为 n。
- 迭代公式：

$$u \leftarrow v;$$
$$v \leftarrow r;$$
$$r \leftarrow u \% v;$$

- 迭代终止条件：v==0，是用一个表达式的值来确定迭代是否终止。

3. 采用 while 结构的参考代码

代码 3.1　采用 while 结构的辗转相除法 C 语言参考代码。

```
#include <stdio.h>
int main() {
    int u,v,r;
    printf("\n 请输入两个正整数:");
    scanf("%d,%d",&u,&v);              /* 初始化部分 */
    while(v != 0){
        r=u%v;                         /* 迭代条件 */
        u = v;                         /* 迭代过程 */
        v = r;
    }
    printf("\n 最大公因子为%d\n",u);
    return 0;
}
```

4. 采用 do-while 结构的参考代码

代码 3.2　采用 do-while 结构的辗转相除法 C 语言参考代码。

```
#include <stdio.h>
int main(void) {
    int u,v,r;
    printf("\n 请输入两个正整数:");
    scanf("%d,%d",&u,&v);
    if (v > 0)
        do{
```

```
            r = u % v ;
            u = v;
            v = r;
        } while(v != 0);
    printf("\n最大公因子为:%d\n",u);
    return 0;
}
```

说明：（1）while 重复结构是有条件进入，即先判断后进入；而 do-while 结构是无条件进入，即先进入再判断。这说明 while 重复结构可能一次也不执行，而 do-while 结构起码要执行一次。

（2）do-while 结构的最后要有一个分号，这是防止被理解为一个 while 结构的开始，而 while 重复结构的最后没有分号。

5. 程序测试

重复结构也可以看成是特殊的分支结构。其特殊性在于所有分支都具有相似性，而且分支数量就是重复次数。对于这样的结构，进行分支覆盖测试是非常困难的。一般说来，重复结构可以采用边值分析法，即在进入重复结构和退出重复结构的边界上进行测试。但是，本例的边值是不确定的，无法使用边值分析法。可以采用的方法是等价分类法，把要计算的数据分为如下几类：

（1）$u=0$，$v\neq0$，如输入“0，3”，测试结果：

```
请输入两个正整数：0,3↵
最大公因子为：3
```

（2）$u\neq0$，$v=0$，如输入“3，0”，测试结果：

```
请输入两个正整数：3,0↵
最大公因子为：3
```

（3）u 和 v 之间无 1 之外的最大公约数，如输入“3，7”，测试结果：

```
请输入两个正整数：3,7↵
最大公因子为：1
```

（4）$u>v$，且二者之间有最大公约数，如输入“12，8”，测试结果：

```
请输入两个正整数：12,8↵
最大公因子为：4
```

（5）$u<v$，且二者之间有最大公约数，如输入“12，16”，测试结果：

```
请输入两个正整数：12,16↵
最大公因子为：4
```

3.1.2 Fibonacci 数列

1. 问题描述

Fibonacci（见图 3.6）在他 1202 年出版的《珠算原理》一书中提出一个问题：假定一对新出生的兔子一个月后成熟，并且再过一个月开始生出一对小兔子。按此规律，在没有兔子死亡的情形下，一对初生的兔子，到一年头上，可以繁殖成多少对兔子？这是一个典型的递推问题。

2. 算法分析

如果用F_1，F_2，F_3，F_4，…表示各月兔子的数量，则有

$F_1=1$（最初的一对兔子）；

$F_2=1$（第2个月，原来的兔子长成，还未生育）；

$F_3=F_1+F_2=2$（最初的一对兔子开始生育）；

$F_4=F_2+F_3=3$（上个月的小兔子刚长成，还不能生育；原来的老兔子又生一对）；

斐波那契

图3.6 Fibonacci

昂纳多·斐波那契（Leonardo Fibonacci，1170～1240），意大利数学家，曾在埃及、叙利亚、希腊、西西里和普罗旺斯研究数学。他将现代书写数和乘数的位值表示法系统引入欧洲，是第一个研究了印度和阿拉伯数学理论的欧洲人，也是西方第一个研究斐波那契数的人。1202年，他撰写了《珠算原理》(Liber Abaci)一书。

$F_5=F_3+F_4=5$（上个月的小兔子刚长成，还不能生育；有两对兔子各生育一对）；

……

显然，各月的兔子数组成数列：

1，1，2，3，5，8，13，21，34，55，89，…

进一步分析，可以知道从第3个数开始，每一个数都是其前面两个相邻数之和。这是因为，在没有兔子死亡的情况下，每个月的兔子数由两部分组成：上一个月的老兔子数，这一个月刚生下的新兔子数。上一个月的老兔子数即其前一个数。这一个月刚生下的新兔子数恰好为上上个月的兔子数。因为上一个月的兔子中还有一部分到这个月还不能生小兔子，只有上上个月已有的兔子才能每对生一对小兔子。或者可以说，从第2个月开始，下个月的兔子数为本月的兔子数加上上个月的兔子数，表3.1为迭代过程中的变化情形。

表3.1 不同月份变量Fib_{last}、Fib_{this}和Fib_{next}的递推关系

月 数	3	4	5	6	7	8	9	10	11	12
Fib_{last}	1	1	2	3	5	8	13	21	34	55
Fib_{this}	1	2	3	5	8	13	21	34	55	79
Fib_{next}	2	3	5	8	13	21	34	55	79	144

竖看，表中的数据给出了如下关系：

$Fib_{next}=Fib_{last}+Fib_{this}$

横看，这些数据存在如下递推关系：

$Fib_{last}=Fib_{this}$，$Fib_{this}=Fib_{next}$，$Fib_{next}=Fib_{last}+Fib_{this}$

3. 采用while结构的参考代码

代码3.3 按照从表3.1中导出的递推算法，可以写出如下程序代码。

```
#include <stdio.h>
#define M  5

int main(void){
    /* 初始化部分 */
    int fibLast = 1, fibThis = 1, fibNext = 0;
    int m = 2;
```

```
    /* 递推过程 */
    while(m <= M){                    /* 递推条件，M 为设定月数    */
        fibNext = fibLast + fibThis;
        fibLast = fibThis;
        fibThis = fibNext;
        m ++;                         /* 修正表达式               */
    }

    /* 输出结果 */
    printf("\nFib(%d)=%d",m, fibNext);
    return 0;
}
```

说明：（1）程序中的“#define M　5”称为宏定义，它与“#include <stdio.h>”一样，都是预处理命令。预处理命令是给编译器的命令，要求编译器在编译之前，首先完成某些处理。其中，宏定义命令要求编译器对程序中的某些字符串进行替换：用该命令中指出的后面的字符串替换前面的字符串。在本例中要求用 5 替换其程序中的 M。或者说，程序中的每个 M，在编译预处理时，都将被替换为 5。采用宏定义与在程序中直接写一个常量相比，优点在于修改便利。

注意：编译预处理命令后面没有分号，因为它们不是 C 语言的语句。

（2）表达式 *m*++相当于 $m=m+1$，即对变量 *m* 进行增量操作。操作符++是 C 语言对于增量操作的紧凑表示形式。相对而言，C 语言还提供了一个减量操作符--。如 *m*--表示 $m=m-1$。

（3）表达式 *m*++在这里的作用是修正 *m* 的值，即月数增 1。在递推/迭代过程中，没有对递推条件表达式中的变量进行修正的操作，就不会让递推/迭代过程结束。

4. 采用 do-while 结构的参考代码

代码 3.4

```
#include <stdio.h>
#define M  5

int main(void){
    /* 初始化部分 */
    int fibLast = 1, fibThis = 1, fibNext=0;
    int m = 2;

    /* 递推过程 */
    do{
        fibNext = fibLast + fibThis;
        fibLast = fibThis;
        fibThis = fibNext;
        m ++;                         /* 修正表达式               */
    } while(m <= M);                  /* 递推条件，M 为设定月数    */

    /* 输出结果 */
    printf("\nFib(%d)=%d",m, fibNext);
    return 0;
}
```

5. 采用 for 结构的参考代码

代码 3.5

```
#include <stdio.h>
#define M  5

int main(void){
    /* 初始化部分 */
    int fibLast = 1, fibThis=1, fibNext=0;
    int m;

    /* 递推过程 */
    for(m = 2; m <= M; m ++) {              /* 初始化、递推条件和修正表达式 */
        fibNext = fibLast + fibThis;
        fibLast = fibThis;
        fibThis = fibNext;
    }

    /* 输出结果 */
    printf("\nFib(%d)=%d",m, fibNext);
    return 0;
}
```

说明：for 重复结构实际上是把 while 结构中与重复有关的初始化表达式、判定表达式和修正表达式写在了一起。这样，会对循环体的执行情况一目了然，例如在本例中，很容易理解为“从 $m=3$ 到 $m=M$”执行迭代。

“从 $m=3$ 到 $m=M$”的重复可以进一步理解为计数型重复，也就是说，for 结构非常适合按计数方式进行重复控制。对于非计数型重复（例如欧几里德问题）就不适合采用 for 结构。

6. 程序测试

对于本例，不可采用分支覆盖法，也不可采用边值分析法和等价分类法。但可以根据结果数据的分布规律进行因果分析。例如，可以分别取 M 为 3、4、5 进行测试，分析结果的分布是否符合题目要求的规律。各次测试结果如下。

```
Fib(3) = 2
Fib(4) = 3
Fib(5) = 5
```

3.1.3　猴子吃桃子

1. 问题描述

一天一只小猴子摘下一堆桃子，当即吃去一半，还觉得不过瘾，又多吃了一个。第 2 天接着吃了前一天剩下的一半，馋，忍不住又多吃了一个。以后每天如此。 到第 10 天小猴子去吃时，只剩下一个桃子了。问小猴子最初共摘了多少桃子？

2. 算法分析

首先看一下用代数方法如何求解此题。

设小猴子当初共摘了 x 个桃子。则根据题意，有

第 1 天吃掉 $x/2+1$ 个，剩下 $x/2-1=(x-2)/2$ 个；

第 2 天吃掉（(x−2）/2）/2＋1 个，剩下（x−2）/2−（(x−2）/2＋1）＝（x−2）/2−（$x-2+2^2$）/2^2＝（$x-2-2^2$）/2^2 个；

……

第 i 天剩下：（$x-2-2^2-\cdots-2^i$）/2^i 个；

……

第 9 天剩下：（$x-2-2^2-\cdots-2^9$）/2^9＝1（第 10 天小猴子看到的那 1 个桃子）。这就是本题的方程式。解之，得

$x=2^9+2^9+2^8+\cdots+2^2+2$

这种求解方法有如下缺点：一是人的干预太多，不适合计算机直接求解；二是需要进行的计算比较复杂。假设，是到了第 100 天才看到剩下的 1 个桃子，则要进行 $2^{99}+2^{99}+2^{98}+\cdots+2^2+2$ 的计算。

用递推法就可以使计算简单多了。使用递推法的关键是找出递推式。可是本题开始时的桃子数是不知道的，而要求的就是开始时的桃子数。所以，不能采用从前向后递推的方法，只能采用往前递推的方法。即从第 10 天看到的那个桃子开始往前推，是一个倒推问题。推导过程如下。

第 9 天的桃子数为　$peach_9=(peach_{10}+1)*2$;

第 8 天的桃子数为　$peach_8=(peach_9+1)*2$;

……

第 i 天的桃子数为　$peach_i=(peach_{i+1}+1)*2$;

……

如此，就建立了递推式，从初始值开始，以倒退的方式迭代 9 次，就得到第 1 天的桃子数。这类问题也称为倒推问题。

3. 采用 while 结构的参考代码

代码 3.6

```
#include <stdio.h>
int main(void){
    int  peachNumber = 1,days = 10;
    while(days > 1){
        peachNumber = (peachNumber + 1) * 2;
        -- days;
    }
    printf("\n 第%d 天的桃子数为：%d 个。",days,peachNumber);
    return (0);
}
```

说明：--即减量运算符，--days 相当于 days＝days−1。

4. 采用 do-while 结构的参考代码

代码 3.7

```
#include <stdio.h>
int main(void){
    int peachNumber = 1,
        days = 10;
```

```
    do{
        peachNumber = (peachNumber + 1) * 2;
        -- days;
    } while(days > 1);
    printf("\n 第%d 天的桃子数为：%d 个。",days,peachNumber);
    return 0;
}
```

5. 采用 for 结构的参考代码

代码 3.8

```
#include <stdio.h>
int main(void){
    int  peachNumber,days;
    for(peachNumber = 1,days = 10; days > 1; -- days){
        peachNumber = (peachNumber + 1) * 2;
    }
    printf("\n 第%d 天的桃子数为：%d 个。",days,peachNumber);
    return 0;
}
```

说明：在 C 语言中，多个表达式可以用逗号连接成一个表达式。其中，逗号的意义仅表明按照先后顺序进行运算。这样的表达式，从书写形式上看似乎是多个表达式，但在语法上是作为一个表达式，只用一个分号结尾。

6. 程序测试

该例的测试与其他递推（迭代）问题相似，采用因果分析法，看所得结果序列是否符合题义。测试运行结果如下。

```
第 1 天的桃子数为：1534 个。
```

较好的办法是在重复结果中增加一条输出语句，分析连续输出的数据的分布规律。

3.1.4 用二分迭代法求解一元二次方程

1. 问题描述

给定一元二次方程 $x^2-x-2=0$，求它在区间（0，3）之间的一个根。

2. 算法分析

一般说来，方程 $f(x)=0$ 的根的分布是非常复杂的，要找出它们的解析表达式也是非常困难的。已经有人证明，像 $x-e^x=0$ 以及 5 次以上的 $f(x)=0$，都找不出用初等函数表示的根的解析表达式。在这种情形下，只能借助数值分析的方法，得到近似的解。二分法就是一种求解多项式方程时常用的一种方法。其基本原理如图 3.7 所示。

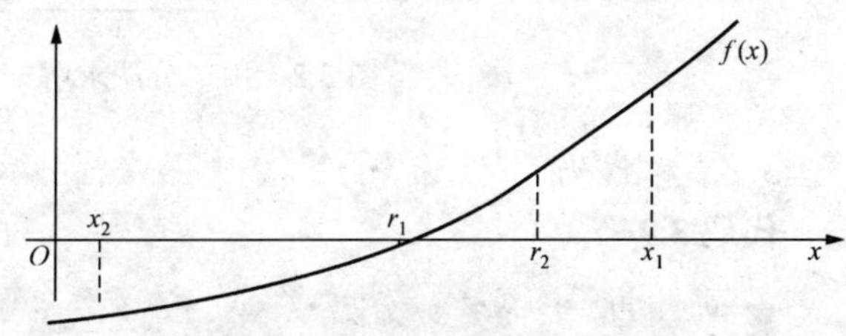

图 3.7 用二分法求解多项式方程

若方程 $f(x)$在区间$[x_1,x_2]$上有 $f(x_1)$与 $f(x_2)$符号相反，则它至少在此区间内有一个根。若取 root 为 x_1 和 x_2 的中点，如果 root 不是$f(x)$的根，则在分隔成的两个子区间中，必有一个子区间两端的函数值符号仍然相反。该子区间中也必然至少有一个根。使用

root 虽然不一定能直接找到根，但把含根的区间缩小了一半。这样，不断对两端函数值异号的子区间进行二分，要么正好碰上一个根，要么最后可以把子区间缩小到非常接近根的地方。若已经符合精度要求，也就算是找到根了。这一过程，就是一个迭代过程。但是，还需要进一步解决如下两个问题：

（1）如何判断根在哪个子区间。可以肯定地说，在一个区间中点放上一个 root，必然有一个端点处的函数值与root处的函数值同号，另一个端点处的函数值与root处的函数值异号。显然，当root不是函数的根时，根一定存在于root与函数值异号的端点之间。

为此，还要进一步判断两个函数值是否异号。这个问题非常简单，对于$f(x_1)$和$f(x_2)$只要它们的乘积小于0，它们就一定异号。即

$$f(x_1) * f(x_2) <= 0$$

（2）迭代条件的确定。进行迭代计算时，要经过有限步骤准确地得到一元方程的解几乎是不可能的。通常要先给出允许的最大误差 error，当$|root-x_1|<=error$时，才可终止迭代过程，即用 x_1 近似地代替 root。但是，由于 root 是未知的。实际应用中，采用两个近似解$|x_1-x_2|$近似地代替$|root-x_1|$，即当$|x_2-x_1|<=error$时可以终止迭代过程。相对于前面几例可以精确控制迭代过程，本例的这种迭代被称为近似迭代。

根据上述分析，可以得到图 3.8 所示的算法流程图。

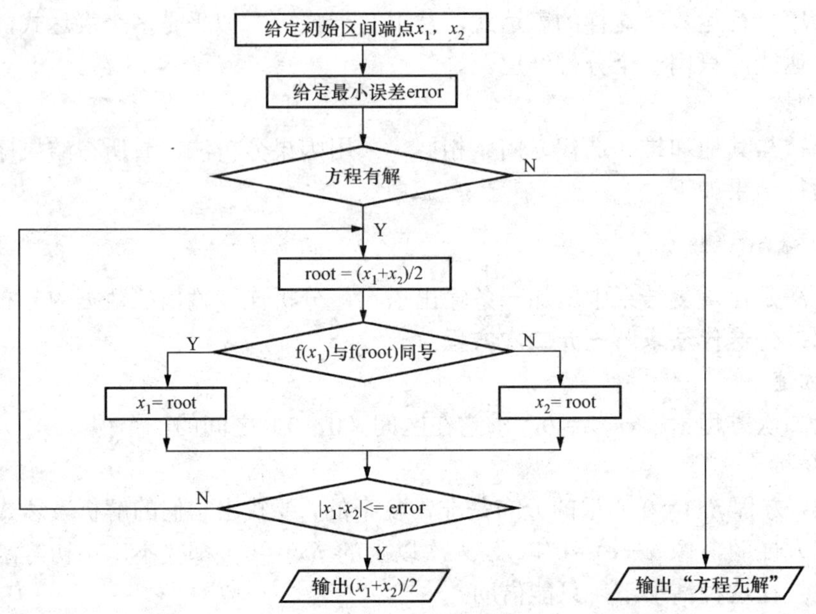

图 3.8 用二分法求解一元方程的算法流程图

3. 参考代码

代码 3.9

```
/* 功能：用二分法求解一元方程 */
#include <stdio.h>
#include <math.h>
#include <stdlib.h>
```

```
double func(double x){                    /* 定义方程多项式计算函数   */
    double y;
    y = x * x - x - 1;
    return y;
}

int main(void){
    double x1,x2;                         /* 求解区间               */
    double err;                           /* 求解精度               */
    double root;                          /* 近似解                 */

    printf("输入误差范围：");
    scanf("%lf",&error);

    printf("请输入求解区间：");
    scanf("%lf,%lf",&x1,&x2);

    if(func(x1) * func(x2) > 0)  {        /* 调用函数 func()        */
        printf("\n 方程在此区间无解");
        exit(0);                          /* 程序结束               */
    }
    else{
        do{
            root = (x1 + x2) / 2.0;       /* 用二分点作为近似解     */
            if(func(x1) * func(root) <=0) /* 判断 root 在哪个区间   */
                x2 = root;                /* 区间边界迭代           */
            else
                x1 = root;                /* 区间边界迭代           */
        } while(fabs(x1 - x2) > error);   /* 调用 fabs()            */
    }
    printf("\n 方程的解是：%lf\n",(x1 + x2) / 2);
    return 0;
}
```

说明：（1）fabs(x)是一个库函数，用于计算参数 x 的绝对值。这个函数定义在 math.h 中，要使用它，必须用文件包含命令#include <math.h>将头文件包含在当前程序中。

（2）本例有多个地方要进行方程给定的多项式的求解。这样，就需要在多个地方写一段相同的代码：

```
x * x-x-1
```

只是每段前面要再写一个赋值语句，给 x 以不同的值。为了缩减这样的累赘，可以将这段代码抽出来放在一个地方，并允许多次使用，于是就形成了函数。在本例中，用 func()标识这段可以被多次使用的代码，并在圆括号中写上要由调用者传递来的数据——参数类型以及名称；在后面的一对花括号中写出可以被多次调用的代码段。当然，为了实现被多次调用，这段代码中要添加一些其他元素，如定义一个 y 变量，以及计算后返回 y 变量的值。这就称为函数的定义。定义了函数，实际上是给出了函数计算的形式。所以函数定义中的参数被称为形式参数，这表明参数的名字并不重要，如本例中，将参数写成 a 也是可以的，即有定义

```
double func(double a){                         /* 定义方程多项式计算函数   */
    double y;
    y = a * a - a - 1;
    return y;
}
```

定义了函数，就可以在需要处调用它了。调用的方法是，使用函数的名称以及要计算的实际参数值，如本例中,使用的 func(x1)、func(x2)、func(root)等。对于每个调用，程序都会把形式数传送到函数的形式参数中，即用实际参数替代形式参数，并将程序流程转移到函数定义中进行计算，计算结果会通过函数返回语句送回到原调用处。

（3）关于实数相等的比较。一般说来，实数比较只有大于和小于，不可进行等于比较。因为在计算机中数据是用二进制形式存储的，而小数部分的二进制表示多数是不精确的。因此，要比较两个实数是否相等，一般采用计算两个数之差是否小于一个预先给定的误差。

4. 程序测试

近似迭代的程序测试，也需要采用输出结果分析法。为了进行分析，要产生一组可以用来分析比较的数据。这类问题的方法：从大到小，给定几个不同大小的精度，对它们生成的一组输出数据进行分析，看这些值是否收敛以及所产生的是否越来越满足题意。

对本题来说，可以依次设误差为 0.0001、0.000 01、0.000 001 和 0.000 000 5。

测试结果如下：

```
输入误差范围：0.0001↲
请输入求解区间：0.3↲

方程的解：1.618027
```

```
输入误差范围：0.00001↲
请输入求解区间：0.3↲

方程的解：1.618035
```

```
输入误差范围：0.000001↲
请输入求解区间：0.3↲

方程的解：1.618034
```

```
输入误差范围：0.0000005↲
请输入求解区间：0.3↲

方程的解：1.618034
```

可以看到，这 4 次测试，结果收敛，并且这个值代入原方程，满足条件。

3.1.5　用步长迭代法求解盐水池问题

1. 问题描述

某盐水池内有 200L 盐水，内含 50kg 食盐。假定以 6L/min 的速度向该盐水池中注入含有 2kg/L 食盐的盐水，同时以 4L/min 的速度流出搅拌均匀的盐水。则 30min 后，盐水池中食盐总量为多少？

2. 算法分析

假设该盐水池是先只进不出，或只出不进，问题就比较简单了。先计算进水情况：时间段 period＝30min 内流进的盐水量为 6×period＝180L，流进食盐量为 6×period×2/6＝60kg。于是加上原来的食盐量 50＋60＝110kg，就是该盐水池中的食盐总量。

再考虑，如果进水 30min 后，便只出不进 t=30min：盐水总量：200＋180＝380L，period 时间内流出的盐水总量为 4×t＝120L，其中食盐量为 4×t×60/380。盐水池中剩余食盐量为 50＋60－4×t×110/380＝75.26kg。

实际是进口不断流进，出口不断流出。采用这样的计算，误差太大。那么，如何减少计算的误差呢？显然，只要时间段缩小，精度就可以提高，并且时间段越小，计算的精度就越高。这个小的时间段便称为时间步长。

3. 数据设计

（1）原始数据。在程序中，用宏定义定义为：

```
#define IniBrines         200.0    /* 原来盐水总量，        单位：L           */
#define IniSalts          50.0     /* 原来食盐总量，        单位：kg          */
#define InBrinetSpeed     6.0      /* 进盐水速度，          单位：L/min       */
#define InSaltSpeed       2.0      /* 进盐水中每升食盐量，  单位：kg/L/min    */
#define OutBrinerSpeed    4.0      /* 出盐水速度，          单位：L/min       */
#define TimeStep          1.0      /* 时间步长，            单位：s           */
#define TimeSpan          30.0     /* 时间段，              单位：min         */
```

（2）变量。在程序中用变量定义为：

```
double   totalBrines,              /* 存储迭代过程中的盐水总量                */
         totalSalts;               /* 存储迭代过程中的食盐总量                */
int      time;                     /* 时间变量                                */
```

4. 操作代码设计

为了使计算比较精确，使用秒级的步长 TimeStep，并设模拟的时间变量为 time，则根据前面的分析，可以得到如下算法。

```
double totalBrines, totalSalts;
/* 初始化 */
totalBrines = IniBrines;
totalSalts = IniSalts;

/* 迭代过程 */
for(int time = 0; time <  TimeSpan*60; time += TimeStep ){
    /* 考虑只进不出，计算 1 个 TimeStep 后池中盐水总量                      */
    池中盐水总量 + 1 个时间步长中流进盐水量;
    /* 考虑只进不出，计算 1 个 timeStep 后池中食盐总量                      */
    池中食盐盐总量 + 1 个时间步长中流进食盐量;
    /* 考虑只出不进，计算 1 个 timeStep 后池中食盐水总量                    */
    池中盐水总量 - 1 个时间步长中流出盐水量;
    /* 考虑只出不进，计算 1 个 timeStep 后池中食盐总量                      */
    池中盐水总量 - 1 个时间步长中流出食盐量;
}
输出食盐总量;
```

对于上述算法中没有确定的部分进行细化，得到如下代码。

```
double totalBrines, totalSalts;
/* 初始化 */
totalBrines = IniBrines;
totalSalts = IniSalts;
int time
/* 迭代过程 */
for(time = 0; time <  TimeSpan * 60; time += TimeStep ){
    /* 考虑只进不出，计算1个TimeStep后池中盐水总量                    */
    totalBrines += InBrinetSpeed/60 * TimeStep;
    /* 考虑只进不出，计算1个timeStep后池中食盐总量                    */
    totalSalts += InSaltSpeed/60 * TimeStep ;
    /* 考虑只出不进，计算1个timeStep后池中食盐水总量                  */
    totalBrines -= OutBrinerSpeed / 60 * TimeStep;
    /* 考虑只出不进，计算1个timeStep后池中食盐总量                    */
    totalSalts -= totalSalts / totalBrines * OutBrinerSpeed/60 * TimeStep;
}
printf("%d分钟后，盐水池中含有食盐%lf公斤。", TimeSpan ,totalSalts);
```

这样，可以得到本例的代码如下。

代码 3.10

```
#include <stdio.h>
#define IniBrines           200.0    /* 原来盐水总量,        单位：L       */
#define IniSalts            50.0     /* 原来食盐总量,        单位：kg      */
#define InBrinetSpeed       6.0      /* 进盐水速度,          单位：L/min   */
#define InSaltSpeed         2.0      /* 进盐水中每升食盐量,  单位：kg/L    */
#define OutBrinerSpeed      4.0      /* 出盐水速度,          单位：L/min   */
#define TimeStep            1.0      /* 时间步长,            单位：s       */
#define TimeSpan            30.0     /* 时间段,              单位：min     */

int main(void){
    double    totalBrines,           /* 存储迭代过程中的盐水总量           */
              totalSalts;            /* 存储迭代过程中的食盐总量           */
    int       time;                  /* 时间变量                           */
    total Brines=IniBrines, totalSalts=IniSalts;
    for(time = 0; time <  TimeSpan*60; time += TimeStep){
        totalBrines += InBrinetSpeed/60 * TimeStep;
        totalSalts += InSaltSpeed/60 * TimeStep ;
        totalBrines -= OutBrinerSpeed / 60 * TimeStep;
        totalSalts -= totalSalts / totalBrines * OutBrinerSpeed/60 * TimeStep;
    }

    printf("%d分钟后，盐水池中含有食盐%lf公斤。", TimeSpan,totalSalts);

    return 0;
}
```

说明：（1）在这个程序中，采用宏定义的方式定义原始数据。这种方法的好处是修改便利，如要使用不同的原始数据进行程序测试时，只需在预处理命令处集中修改即可，不需要在程序代码中进行分散修改，从而减少了出错的几率。

（2）操作符+=和−=，是两种复合赋值操作符，分别是加与赋值、减与赋值复合操作的简洁表示形式。例如，$a+=b$，相当于 $a=a+b$，$a-=b$，相当于 $a=a-b$。类似的操作符还有*=、/=、%=等。一定要注意，这些操作符和++、--都具有赋值功能。例如，下面的

3 条语句

```
int a = 5, b = 5;
a += a -= a * a;                     /* 表达式a */
b += b -= b *= b;                    /*表达式b  */
```

表达式 *a* 的执行过程：按照赋值运算符的要求，先右后左，首先计算 *a* * *a*，得到9；然后计算 *a*－＝9，即 3－＝9，得－6，这时有个重新赋值的操作，所以 *a* 的值变为－6；再执行 *a*＋＝*a*，即－6＋＝－6，得－12，又有一个重新赋值的操作，即 *a* 的值为－12。

表达式 *b* 的执行过程：按照赋值运算符的要求，先右后左，首先计算 *b**＝*b*，即计算 3*＝3，得到 9，不过这时要对 *b* 重新赋值，故 *b* 的值为 9；然后计算 *b*－＝9，即计算 9－＝9，得 0，这时又有个重新赋值的操作，所以 *b* 的值变为 0；最后再执行 *b*＋＝*b*，即 0＋＝0，得 0，仍要重新赋值，得 *b* 的值为 0。

这样的表达式并没有实用价值，但对于理解赋值操作符的用法还是有帮助的。

5．程序测试

本例采用重复结构，可以采用边值分析方法在循环的边界上进行测试。同时，本例采用了步长法进行迭代，因此还须对步长进行数据分析法测试。

（1）对于重复结构的边值分析法测试，即对迭代时间段进行边值分析，可以选用如下时间段：

- 时间段为 0s。
- 时间段为 1s。
- 时间段为 30min，即 30 * 60s。

测试结果如下：

```
0min 后，盐水池中的食盐总量为：50kg。
0min 后，盐水池中的食盐总量为：50.0167kg。
30min 后，盐水池中的食盐总量为：76.8036kg。
```

（2）对于步长的数据分析测试，可选步长为 1s、10s、30s 进行测试。

测试结果如下：

```
30min 后，盐水池中的食盐总量为：76.8036kg。
30min 后，盐水池中的食盐总量为：76.7372kg。
30min 后，盐水池中的食盐总量为：75.2632kg。
```

用最后的数据与刚开始时的数据分析比较，可以得出没有发现错误的结论。

习　题　3.1

代码分析

1．分析代码，从被选答案中选择合适的答案。

（1）代码

```
int k = 9;
while (k = 0)k --;
```

中 while 循环的执行次数为（　　）。

A. 无限循环　　B. 9 次　　C. 10 次　　D. 1 次　　E. 0 次

（2）程序段

```
int x = 0, s = 0;
while (!x != 0)s += ++x;
printf("%d",s);
```

执行的结果为（　　）。

A. 输出 1　　B. 输出 0　　C. 形成无限循环

D. 控制表达式非法无法编译

（3）程序

```
#include <stdio.h>
int main(void){
    int x = 1, a = 1;
    do{
        a = a + 1;
    }while(x);
    printf("%d",a);
    return 0;
}
```

运行后，表达式 a=a+1 被执行的次数为（　　）。

A. 0　　B. 1　　C. 无限次　　D. 程序不能执行

（4）程序

```
#include <stdio.h>
int main(void){
    int a = 0, i;
    for(i = 1; i < 5; i ++){
        switch( i ){
            case 0:case 3: a +=2;
            case 1:case 2: a +=3;
            default: a +=5;
        }
    }
    printf("%d\n",a);
    return 0;
}
```

运行后，将输出（　　）。

A. 31　　B. 13　　C. 10　　D. 26

（5）下面的程序执行后，输出为（　　）。

```
#include <stdio.h>
int main(void){
    int k=5,n=0;
    while(k>0){
        switch(k) {
```

```
        default:break;
        case 1:n+=k;
        case 2:
        case 3:n+=k;
      }
      k--;
   }
   printf("%d\n",n);
   return 0;
}
```

A. 0　　B. 4　　C. 6　　D. 7

（6）下面的程序运行后，输出为（　　）。

```
#include <stdio.h>
int main(void){
   int a=1,b;
   for(b=1;b<=10;b++){
      if(a%2==1){a+=5;continue;}
      a-=3;
   }
   printf("%d\n",b);
   return 0;
}
```

A. 3　　B. 4　　C. 5　　D. 6

（7）若要使下面的程序输出 2，则应该从键盘上给 *n* 输入（　　）。

```
#include <stdio.h>
int main(void){
   int s=0,a=1,n;
   scanf("%d",&n);
   do{s+=1;a-=2}while(a!=n);
   printf("%d\n",s);
   return 0;
}
```

A. −1　　B. −3　　C. −5　　D. 0

（8）执行下面的代码后，*x* 的值为（　　）。

```
int x=10;
x+=x-=x-x;
```

A. 10　　B. 20　　C. 30　　D. 40

2. 把下列程序段改写得更合理。

（1）

```
while (A){
   if (B) continue;
   C;
}
```

（2）

```
do{ if (!A) continue
   else B;
   C;
}while (A);
```

3. 指出下面三个C程序的功能。当输入为“qwert?”时，它们的执行结果各是什么？

（1）

```
#include <stdio.h>
int main(void){
    char c;
    c=getchar();
    while (c!='?'){
        putchar (c);
        c=getchar();
    }
     return 0;
}
```

（2）

```
#include <stdio.h>
int main(void){
    char c;
    while ((c=getchar ())!='?')
        putchar (++c);
    return 0;
}
```

（3）

```
#include <stdio.h>
int main(void){
    while (putchar (getchar())!='?');
    return 0;
}
```

4. 下面程序的功能是要把1～10十个数相加。指出程序中的错误及其原因。

```
#include <stdio.h>

int main(void) {
  int i;
  printf("\n1");
  while(i <= 10);
      printf("+ %d",i);
      i ++;
  return 0;
}
```

5. 阅读下面程序段或程序，指出运行后的输出结果。

（1）

```
int x,y,z;
x = y = z = 0;
++ x || ++ y && ++ z;
printf ("x=%d\ty=%d\tz=%d\n",x,y,z);
x = y = z = 0;
++ x && ++ y||++ z;
printf ("x=%d\ty=%d\tz=%d\n",x,y,z);
x = y = z = 0;
++ x && ++ y && ++ z;
printf ("x=%d\ty=%d\tz=%d\n",x,y,z);
x = y = z = -1;
++ x && ++ y && ++ z;
printf ("x=%d\ty=%d\t z=%d\n",x,y,z);
x = y = z = -1;
++ x && ++ y||++ z;
printf ("x=%d\ty=%d\tz=%d\n",x,y,z);
x = y = z = -1;
++ x || ++ y && ++ z;
printf ("x=%d\t y=%d\tz=%d\n",x,y,z);
```

（2）

```
#include <stdio.h>
int main(void){
    int n = 0;
    while(n ++ <= 1)
        printf ("%d\t",n);
    printf ("%d\n",n);
    return 0;
}
```

（3）

```
#include <stdio.h>
int main(void){
        int i;
        int sum = 0;
        printf("Enter number\n");
        scanf("%d",&i);
        for(;;) {
            if(i<0) break;
            sum += i;
            scanf("%d",&i);
        }
        printf("sum=%d\n",sum);
        return 0;
}
```

（4）

```
#include <stdio.h>
int main(void){
    int a = 2, b = 2, s;
    printf ("%d\n",s = a + (++ a));
    printf ("%d\n",s = (++ b) + (++ b));
    return 0;
}
```

（5）

```
#include <stdio.h>
int main(void){
    int i,j=0;
    for(i=0;i<=100;i++)j=j++;
    printf("%d",j);
    return 0;
}
```

探索验证

1．设计一个简单的C程序，验证++*i*与*i*++的不同。

2．若有定义：int *i*=5;，推算并验证下面表达式的值（包括不可计算），解释取得这样结果的原因。若有不同的编译器，请分别进行验证，然后分析结果。

（1）（++ *i*）＋（++ *i*）

（2）*i* +++++ *i*

（3）++ *i* ＋ ++ *i*

（4）*i* ++ + ++ *i*

（5）（*i* ++）＋（*i* ++）

（6）*i* +++ *i*

（7）*i* ++ ＋ *i* ++

（8）*i* ++ + *i*

（9）（++ *i*）＋（*i* ++）

（10）*i* +（++ *i*）

（11）++ *i* ＋ *i* ++

（12）（*i* ++）+ *i*

开发练习

设计下面各题的C程序，并设计相应的测试用例。

1．简单递推（迭代）问题。

（1）牛的繁殖问题。有位科学家曾出了这样一道数学题：一头刚出生的小母牛从第四个年头起，每年年初要生一头小母牛。按此规律，若无牛死亡，第20年头上共有多少头母牛？

（2）把下列数列延长到第50项

1, 2, 5, 10, 21, 42, 85, 170, 341, 682,

（3）切饼问题。一张大饼放在板上，如果不许将饼移动，则切 *n* 刀时，最多可以切成几块？

（4）制定进货方案。某商店经营红旗牌小车。需求量的历史统计数据见表3.2。

表3.2

需求量 D_t（台）	100	200	300
概 率	0.25	0.50	0.25

进货量要与需求量有关。但是需求是不能控制的，只能根据历史数据推测。为此，该商店提出了两种进货方案：

方案一：按照上个月的需求量 D_t，决定本月的进货量 Q_t，即

$$Q_t = D_{t-1}$$

方案二：按照前两个月的需求量的平均数，决定本月的进货量，即

$$Q_t = (D_{t-1} + D_{t-2})/2$$

若每售一辆车，可获利2万元，则哪种方案获利大？

2．倒推问题。

（1）一个排球运动员一人练习托球，第 $i+1$ 次托起的高度是第 i 次托起高度的 9/10。若他第 8 次托起了 1.5m，则他第 1 次托起了多高？

（2）假设银行一年整存整取的月息为 0.32%，某人存入了一笔钱，在 5 年内，每年年底都能取出 200 元，并到第 5 年底刚好用完。请设计一个 C 语言程序，计算他当初共存了多少钱。

（3）某日，王母娘娘送唐僧一批仙桃，唐僧命八戒去挑。八戒从王母娘娘宫挑上仙桃出发，边走边望着眼前箩筐中的仙桃咽口水，走到 128 里时，倍觉心烦腹饥口干不能再忍，于是找了个僻静处开始吃起前头箩筐中的仙桃来，越吃越有兴致，不觉竟将一筐仙桃吃尽，才猛然觉得大事不好。正在无奈之时，发现身后还有一筐，便转悲为喜，将身后的一筐仙桃一分为二，重新上路。走着走着，馋病复发，才走了 64 里路，便故伎重演，又在吃光一筐仙桃后，把另一筐一分为二，才肯上路。以后，每走前一段路的一半，便吃光一头箩筐中的仙桃才上路。如此这般，最后走了一里走完，正好遇上师傅唐僧。师傅唐僧一看，两个箩筐中各只有一个仙桃，于是大怒，要八戒交代一路偷吃了多少仙桃。八戒掰着指头，好几个时辰也回答不出来。

请设计一个 C 语言程序，为八戒计算一下，他一路偷吃了多少个仙桃。

（4）一辆吉普车来到 1000km 宽的沙漠边沿。吉普车的耗油量为 1L/km，总装油量为 500L。显然，吉普车必须用自身油箱中的油在沙漠中设几个临时加油点，否则是通不过沙漠的。假设在沙漠边沿有充足的汽油可供使用，那么吉普车应在哪些地方、建多大的临时加油点，才能以最少的油耗穿过这块沙漠？

3．近似迭代问题。

（1）牛顿迭代法。牛顿迭代法又称为牛顿切线法，是一种收敛速度比较快的数值计算方法。其原理如图 3.9 所示。

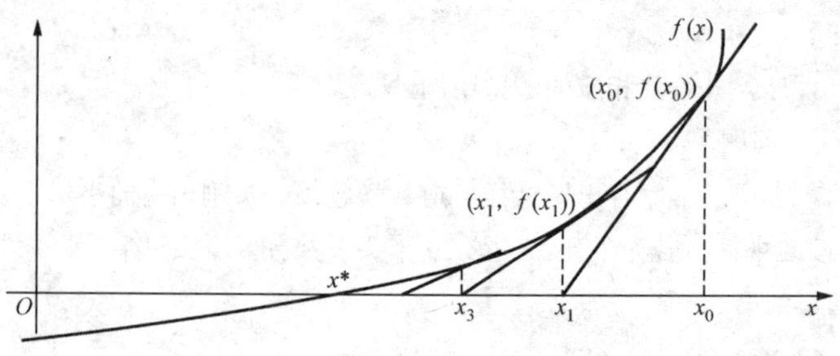

图 3.9　牛顿迭代法

设方程 $f(x)=0$ 有一个根 x^*。首先要选一个区间，把根隔离在该区间内，并且要求函数 $f(x)$ 在该区间连续可导，则可以使用牛顿迭代法求得 x^* 的近似值。方法如下：

选择区间的一个端点 x_0，过点（x_0，$f(x_0)$）作函数 $f(x)$ 的切线与 x 轴交于 x_1，则此切线的斜率为 $f'(x_0)=f(x_0)/(x_0-x_1)$，即有

$$x_1=x_0-f(x_0)/f'(x_0)$$

显然，x_1 比 x_0 更接近 x^*。

继续过点（x_1，$f(x_1)$）作函数 $f(x)$ 的切线与 x 轴交于 x_2……当求得的 x_i 与 x_{i-1} 两点之间的距离小于给定的最大误差时，便认为 x_i 就是方程 $f(x)=0$ 的近似解了。

试用 C 程序描述牛顿迭代法。

（2）编写一个 C 程序，利用如下的格里高利公式求π的值。直到最后一项的值小于 10^{-5} 为止。

$$\frac{\pi}{4}=1-\frac{1}{3}+\frac{1}{5}-\frac{1}{7}\cdots$$

（3）随着圆的内接多边形边数的增加，多边形的面积就接近圆的面积。试用此方法求圆周率。

4．步长迭代法问题。

（1）导弹追击飞机问题。图 3.10 为一个导弹追击飞机的示意图。在这个过程中，导弹要不断调整方向对准飞机。为了简化问题，假定飞机只沿 *X* 轴作水平飞行，并且导弹与飞机在同一平面内飞行。图中，当飞机出现在坐标原点（0,0）时，导弹从（X_0,Y_0）处开始追击飞机。

初始条件：

[x_0, y_0]：初始时刻导弹的坐标；

[d,0]：初始时刻飞机的坐标；

v_a：飞机的速度；

v_m：导弹的速度。

（2）圆木漂流问题：有一批半径为 0.45m 的圆木顺小溪漂流而下，如图 3.11 所示，小溪宽 6m，在某处转了 100°的折角后，变为 7.5m 宽。为了使圆木不卡在拐弯处，圆木最大尺寸应为多少？

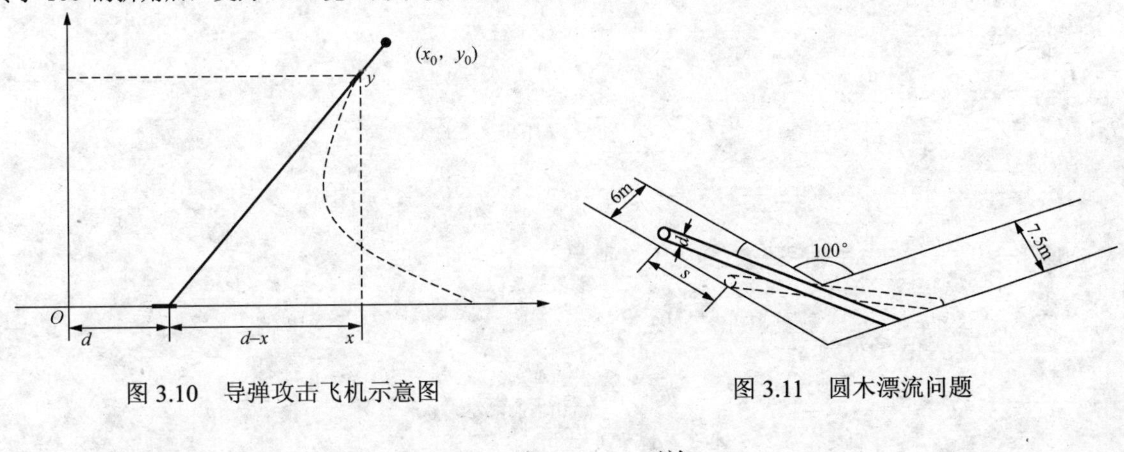

图 3.10　导弹攻击飞机示意图　　　　图 3.11　圆木漂流问题

3.2　穷　　举

在许多情况下，问题的初始条件是可能含有解的集合。在这种情况下，问题的求解过程就是从这个可能含有解的集合中去找问题的解。所谓穷举，就是按照一定的顺序对这个可能的集合中的元素进行一一检测，从中找出问题的一个解、一组解，或得到在这个集合中解不存在的结论。

穷举一般采用重复结构，并且由如下三要素组成：

（1）穷举范围。

（2）判定算法。

（3）穷举结束条件。

3.2.1　求素数

1．问题描述与算法分析

本题要求输出 3～100 中的素数。素数是除 1 和它本身之外不能被其他任何整数整除的正整数。

（1）总体思路。找素数数列的一种算法称为筛法，它是一种穷举法。对本例来说可以写为

```
for(int m = 3; m <= 100 ;m ++) {      /* 穷举测试 3～100 中的各 m 是否为素数 */
    测试一个具体的 m 是否为素数：不是，则取下一个数；是，则输出，取下一个数；
}
```

（2）判定素数。测试一个数 *m* 是否为素数的基本思想：用 2～*m*－1 之间的数依次去除 *m*，只要有一个数能将 *m* 整除，*m* 就不是素数。但是，实际上只要 2～*m*/2 之间的任何数都不能将 *m* 整除时，*m* 就是一个素数。这样就可以减少计算的工作量。因而，判断一个数 *m* 是否为素数的算法，可以描述成

```
for(n = 2; n <= m / 2; n ++){          /* 判断一个m是否为素数                */
    if(m % n == 0)
        跳到下一个m;                     /* 只要m被任何一个n整除，就不是素数 */
}
输出："m是素数";                          /* m没有被任何一个n整除，就是素数    */
取下一个m;
```

2. 参考代码

代码 3.11

```
#include <stdio.h>
#define NUMBER 100                      /* 定义区间上界                    */

int  main(void) {
    int m,n;

    printf("\nThe primers from 3 to %d is:\n",NUMBER);

    for(m = 3; m <= NUMBER; m ++) {
        int flag = 1;                   /* 设置素数标志                    */
        for(n = 2; n <= m/2; n ++) {
            if(m % n == 0) {
                flag = 0;               /* 标志非素数                      */
                break;                  /* 跳出当前重复结构                */
            }
        }
        if(flag == 0)                   /* 对素数标志进行判断              */
            continue;                   /* 短接当前重复结构中后面的语句    */
        printf("%d,",m);
    }
    return 0;
}
```

跳出当前重复结构

短接当前重复结构中后面的语句

说明：（1）break 语句。第 2.3 节已经使用过 break 语句，它的作用是跳出当前的 switch 结构。break 语句的另外一个作用是跳出当前重复结构，如在本例中，执行它可以跳出内层的 for 结构，即一旦发现一个 *m* 被任何一个 *n* 整除，就确认该 *m* 是一个非素数，不再用后面的 *n* 去试除，而是跳出试除的重复结构，决定对其是否输出之后，再换下一个 *m* 进行判断。

（2）continue 语句。continue 语句称循环继续（或循环短路）语句。它只能用在重复结构中。当某次循环中执行到 continue 时，便不再执行循环体中其后面的语句，直接进入下一轮循环。在本例中，break 的功能是一旦发现 *m* 不是素数，就终止后面的测试，跳出内层循环；continue 的功能是跳过 printf( )语句，即非素数不打印。

（3）标志 flag。本例中使用的 flag 称为标志。使用标志是程序设计中常用的一个技巧，用于标明某一状态的变化，为某些操作的执行与否提供判定条件。在本题中，flag 用于标明所测试的数 *m* 是否为素数，以便后面确定是否打印该数。

（4）局部变量。本题中有两层 for 循环：外层 for 循环和内层 for 循环。在本程序中，有个特殊的变量——flag，它定义在外循环中。因而程序的流程每进入一次外循环时，就要"重新定义"一个新的 flag 变量，也就是说，外循环要执行多次，每一次都要重新创建一个新的 flag 变量，以保证外循环每次开始执行时，flag 的值都是 1，与前一轮无关。

这些在程序中某一对花括号（一个函数、一个语句块）中定义的变量，称为局部变量。使用局部变量，可以保证一个局部范围内定义的变量与其他局部定义的变量的名称、值无关。例如，在下面的程序片段中，定义了 3 个同名变量 *x*，但这 3 个 *x* 代表了 3 个不同的变量。

```
…
{
    int x = 1;
    …
    {
        int x = 2;
        printf("2------2=%d\n",x);
    }
    …
    {
        int x = 3;
        printf("3------2=%d\n",x);
    }
    …
    printf("1------2=%d\n",x);
}
```

3. 程序测试

按照边值分析法，可以对重复次数取边界数据 ***m*** 分别为 3、4、99、100 试运行，并对结果进行分析。下面是 ***m*** 为 100 时的运行结果。

```
The primers from 3 to 100 is:
3,5,7,11,13,17,19,23,29,31,37,41,43,47,53,59,61,67,71,73,79,83,89,97,
```

3.2.2 搬砖问题

1. 问题描述

36 块砖，36 人搬，男搬 4、女搬 3、两个小孩抬一砖，要求一次全搬完，则男、女、小孩须若干？

2. 算法分析

设男人、女人、小孩数各为 men、women、children，则可得如下模型：

4*men＋3*women＋children/2＝36

men＋women＋children＝36

这是一个不定方程——未知数个数多于方程数，因此求解还须增加其他约束条件。下面考虑如何寻找另外的约束条件。

按常识、men、women、children 都应为正整数，且它们的取值范围分别应为

men：0～8

women：0～11

children：0～36

以此作为另外的约束条件，就是在上述三个数的范围之内找满足上述两个方程的 men、women、children 的组合。下面再进一步考虑如何应用该约束条件。

求解本题的一个自然想法，是依次对 men、women、children 取值范围内的各数逐一进行试探，找满足前面两个方程的组合：首先从 0 开始，列举 men 的各个可能值，在每个 men 值下找满足两个方程的一组解，算法如下：

```
men=0;
while(men++<8){
    s1：找满足两个方程的解的 women, children
    s2：输出一组解
}
```

在一个集合内对每个元素逐一测试的方法称为穷举法。穷举法对人来说常常是单调而又繁琐的工作，但对计算机来说，重复计算正好可以用简洁的程序发挥它运算速度快的优势。

下面进一步用穷举法来表现 s1：

```
women=0;
while(women++<11) {
    s1.1 找满足方程的一个 children
    s1.2 输出一组解
}
```

由于对列举的每个 men 与每个 women 都可以按下式

children＝36－men－women

求出一个 children。因此，只要该 children 满足另一个方程

4*men＋3*women＋children/2＝36

便可以得到一组满足题意的同 men、women、children。故 s1.1 与 s1.2 可以改写为

```
children=36-men-women;
if(4*men+3*women+children/2==36)
    printf("%d%d%d\n",men,women,children);
```

3. *参考程序*

经过剥葱头似的几步求精过程，已把模型基本上表现为 C 程序了。加入类型声明语句并调整输出格式，便可以得到一个 C 程序。

代码 3.12

```
#include <stdio.h>

int main(void) {
    int men,women,children;
    printf("\nmen***women*children\n");
    men = 0;                                    /* 赋初值       */
    while(men ++ < 8) {                         /* 修订并判断   */
        women = 0;                              /* 赋初值       */
        while(women ++ < 11) {                  /* 修订并判断   */
            children = 36 - men - women;
            if(4 * men + 3 * women + children / 2 == 36) {
                printf("%d*****",men);
                printf("%d*****", women );
                printf("%d*****\n", children);
```

```
                    }
                }
            }
        return 0;
    }
```

4. 程序测试

这里讨论穷举算法的测试方法。从程序结构上看，穷举采用的是循环结构。但是，由于这类问题的解一般不在边界上，所以不宜采用边界分析法。另外，由于在求得解之前，无法确定有效等价类和无效等价类，所以也不宜采用等价分类法。可能的方法有两种：路径测试法和因果分析法。仔细分析这类穷举类问题，可以发现程序的前提条件是固定的，而输出是几组具有固定关系的数据，并且正确程序的输出也是固定的。因此，检验出程序错误的有效方法是对输出的每组数据进行相关分析——因果分析法。

例如，上述程序执行结果如下：

```
men***women*children
1*****6*****29*****
3*****3*****30*****
```

分析输出结果的两组解，显然第一组解是不正确的。因为按照题意“两个小孩抬一砖”，即小孩数只能是偶数。这样就可以发现程序中的错误了。但是问题出在什么地方呢？首先可以肯定用上述逐步求精的方法导出程序的逻辑是正确的。经过仔细检查发现，问题在声明语句中。前面声明 men、women、children 都是整型，而在条件语句的判断表达式中有运算

children / 2

两个整型数相运算的结果仍是整型数。这样当 children 为奇数时，就会出现由于运算的误差而引出的错误结论。为了避免这种误差而引起的计算错误，可采用两种办法：

（1）将 children 声明为实型。

（2）将表达式

children / 2

改为

children / 2.0

这样，问题就解决了。这个问题除了说明需要对测试结果进行因果分析外，还说明在 C 程序中，要特别警惕整数除所带来的副作用。

3.2.3 推断名次

1. 问题描述

某宿舍住有 A、B、C、D、E 共 5 人。期末考试结束，C 语言程序设计课任老师来到这个宿舍，告诉同学们：你们这个宿舍的同学本学期囊括了本课全班成绩的前 5 名。同学们问，那我们 5 个人的名次是怎么排的呀？老师说，你们猜吧。于是大家就推测起来：

A 说：E 一定是第一；

B 说：我可能是第二；

C 说：A 一定最不妙；

D 说：C 肯定不会最好；

E 说：D 会得第一。

老师说：我再告诉你们一下吧：考第一和考第二同学的推测是正确的；E 肯定不是第二名，也不是第三名。下面请你们用 C 语言程序来验证你们的推测。

2. 算法分析

（1）整理条件。首先对题中给出的条件进行整理，并规范化描述。

条件 1：用 a、b、c、d、e 分别代表 A、B、C、D、E 五人的名次。按照题意：

a＋b＋c＋d＋e＝1＋2＋3＋4＋5＝15

条件 2：由于是对 A、B、C、D、E 进行排队，所以 a, b, c, d, e 的值不会相同。

条件 3：对于“E 肯定不是第二名，也不是第三名”，可以表达为（e !＝2）&&（e!＝3）。

条件 4：5 位同学的推测，可以分别表示为

e＝1（A 的推测）

b＝2（B 的推测）

a＝5（C 的推测）

c≠1（D 的推测）

d＝1（E 的推测）

在 C 语言中，“真”的值实际为“1”，“假”的值实际为 0，并且按照老师的结论：只有“考第一和考第二同学的推测是正确的”，即同学们的推测中只有两人的推测是对的，这个条件可以表达为

(e＝＝1)＋(b＝＝2)＋(a＝＝5)＋(c!＝1)＋(d＝＝1)＝＝2

（2）基本算法框架。本程序的基本算法框架就是对所有的 a、b、c、d、e 的可能值进行穷举，找出其中满足上述条件的一组解来。简单地说就是：

```
for( a = 1; a <= 5; a ++)
    for(( b = 1; b <= 5; b ++)
        for(( c = 1; c <= 5; c ++)
            for(( d = 1; d <= 5; d ++)
                for(( e = 1; e <= 5; e ++)
                    找出满足 4 个条件的一组解;
```

考虑条件 1，对于每一组设定的 a、b、c、d，可以推出 e

e＝15－a－b－c－d

因此可以将最内层的循环省略，即

```
for( a = 1; a <= 5; a ++)
        for(( b = 1; b <= 5; b ++)
            for(( c = 1; c <= 5; c ++)
                for(( d = 1; d <= 5; d ++)   {
                    e = 15- a - b - c -d;
                    找出满足后 3 个条件的一组解;
                }
```

但是，上述穷举过程太繁琐。如果能将已知条件提前，就会减少重复次数。

（3）将条件 2 和条件 3 分散在各有关层中，可以细化为

```
for( a = 1; a <= 5; a ++)
    for(( b = 1; b <= 5; b ++){
        if (b == a)                                         /* 条件 2        */
            continue;                                       /* 不再考虑这个 b  */
```

```
        for(( c = 1; c <= 5; c ++){
            if ((c == b) || (c == a))                          /* 条件2              */
                continue;                                      /* 不再考虑这个 c      */
            for(( d = 1; d <= 5; d ++){
                if ((d == c) || (d == b) || (d == a))          /* 条件2              */
                    continue;                                  /* 不再考虑这个 d      */
                e = 15 - a - b - c - d;
                /* if ((e == d) || (e == c) || (e == b) || (e == a ))continue;*/
                if ((e == 2) || (e == 3))                      /* 条件3              */
                    continue;
                找出满足条件 4 的一组解;
            }
        }
    }
```

这里，由于 a、b、c、d 各不相等，所以由表达式

e＝15－a－b－c－d

求出的 e 就不会与前面的 a、b、c、d 中的任一个相同。所以可以省去一个判断。

（4）考虑条件 4。条件 4 就是同学们的推测的使用。这时可以用圈定法或排除法。圈定法是找到真正对的推测将之打印出来。但是由于某一个同学的推测不一定对，所以还要考虑与其他条件是否冲突。因此，圈定法比较复杂。这里采用排除法，即根据每个同学的猜测，将不可能出现的情形逐一排除，最后剩下的就是解。

因为“考第一和考第二的同学的推测是正确的”，并对上述条件 4 进一步分析可有：

- 若 A 猜对了（e＝＝1），就要排除（a!＝2）。
- 若 B 猜对了（b＝＝2），就要排除（a, c, d, e 中的一个不等于 1）。这是不言而喻的，因为没有冲突而无须排除。
- 若 C 猜对了（a＝＝5），就要排除（(c!＝1）&&（c!＝2)），即（c>＝3）。
- 若 D 猜对了（c!＝1），就要排除（(d!＝1）&&（d!＝2)），即（d>＝3）。
- 若 E 猜对了（d＝＝1），就要排除（e!＝2）。

于是，可以得到如下算法：

```
if((e == 1) && (a != 2))
    continue;
if((a == 5) && (c >= 3))
    continue;
if((c != 1) && (d >=3))
    continue;
if((d == 1) && (e != 2))
    continue;
if ((e == 1)+ (b == 2) + (a == 5) + (c!= 1)+ (d == 1)== 2)
    打印一组解;
```

为了减少重复次数，应当将这些条件分布，尽量提前到与后面语句无关的位置。

3. 参考代码

代码 3.13

```
#include <stdio.h>

int main(){
    int a = 0,b = 0,c = 0,d = 0,e = 0,i = 1;
```

```
    for( a = 1; a <= 5; a ++)
        for( b = 1; b <= 5; b ++){
            if (b == a) continue;
            for( c = 1; c <= 5; c ++){
                if ((c == b) || (c == a))
                    continue;
                if ((a == 5) && (c >= 3))
                    continue;                        /* C的推测            */
                for( d = 1; d <= 5; d ++){
                    if ((d == c) || (d == b) || (d == a))
                        continue;
                    e = 15 - a - b - c - d;
                    if ((e == 2) || (e == 3))
                        continue;                    /* E不会为2、3名      */
                    if ((e == 1) && (a != 2))
                        continue;                    /* A的推测            */
                    if ((c != 1) && (d >= 3))
                        continue;                    /* D的推测            */
                    if ((d == 1) && (e != 2))
                        continue;                    /* E的推测            */
                    if ((e == 1)+ (b == 2) + (a == 5) + (c != 1)+ (d == 1)== 2){
                        printf("\n\n第%d种可能: ",i++);
                        printf("A排第%d名",a);
                        printf(",B排第%d名",b);
                        printf(",C排第%d名",c);
                        printf(",D排第%d名",d);
                        printf(",E排第%d名",e);
                    }
                }
            }
        }
    return 0;
}
```

4. 程序测试

本例的测试，只能运行之后对结果进行分析。

```
A排第5名, B排第2名, C排第1名, D排第3名, E排第4名
```

习　题　3.2

探索验证

对于一个重复结构，如何才能知道下面的情况：

（1）该重复结构总共重复了几次？

（2）若该重复结构出现错误，如何知道是在哪一次重复时出现了错误？

开发练习

设计下面各题的C程序，并设计相应的测试用例。

1. 简单穷举问题。

（1）父子俩的年龄：父亲今年 30 岁，儿子今年 6 岁，问多少年后父亲的年龄是儿子年龄的 2 倍。

（2）编程验证：任何一个自然数 *m* 的立方均可以写成 *m* 个连续的奇数之和。例如：

$1^3=1$

$2^3=3+5$

$3^3=7+9+11$

$4^3=13+15+17+19$

（3）打印 500 之内所有能被 7 或 9 整除的数。

（4）Armstrong 数具有如下特征：一个 *n* 位数等于其各位数的 *n* 次方之和。如

$153=1^3+5^3+3^3$

$1634=1^4+6^4+3^4+4^4$

请找出 2、3、4 位数中的所有 Armstrong 数。

（5）某人年龄的 3 次方是四位数，4 次方是六位数，并且这两个数中没有重复的数字。请用 C 语言程序求出该人的年龄。

2. 不定方程问题。

（1）百钱买百鸡问题：公元 5 世纪末，我国古代数学家张丘建在《算经》中提出了如下问题：鸡翁一值钱五，鸡母一值钱三，鸡雏三值钱一。凡百钱买百鸡，则鸡翁、母、雏各几何？使用 C 语言程序求解该题。

（2）一根 29cm 长的尺子，只允许在它上面刻 7 个刻度。若要用它能量出 1～29cm 的各种整长度，刻度应如何选择？

（3）百马百担问题：有 100 匹马，驮 100 担货，大马驮 3 担，中马驮 2 担，两匹小马驮 1 担，则有大、中、小马各多少？请设计求解该题的 C 程序。

（4）爱因斯坦的阶梯问题。设有一阶梯，每步跨 2 阶，最后余 1 阶；每步跨 3 阶，最后余 2 阶；每步跨 5 阶，最后余 4 阶；每步跨 6 阶，最后余 5 阶；每步跨 7 阶时，正好到阶梯顶。则共有多少阶梯？

（5）五家共井问题：我国古代数学巨著《九章算术》卷第八·第十三题为"五家共井，甲二绠（汲水用的井绳）不足，如（接上）乙一绠；乙三绠不足，如丙一绠；丙四绠不足，如丁一绠；丁五绠不足，如戊一绠；戊六绠不足，如甲一绠。如各得所不足一绠，皆逮（dia,及）。问井深，绠长各几何。答曰：井深七丈二尺一寸，甲绠长二丈六尺五寸，乙绠长一丈九尺一寸，丙绠长一丈四尺八寸，丁绠长一丈三尺九寸，戊绠长七尺六寸。"请用程序求解。

（6）经理女儿的年龄问题。一个经理有 3 个女儿，3 个女儿的年龄加起来等于 13，3 个女儿的年龄乘起来等于经理自己的年龄，有一个下属已知道该经理的年龄，但仍不能确定经理 3 个女儿的年龄，这时经理说只有一个女儿的头发是黑的，然后这个下属就知道了经理 3 个女儿的年龄。请问 3 个女儿的年龄分别是多少？为什么？

（7）金条切割问题。以前有位财主雇了一个工人工作 7 天，给工人的回报是一根金条。如果把金条平分成相等的 7 段，就可以在每天结束时给工人一段金条。但是，财主规定只允许两次把金条弄断，否则工人就无法得到当天的报酬。聪明的工人如何切割金条才能使自己每天能得到报酬呢？

3. 基于条件分析的穷举问题。

（1）奇妙的算式：有人用字母代替十进制数字写出下面的算式。请找出这些字母代表的数字。

$$\begin{array}{r} \mathrm{EGAL} \\ \times \quad \mathrm{L} \\ \hline \mathrm{LGAE} \end{array}$$

（2）找赛手。两个羽毛球队进行比赛，各出三人。甲队为A、B、C三人，乙队为x、y、z三人。已抽签决定比赛名单。有人向队员打听比赛的名单。A说他不和x比，C说他不和x、z比。请编写一个程序找出三对赛手的名单。

（3）案情分析。某处发生一案件。侦察结果得到如下可靠线索：

- 有A、B、C、D四人有作案可能；
- A和B中至少一人参与作案；
- C和B中至少一人参与作案；
- C和D中至少一人参与作案；
- C和A中至少一人未参与作案。

请用C语言程序分析谁是案犯。

（4）安排轮休。某公司有7位保安：A、B、C、D、E、F、G。为了工作需要，每人每周只能轮休一天。考虑每个人的特殊情形，让他们先选择自己希望哪一天轮休。他们的选择如下：

A：星期二、四；

B：星期一、六；

C：星期三、日；

D：星期五；

E：星期一、四、六；

F：星期二、五；

G：星期三、六、日；

请用C语言程序安排一个轮休表，让他们都满意。

（5）矿石和身份问题。有A、B、C三名地质勘探队员对一块矿石进行判断，每人判断两次：

- A两次的判断为它不是铁矿石，不是铜矿石。
- B两次的判断为它不是铁矿石，是锡矿石。
- C两次的判断为它不是锡矿石，是铁矿石。

在这三名队员中，有工程师、技术员和实习生各一名，并且：

- 工程师的两次判断都正确。
- 技术员的两次判断中，只有一次是正确的。
- 实习生的两次判断都不正确。

请用C语言程序裁定该矿石是什么矿以及这三人的身份各是什么。

第4单元　用函数组织C程序

程序设计是一种高强度的智力活动。由于人的智力的局限性与客观问题的无限性之间的差距，要求人们必须善于组织智力，并有效地分割复杂性，才能保证程序的可靠性。于是模块化程序设计应运而生。

C语言程序中，模块以函数的形式表现。函数是实现特定功能的独立程序模块。所谓独立，是它可以被单独编写、单独调试、单独编译，然后将它们按层次组织到程序中。

那么，程序的模块应当如何划分呢？一个基本的原则就是开—闭原则——便于扩展，减少修改所涉及范围。进一步说，就是模块之间的耦合要尽量小，模块自身的功能要尽量完备。一般是一个基本功能用一个函数实现。做到了这一点，编写C语言程序就可以部分地像用零件组装机器一样，用函数来组装程序。

开—闭原则

开—闭原则（OCP）是由Bertrand Meyer提出的，它告诫人们，为了便于维护，软件模块的设计应当对于扩展开放（open for extension），而对于修改关闭（closed for modification）。或者说，模块应尽量在不修改原来代码的前提下进行扩展。

按照函数代码的来源，可以将函数分为库函数和用户自定义函数。库函数是C语言编译系统的生产商提供的一些具有通用性的、经过实践检验的、代码设计得极为精练的函数代码。在编写程序时，这些函数作为首选。用户自定义函数是由程序设计者自己编写的函数。

4.1　函　数　基　础

在第3.1.4节的代码3.9中，已经使用了用户自定义函数，已经了解了在程序中使用自定义函数需要三个重要环节：函数的定义、调用和返回。实际上，在使用函数时，还需要一个重要环节——声明。所以在程序中要使用自己定义的函数，有定义、声明、调用和返回4个基本环节。

4.1.1　函数定义与函数返回

下面是函数定义的一般形式。

```
函数类型　函数名　（形式参数列表）　{
    函数体
}
```

说明：（1）函数名。函数名是函数的标志，它是有效的C语言标识符。

（2）形式参数列表是括在圆括号中的0个、1个或多个以逗号分隔的形式参数。它定义了函数将从调用函数中接收几个数据及它们的类型。之所以称为形式参数，是因为系统并不为这些在函数定义中的参数分配静态存储空间，只有被调用时，向它传递了参数后才成为程序实体。因此，形式参数的名称无关紧要，关键是其类型。类型决定了每个参数可以接收哪种类型的数据。

注意：函数可以没有参数。没有参数的函数，其参数表用 void 表示，但通常将 void 省略。

（3）一个函数体是一个语句块，是用一对花括号封装的语句序列，用于描述函数实现一个功能的过程。这个过程完成后，一般要执行一个特殊的语句——return 语句。return 语句中表达式的值就是向调用者返回一个（最多一个）数据值，这个数据值的类型应当与函数类型相同。但是，并非所有的函数都要向调用者返回一个数据，或者说并非所有的调用者都企图得到函数返回的一个值。在某些情况下，调用者仅要求函数实现一个过程，如输入一些数据，输出一些数据，或打印一些数据。这时，return 语句可以是空的，或者干脆不写 return 语句。

注意：函数最多返回一个值，并不意味着函数中最多只能写一个 return 语句。

代码 4.1 一个返回参数绝对值的函数，可以使用两个 return 语句。

```
double getAbs(double number){
    if(number >= 0)
        return number;
    else
        return -number;
}
```

（4）函数类型规定为在函数头中所指定的类型。因此，一般情况下函数的 return 语句中表达式的类型要与函数类型一致。如代码 3.9 中的 func()的类型为 double，表明这个函数应当返回的数据类型为 double。

注意：

- 函数没有返回值时，应将函数类型定义为 void。
- 如果一个函数没有定义返回类型，C 语言则默认其为 int 类型。
- 如果函数的 return 语句中表达式的类型与函数类型不一致，则在函数返回时将返回值的类型向函数类型转换。如果无法转换，将导致错误。

（5）C 语言的函数都是定义在外部的，即不能将一个函数定义在其他函数的内部，并且一个函数在一个程序中只允许定义一次，不能重复定义。

4.1.2 函数调用

函数调用通过调用表达式进行。调用表达式中最核心部分的形式为

函数名（实际参数列表）

函数调用时进行的操作有计算实际参数表达式、参数传递、流程转移和接收返回值 4 项。

1. 计算实际参数列表中的表达式

当程序中遇到一个函数调用表达式时，首先会按照一定的顺序计算实际参数列表中的每个实际参数表达式。例如，可以用下面的表达式调用一个计算绝对值的函数

```
// …
result = getAbs(pow(x,y));              /* 调用表达式 */
```

在这个调用表达式中，首先用一个函数 pow()来计算 x^y 的值，然后再用函数 getAbs()计算其绝对值。

注意：当有多个实际参数时，计算的顺序往往会因系统而异。例如，一些 C 语言的编译器，要按照由右向左的顺序来计算实际参数列表中的表达式。

代码 4.2　检查函数参数表达式执行顺序。

```
#include <stdio.h>

int main(void){
    int i;
    i = 5;
    printf("i=5,i:%d,i ++:%d,i:%d\n",i,i++,i); printf("i=%d",i);

    i = 5;
    printf("i=5,i:%d,++i:%d,i:%d\n",i,++i,i); printf("i=%d",i);
    return 0;
}
```

执行结果：

```
i=5, i:5, i++:5, i:5
i=6
i=5, i:6, ++i:6, i:5
i=6
```

2. *函数调用时的参数传递和流程转移*

调用表达式计算后，编译器将会按照函数特征标记——函数名、函数类型和函数参数特征（参数个数和对应类型）去找函数定义。找到后，就会执行下列操作。

① 为函数的形式参数和函数中定义的变量分配存储空间。

注意：程序进行编译时，并不为形式参数分配存储空间。只有在被调用时，形式参数才占有存储空间。这时，形参和实参各占一个独立的存储空间。

② 将各实参之值传递给顺序对应的形参，使形参就得到实参的值。这种虚实结合方式称为“值结合”或称为传值调用（call by value）。

③ 将控制流程交给函数，开始执行函数体代码，函数体将独立执行，不会通过参数将值传回被调者。

3. *接收返回值*

如果函数具有返回值，则这个值在函数中由 return 语句返回，而在调用方将由调用表达式接收，即函数调用表达式的值就是函数的返回值。如果函数没有返回值，则调用表达式是个无值表达式，不可以赋值给其他变量。

注意：函数的形式参数和在函数内部定义（声明）的变量都是局部于函数的。函数一旦执行到一个返回操作，就将流程交回到调用者，并且将函数调用时为形式参数和函数局部变量所建立的存储空间撤销。

代码 4.3　企图交换两个变量值的程序。

```
#include <stdio.h>
void swap (int x, int y){
    int temp;
    temp=x, x=y, y=temp;                    /* 交换变量的值 */
    printf("x=%d,y=%d\n",x,y);
}

int main(void){
```

```
    int a = 3, b = 5;
    printf ("a=%d, b=%d\n", a,b);
    swap (a,b);
    printf ("a=%d, b=%d\n", a,b);
    return 0;
}
```

执行结果：

```
a=3, b=5
x=5, y=3
a=3, b=5
```

这里，swap函数的功能是交换两个参数的值。但运行的结果表明，它只交换了两个形参变量 x 和 y 的值，而没有交换 main（void）中的实参 a 与 b 的值。原因就在于在调用开始，把实参的值传递给了形参，而在函数 swap()中即使交换了 x 和 y 的值，但函数返回时并不能把交换了的值传送回主函数，而变量 x 和 y 却在这时被撤销了。

4.1.3 函数原型声明

函数调用时，编译器要根据函数的基本信息（即函数名、函数类型、参数类型和顺序）去找到相应的函数代码，并对调用表达式进行语法检查。这些信息也称为函数原型信息。但是，在函数调用表达式中只写有函数名和实际参数值，并没有函数类型和参数类型。在这种情况下，如果从前面得不到函数的有关信息，编译器就会根据参数估计地生成有关函数的原型信息。而后见到函数定义时，若不一致，就会给出错误信息。为避免编译器的这种冒险，C语言要求一个程序必须在调用语句前让编译器知道后面要使用的函数的原型信息。解决这个问题的方法有两种：一是将函数定义放在函数调用之前，编译器从函数定义中获取函数的原型信息；另一个方法是，当函数定义在后或不在同一文件中时（如使用库函数），要在函数调用前使用原型声明。

所谓原型声明，就是用一个声明语句给出函数的原型信息，其格式如下。

```
函数类型 函数名 (参数类型列表);
```

注意：这里写的是“参数类型列表”，而非“参数名列表”或“参数列表”。因为函数参数的名称是无关紧要的。

代码 4.4 由键盘输入一个整数 n，计算 $1!+2!+\cdots+n!$。

```
#include <stdio.h>
int main(void){
    int i, n;
    long sum = 0;
    long fact(int);                    /* 函数 fact()的原型声明    */

    printf ("\n请输入一个正整数：");
    scanf("%d",&n);
    for(i = 1; i <= n; i ++)
        sum = sum + fact(i);           /*函数 fact()的调用         */
    printf("\n计算结果为：%ld",sum);
    return 0;
}
```

```
long fact(int x){                        /* 函数fact()的定义 */
    int i;
    long fac = 1;
    for(i = 1; i <= x; i ++)
        fac = fac * i;
    return fac;
}
```

说明：（1）long是long int的简化形式，表示长整数类型。它的数据范围比int类型大得多。在64位计算机系统中，int类型数据用32b存储，数据的表示范围为－2 147 483 647～2 147 483 647）；long int用64b存储，数据的表示范围为－9 223 372 036 854 775 808～9 223 372 036 854 775 807。由于一个数的阶乘值会急剧扩展，所以将阶乘定义为long类型。

（2）在printf( )函数中，输入long类型数据时，格式字符采用“ld”。

（3）函数fact( )的功能是用迭代方式按照如下方式来计算一个正整数的阶乘。

1!＝1

2!＝1! * 2

3!＝2! * 3

……

n!＝(n－1)! * n

（4）在这个程序中，函数 fact( )的定义在调用之后，所以在调用之前要添加一个原型声明。同理，在要调用一个库函数时，也要把所调用库函数的原型声明写到程序中，这就是要用#include命令将含有所调用函数原型声明的头文件包含在程序中的原因。

4.1.4　局部变量

变量的可用域是指一个变量的标识符在程序的哪个域内才是可以被识别的，也称为可见（或可用）的。大体上可以分为两种：全局可用——全局变量与局部可用——局部变量。

局部变量是定义在一个程序块（用一对花括号括起的语句块）内的变量。程序块可能是一个函数体（主函数），也可能是一个循环体或是选择结构中的一个分支语句块，也可以是任何一个用花括号括起的语句块。而全局变量是定义在函数之外的变量。一般说来，定义在什么范围的变量，其作用域就在从定义语句开始到这个域结束的范围（域）内，在这个域之外是不可见的。

在C语言中，凡是声明在函数内部的变量都是局部变量。

代码4.5　演示局部变量作用域。

```
/******    演示局部变量    ******/

#include <stdio.h>

int main(void){
    printf("a1=%d",a);                /* 变量不可以在定义前使用 */
    int a=3;
    printf("a2=%d",a);
    {
        int b=5;
```

```
        printf("b1=%d",b);
    }
    printf("b2=%d",b);              /* 变量不可以在作用域外使用 */
    printf("a3=%d",a);
    return 0;
}
```

编译这个程序，出现下面的错误信息：

```
ex041201.c(8) : error C2065: 'a' : undeclared identifier
ex041201.c(9) : error C2143: syntax error : missing ';' before 'type'
ex041201.c(15) : error C2065: 'b' : undeclared identifier
Error executing ex041201.exe.

ex041201.obj - 3 error(s), 0 warning(s)
```

它们说明：

第 8 行（即第 1 个 printf( )函数中），'a'：未定义标识符。这说明，变量 a 在定义之前是不可用的。

第 15 行（即第 4 个 printf( )函数中），'b'：未定义标识符。这说明，变量 b 在其定义域之外是不可用的。

第 9 行，语法错误：'type' 前没有看到分号 ';'。

若将上述两句注释掉，得到下面的程序代码。

代码 4.6

```
/******    演示局部变量    ******/

#include <stdio.h>

int main(void){
    /* printf("a1=%d",a); */
    int a=3;
    printf("a2=%d\n",a);
    {
        int b=5;
        printf("b1=%d\n",b);
    }
    /* printf("b2=%d",b); */
    printf("a3=%d\n",a);
    return 0;
}
```


则运行可以得到如下结果：

```
a2=3
b1=5
a3=3
```

在不同的模块中，使用同名变量被认为是不同的变量，但同一个域中不可定义相同名称的变量。

代码 4.7　演示局部变量作用域。

```
/******  演示同名局部变量  ******/

#include <stdio.h>

int main(void){
    {
        int a=3;
        printf("a1=%d\n",a);
    }
    {
        int a=5;
        printf("a2=%d\n",a);
    }
    return 0;
}
```

编译运行该程序得到：

```
a1=3
a2=5
```

习　题　4.1

概念辨析

在备选答案中，选择各题的合适答案。

（1）下面的叙述中，正确的是（　　）。

A．函数形式参数的名称非常重要，其类型可以随便决定

B．函数形式参数的名称非常不重要，其类型非常重要

C．函数形式参数的名称和类型都不重要，可以随便决定

D．函数形式参数的名称和类型都很重要，不能随便决定

（2）一个函数中的 return 语句（　　）。

A．最多 1 个　　B．最少 1 个

C．只能 1 个　　D．可以有多个，也可以没有

（3）一个 C 语言函数可以返回值的数量为（　　）。

A．最多 1 个　　B．最少 1 个

C．只能是 1 个　　D．可以有 1 个，也可以没有

（4）好的函数应当实现（　　）个功能。

A．不限　　B．最多 1　　C．最少 1　　D．只能 1

（5）以下叙述中，不正确的是（　　）。

A．函数的形式参数只在本函数定义中有效

B．在一个复合语句中定义的变量只在该复合语句中有效

C. 在一个函数内的复合语句中定义的变量只在该函数中有效

D. 在不同的函数中可以使用相同名称的变量

（6）以下叙述中，正确的是（　　）。

A. 函数的形式参数和实际参数都是在调用时才被分配存储空间

B. 形式参数和实际参数可以共用一个存储空间

C. 只有发生调用时，才为形式参数分配存储空间

D. 函数一旦定义，形式参数和实际参数就都有了自己的存储空间

（7）以下叙述中，正确的是（　　）。

A. 函数的形式参数和实际参数可以使用相同的名称

B. 函数的形式参数和实际参数必须使用不同的名称

C. 函数的形式参数可以是变量，也可以是任何表达式

D. 函数的实际参数可以是变量，也可以是任何表达式

（8）以下叙述中，不正确的是（　　）。

A. 函数调用可以出现在执行语句中

B. 函数调用可以出现在表达式中

C. 函数调用可以出现在函数实际参数位置

D. 函数调用可以出现在形式参数位置

（9）C语言规定，函数的类型由（　　）决定。

A. return语句中表达式的类型　　B. 定义函数时所指定的类型

C. 调用表达式的类型　　D. 编译系统根据具体情况

代码分析

1. 找出下面程序段中的错误，并改正。

（1）

```
f(x,y){
    int x,y;
    return x + y;
}
```

（2）

```
int f(int x,int y){
    return x + y;
    return 0;
}
```

（3）

```
int f(intx, int y){
    int x,y;
    return x + y;
}
```

（4）

```
int f(int x,y){
    return x + y;
}
```

（5）

```
int func(int a) {
    int b;
    switch (a){
        case 1: 30;
        case 2: 20;
        case 3: 10;
        default: 0;
    }
    return b;
}
```

2. 从备选项中选择下列各题的答案。

（1）有如下函数定义

```
void func (char ch,float f){……};
```

则下列函数调用语句中，正确的是（　　）。

A．func("abc",3.0)　　B．π＝func('d',15.6)

C．func('65',2.345)　　D．func(31,31)

（2）有下面的程序，其输出结果为（　　）。

```
#include <stdio.h>
int fun1(int x,int y){return x>y?x:y;}
int fun2(int x,int y){return x>y?y:x;}
int main(void) {
    int a=4,b=3,c=5,d=2,e,f,g;
    e=fun2(fun1(a,b),fun1(c,d));
    f=fun1(fun2(a,b),fun2(c,d));
    g=a+b+c+d-e-f;
    printf("%d,%d,%d",e,f,g);
    return 0;
}
```

A．4,3,7　　B．3,4,7　　C．5,2,7　　D．2,5,7

在多个函数相互调用中，如何知道程序执行的路线？写一个C程序验证一下。

开发练习

设计下面的程序，并设计测试用例。

1．设计一个二中取大的函数，用这个函数实现三中取大。

2．编写一个程序，用于求解一元二次方程的根。要求用一个函数实现，并且分别用三个函数实现判别式大于0、等于0和小于0时的运算。

3．编写一个程序，要求：

- 函数分别求两个整数的最大公约数和最小公倍数。
- 实现两个整数的输入以及结果的输出。
- 用户可以选择进行哪种计算。

4．设计一个程序，可以模仿计算器完成加、减、乘、除四则运算：由键盘输入两个数，按用户的选择进行一种运算，并给出结果。其中，加、减、乘、除各由一个函数实现。

4.2　递　　归

C语言允许一个函数调用另一个函数，如主函数调用一个函数，这个函数又可以调用别的函数。C语言还允许一个函数调用自己，这称为函数的递归（recursion）调用。

递归调用与图4.1所描画的一个猴子在画自己的场面非常相似。所不同的是，猴子自己画自己将形成一个无尽的过程，而递归调用必须是一个有限过程，必须在一定条件下可以结束，否则这个过程无法实现。

在多数情况下，递归可以把复杂的过程描述得非常简单。

图 4.1 猴子自己画自己的递归场面

递归结构的三要素：

- 递归初始条件；
- 递归表达式；
- 递归终止条件。

4.2.1 阶乘的递归计算

1. 算法分析

通常，求 $n!$ 可以描述为

$n! = 1 * 2 * 3 * \cdots * (n-1) * n$

也可以变换为

$n! = n * (n-1) * \cdots * 3 * 2 * 1 = n * (n-1)!$

这样，一个整数的阶乘就被描述成为一个规模较小的阶乘与一个数的积。用函数形式描述，可以得到如下的递归模型。

$$\text{fact}(n) \begin{cases} \text{非法} & (n<0) \\ 1 & (n=0) \\ n * \text{fact}(n-1) & (n>0) \end{cases}$$

2. 递归函数参考代码

代码 4.8

```
int rfact(int n) {
   if(n < 0){
      printf("Negative argument!\n");
      exit(-1);                              /* 正常退出 */
   } else
      if(n == 0)
         return 1;
      else
         return n * rfact( n - 1 );          /* 递归调用 */
}
```

说明：递归实际上是把问题的求解变为较小规模的同类型求解的过程，并且通过一系列的调用和返回实现。图 4.2 为本例的调用—回代过程。

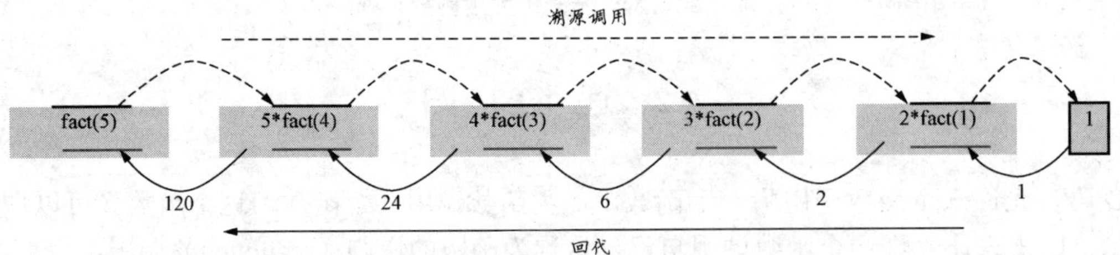

图 4.2 求 fact(5)的递归计算过程

注意：递归过程不应无限制地进行下去，当调用有限次以后，就应当到达递归调用的终点得到一个确定值（例如图中的 fact(1)=1），然后进行回代。在这样的递归程序中，程序员要根据数学模型写清楚调用结束的条件，以保证程序不会无休止地调用。任何有意义的递归总是由两部分组成的：递归形式与递归终止条件。

3．程序测试与调试

递归函数具有调用和回代两个过程，并且这两个过程的转换条件就是递归调用的终结条件。因此，递归函数的测试和调试可以采用如下方法：

（1）在函数中插入打印语句，追踪递归过程。本例在语句 return n * fact(n－1)；前插入一个打印语句，打印 n 的值。

（2）采用归纳分析法，测试特殊递归调用次数时函数的执行情形。本例可以测试下列数据：

- $n=1$；
- $n=2$；
- $n=3$。

（3）采用边值分析法。例如本例可以使用下面的数据：

- $n=-1$；
- $n=0$；
- $n=1$。

总结上述几点，本例可以使用如下测试数据：－1，0，1，2，3。

4.2.2　汉诺塔

1．题目

汉诺塔（Tower of Hanoi）问题：古代印度布拉玛庙里僧侣玩一种游戏，据说游戏结束就标志着世界末日到来。游戏的装置是一块铜板，上面有三根杆，在 a 杆上自下而上、由大到小顺序地串有 64 个金盘（见图 4.3）。游戏的目的是把 a 杆上的金盘全部移到 b 杆上。条件是，一次只能够动一个盘，可以借助 a 与 c 杆；移动时不允许大盘在小盘上面。容易推出，n 个盘从一根杆移到另一根杆需要 2^n-1 次，所以 64 个盘的移动次数为 $2^{64}-1=18\ 446\ 744\ 073\ 709\ 551\ 615$。这是一个天文数字，即使一台功能很强的现代计算机来解汉诺塔问题，每 1μs 可能模拟（不输出）一次移动，那么也需要几乎 100 万年。而如果每秒移动一次，则需近 5800 亿年，目前从能源角度推算，太阳系的寿命也只有 150 亿年。

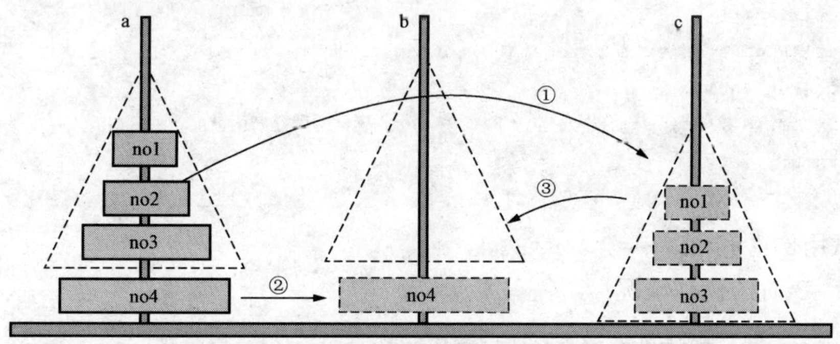

图 4.3　汉诺塔游戏

2．算法分析

下面设计一个模拟僧侣们移动金盘的算法。

假定把模拟这一过程的算法称为 hanoi(n,a,b,c)。那么，很自然的想法是：

第一步：先把 *n*－1 个盘子设法借助 b 杆放到 c 杆，如图 4.3 中的箭头①所示，记为 hanoi(n－1, a, c, b)。

第二步：把第 *n* 个盘子从 a 杆移到 b 杆，如图 4.3 中的箭头②所示。

第三步：把 c 杆上的 *n*－1 个盘子借助 a 杆移到 b 杆，如图 4.3 中的箭头③所示，记为 hanoi(n－1, c, b, a) 。

3. 函数代码

代码 4.9

```
#include <stdio.h>
#include <conio.h>                                    /* 函数 clrscr()所在库的头文件  */

void hanoi(int n,char a,char b,char c) {              /* 将 n 个盘从 a 借 c 到 b        */
    if(n>0) {                                         /* 递归终止条件                  */
       hanoi(n-1,a,c,b);
       printf("Move disc no:%c from pile %c to %c\n",n,a,b);
       hanoi(n-1,c,b,a);                              /* 递归调用                      */
    }
}
```

4. 测试主函数

代码 4.10

```
#include <stdio.h>

int main(void) {
    int num;
    clrscr();                                         /* 文本模式下清屏,移光标到左上角 */
    printf("*********************************************\n");
    printf("*     Program for simulating the solution   *\n");
    printf("*       of the game of tower of Hanoi       *\n");
    printf("*********************************************\n");
    printf("\n");                                     /* 输出一空行                    */
    printf("Please enter a integer(>0) of disks to be moved:");
    scanf("%d",&num);
    hanoi(num,'a','b','c');                           /* 调用递归函数                  */
    return 0;
}
```

采用测试用例：*n*＝1，*n*＝2，*n*＝3。

下面为 *n*＝3 时的执行情况：

```
  ***************************************************************
  *     Program for simulating the solution                     *
  *        of the game of tower of Hanoi                        *
  ***************************************************************
 Please enter a integer(>0) of disks to be moved:3↵
 Move disc no:1 from pile a to b
```

```
Move disc no:2 from pile a to c
Move disc no:1 from pile b to c
Move disc no:3 from pile a to b
Move disc no:1 from pile c to a
Move disc no:2 from pile c to b
Move disc no:1 from pile a to b
```

5. 说明

下面介绍 hanoi 函数的执行过程，为了描述方便，把它改写为

```
h(n,a,b,c) {
    h(n-1,a,c,b);
    non:a  b;
    h(n-1,c,b,a);
}
```

这样，当 $n=3$ 时，调用与返回情形如图 4.4 所示。

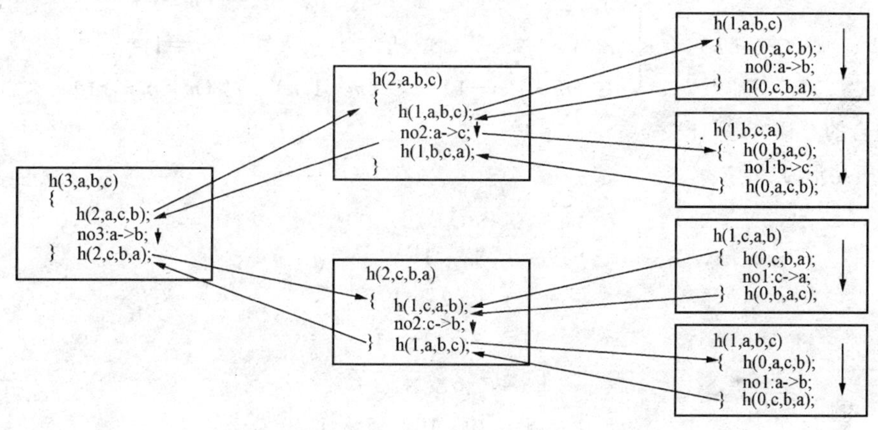

图 4.4　hanoi（3, a, b, c）的递归过程

注意：一个递归定义必须是有确切定义的，必须每经过一步都使问题更简单，并且最后要能够终结，不能无限递归调用。所以，每次进入函数 hanoi 中时，都要判断是否还有金盘需要移动。

习　题　4.2

概念辨析

判断题

（1）递归函数的名称在自己的函数体中至少要出现一次。（　　）

（2）在递归函数中必须有一个控制环节用来防止程序无限期地运行。（　　）

（3）递归函数必须返回一个值给其调用者，否则无法继续递归过程。（　　）

（4）不可能存在 void 类型的递归函数。（　　）

探索验证

设计一个C程序，用于验证当printf()的调用表达式中的参数是多个表达式时，计算的顺序是从前到后，还是从后到前。

开发练习

设计下面的程序，并设计测试用例。

1．编写一个计算 $f(x)=x^n$ 的递归程序。

2．请用递归函数描述求Fibonacci数列的过程。

3．假设银行一年整存整取的月息为0.32%，某人存入了一笔钱。然后，每年年底取出200元。这样到第5年年底刚好取完。请设计一个递归函数，计算他当初共存了多少钱。

4．用递归函数计算两个非负整数的最大公约数。

5．已知计算组合的公式

$$C(m, n) = \begin{cases} 1 & (m=n) \\ m & (n=1) \\ C(m-1, n-1) + C(m-1, n) & (m>n, n>1) \end{cases}$$

试编写计算组合的C语言递归程序。

6．杨辉三角形为

```
          1
        1   1
      1   2   1
    1   3   3   1
  1   4   6   4   1
1   5  10  10   5   1
        ……
```

试编写打印杨辉三角形到10行的C语言递归程序。

7．约瑟夫问题

*M*个人围成一圈，从第1个人开始依次从1到*N*循环报数，并且让每个报数为*N*的人出圈，直到圈中只剩下一个人为止。请用C语言程序输出所有出圈者的顺序（分别用循环和递归方法）。

4.3　随机问题模拟

模拟（simulation）又称仿真，就是利用模型在实验环境下对真实系统进行研究。当研究环境是计算机环境时，就是计算机模拟。从模拟问题的性质来看，又可以分为确定型模拟和随机模拟。这里介绍随机模拟问题，就是用计算机产生的随机数模拟现实世界中的一些随机现象。在C语言中，随机数用库函数rand()产生。

4.3.1　产品随机抽样

1．问题描述和算法分析

产品的质量检验，除了必要的项目外，多数项目采用抽样检验方式。本例要求设计一个抽样程序，假设有 *m* 个产品，分别用正整数 1～*m* 进行编号，从中随机抽取 *n* 个编号。

用人工方法是在编有 *m* 个号的纸片中，按照每次随机抽取一张的方式，共抽取 *n* 次。用计算机进行模拟，可以每次随机地在整数 1～*m* 之中产生一个数，共产生 *n* 次，即采用算法

```
for( i = 1; i <= n; i++){
    产生一个 1~m 之间的随机数
}
```

下面介绍用计算机生成 1～*m* 之间随机数的几项方法。

（1）库函数 rand()的应用。在 C 语言中，可以使用随机数函数 rand( )产生随机数。这是系统的函数库中定义的一个函数。为了使用这个函数需要知道下列 5 点：

- 该函数的原型（提供了该函数的用法）：int rand( )。
- 该函数没有参数，只能产生［0, RAND_MAX－1］中的一个随机整数。
- RAND_MAX 定义和 rand( )说明的在头文件 stdlib.h 中。

（2）如何用 rand( )产生 1～*m* 之间的随机数。库函数 rand( )只能产生 1～RAND_MAX 之间的随机数，RAND_MAX 是系统给定的一个整数（如 32 767），而不是 100 或 3，更不是 *m*。假设 *m* < RAND_MAX，就需要把一个 1～RAND_MAX 之间的随机数截短到 1～*m* 之间。把一个大区间中的数截到小区间的简单办法就是进行模运算。图 4.5 为在一个以月为单位的时间轴中，对点 *A* 做 12 为模的运算情形，它将所有时间都折合在［0～12）之间，点 *A* 的值为 7。这样，就把一个大数截短在一个小的区间了。

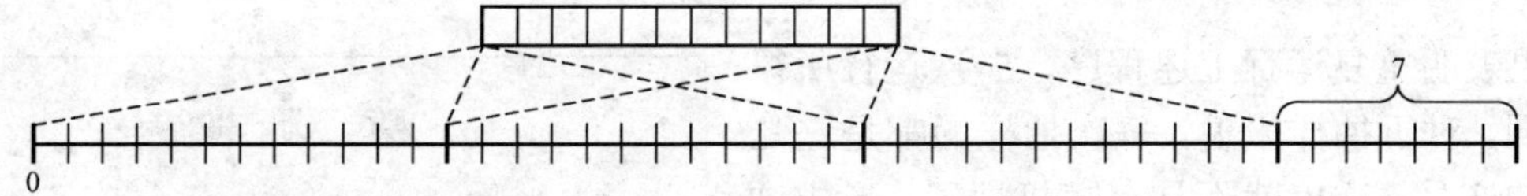

图 4.5　用模运算进行大数截短变换

在一般情况下，可以使用如下截短移位变换：

- rand( )% m：产生 0～*m* 之间（不包括 *m*）的随机数；
- rand( )% m＋1：产生 1～*m*＋1 之间（包括 *m*）的随机数；
- rand( )% m＋n：产生 *n*～*m*＋*n* 之间（不包括 *m*＋*n*）的随机数。
- rand( )% m＋n＋1：产生 *n*～*m*＋*n* 之间（包括 *m*＋*n*）的随机数。

注意：当要求的随机数区间很小时，所产生的随机数列的分布会很不均匀。

2. 参考代码与测试

代码 4.11

```
#include <stdio.h>
#include <stdlib.h>                          /* 函数 rand()要求的头文件 */

int main(void){
    int m,n,i,r;

    printf("请输入产品数量和抽样台数:");
    scanf("%d,%d",&m,&n);
```

```
    for(i = 1;i <= n;i ++){
        r = rand() % m+1;                    /* 产生一个随机数    */
        printf("%d;",r);
    }
    printf("\n");
    return 0;
}
```

本例运行5次的结果为

```
请输入产品数量和抽样台数:100,5↵
47;31;83;91;57;
```

```
请输入产品数量和抽样台数:100,5↵
47;31;83;91;57;
```

```
请输入产品数量和抽样台数:100,5↵
47;31;83;91;57;
```

```
请输入产品数量和抽样台数:100,5↵
47;31;83;91;57;
```

```
请输入产品数量和抽样台数:100,5↵
47;31;83;91;57;
```

结果表明重复运行上述程序，5次运行所得结果相同。对于抽样来说，每次抽样的都是这几个编号的产品，这也就不具有随机性了。形成这种结果的原因在于计算机所生成的随机数序列并非真正的随机数序列，而是一个伪随机数序列。

3. *改进后的程序*

用计算机进行随机模拟，是绕不开伪随机数这个特点的。改进的办法是如何使伪随机数序列不同。

在C语言中，可以用库函数srand（seed）先为rand()设置随机数序列种子。不同的随机数序列种子可以产生不同随机数序列。如果让随机数序列种子具有不重复性，函数rand()产生的随机数序列就会不相同。通常采用系统时间作为随机数序列种子具有较好的效果，其形式如下。

```
srand((unsigned int) time(NULL));
```

这里，unsigned int称为无符号整数类型的声明关键字。将之用圆括号括起来，形成一种强制

随 机 数

随机数最重要的特性是在一个随机数序列中，后面的那个随机数与前面的那个随机数毫无关系。

有多种不同的方法产生随机数，这些方法被称为随机数发生器。不同的随机数发生器所产生的随机数序列是不同的，可以形成不同的分布规律。真正的随机数是使用物理现象产生的，比如，掷钱币、骰子、转轮、使用电子元件的噪声、核裂变等。这样的随机数发生器称为物理性随机数发生器，它们的缺点是技术要求比较高。

计算机不会产生绝对随机的随机数，如它产生的随机数序列不会无限长，常常会形成序列的重复等。这种随机数称为伪随机数（pseudo random number）。

有关如何产生随机数的理论有许多。不管用什么方法实现随机数发生器，都必须给它提供一个名为“种子”的初始值。例如，经典的伪随机数发生器可以表达为

$$X(n+1) = a^* X(n) + b$$

显然给出一个$X(0)$，就可以递推出$X(1)$，$X(2)$，…。不同的$X(0)$就会得到不同的数列。$X(0)$就称为每个随机数列的种子。因此，种子值最好是随机的，或者至少这个值是伪随机的。

转换操作符，可以将后面的时间（字符串类型）数据转换为无符号整数类型。

srand( )的说明在头文件 stdlib.h 中，time( )的说明在头文件 time.h 中。

此外，还可以使用伪随机数初始化函数 randomize 来动态地产生伪随机数列。

srand 和 randomize 的说明在头文件 stdlib.h 中，time 说明在头文件 time.h 中。

代码 4.12　改进后的程序代码。

```
#include <stdio.h>
#include <stdlib.h>                         /* rand()要求的头文件           */
#include <time.h>                           /* time()要求的头文件           */

int main(void){
   int m,n,i,r;
   printf("请输入产品数量和抽样台数:");
   scanf("%d,%d",&m,&n);

   srand(time(00));                         /* 用时间函数作为伪随机数序列种子*/
   for(i=1;i<=n;i++){
      r=rand()%m+1;                         /* 产生一个随机数               */
      printf("%d;",r);
   }
   printf("\n");
   return 0;
}
```

5 次运行结果如下：

```
请输入产品数量和抽样台数:100,5↵
30;52;47;49;85;
```

```
请输入产品数量和抽样台数:100,5↵
61;74;38;26;78;
```

```
请输入产品数量和抽样台数:100,5↵
78;33;1;4;66;
```

```
请输入产品数量和抽样台数:100,5↵
63;71;73;5;61;
```

```
请输入产品数量和抽样台数:100,5↵
49;8;12;6;56;
```

4.3.2　用蒙特卡洛法求π的近似值

1. 用蒙特卡洛方法计算π的近似值的基本思路

蒙特卡洛方法（monte carlo method）也称随机抽样技术（random sampling technique）或统计实验方法，是一种应用随机数进行仿真实验的方法。

用蒙特卡洛方法计算π的近似值的基本思路：

根据圆面积的公式

$$S=\pi r^2$$

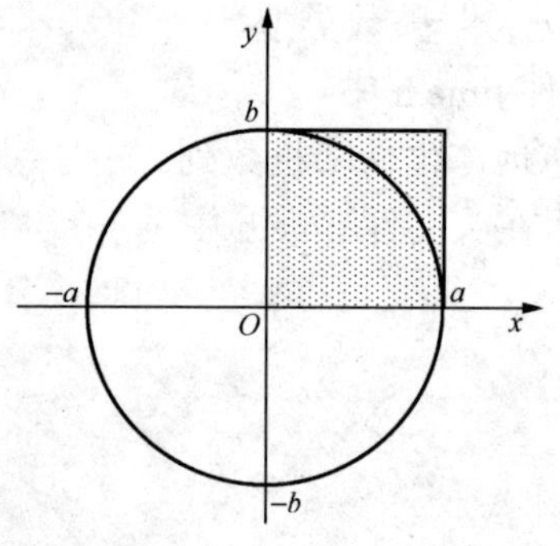

图 4.6 用蒙特卡洛方法计算π的近似值

当 $r=1$ 时，$S=\pi$。

由于圆的方程为

$$x^2+y^2=1$$

因此，1/4 的圆面积为 x 轴、y 轴和上述方程所包围的部分。

如图 4.6 所示，如果在 1×1 的矩形中均匀地落入随机点，则落入 1/4 圆中点的概率就是 1/4 圆的面积。其 4 倍，就是圆面积。由于半径为 1，该面积的值即π的值。

2. 程序代码

代码 4.13

```
#include <stdio.h>
#include <stdlib.h>
#include <time.h>
#define  N   2000                                 /* 定义随机点数                 */

int main(void){
   int n=0,i;
   double x,y;                                    /* 坐标                         */

   srand(time(00));
   for(i=1;i<=N;i++)    {                         /* 在 1×1 的矩形中产生 N 个随机点 */
      x = (double)rand()/RAND_MAX;                /* 在 0~1 间产生一个随机 x 坐标   */
      y = (double)rand()/RAND_MAX;                /* 在 0~1 间产生一个随机 y 坐标   */
      if(x*x+y*y <= 1.0) n++;                     /* 统计落入单位圆中的点数         */
   }
   printf("\n The Pi is %lf\n",4*(double)n/N);    /* 计算出π的值                   */
   return 0;
}
```

3. 程序测试

本题可以采用结果分析法，分析程序执行结果是否随着随机点数的增加越来越接近。下面是几次试运行的结果：

```
输入要产生的随机点数：1000↵
计算值为：3.140000
```

```
输入要产生的随机点数：1000000↵
计算值为：3.142644
```

```
输入要产生的随机点数：100000000↵
计算值为：3.141363
```

```
输入要产生的随机点数：1000000000↵
计算值为：3.141521
```

4.3.3　用基于事件步长的迭代法求解中子扩散问题

1. 问题描述

中子扩散问题：原子反应堆的壁是铅制的。中子从铅壁的内侧（为了简化问题，设以垂直方向）进入，走一定距离（设此距离为铅原子的直径 d），与铅原子碰撞之后改变方向（这个方向是随机的），又走一定距离（仍为 d），与另一个原子碰撞。如图 4.7 所示，如此经过多次碰撞后，中子可能穿透铅壁辐射到反应堆外，也可能将其能量耗尽被铅壁吸收，还可能被反射回反应堆内。显然，铅壁设计得越厚，穿透的概率就越小，反应堆就越安全。由此可以根据对原子能反应堆的辐射标准，设计出原子能反应堆的壁厚。

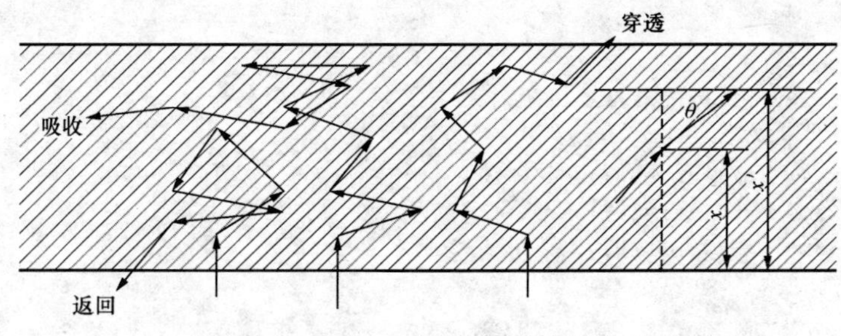

图 4.7　中子扩散过程

2. 建立模型

由于每次碰撞后弹出的角度是随机的，因此中子最后是穿透，还是被吸收或返回，也是随机的，是由大量中子运动的统计规律决定的。要导出铅壁厚和穿透率之间的关系，用解析方法是极为困难的，用计算机模拟会使问题的求解得到简化。

为了建立概率模拟模型，首先分析一个中子在铅壁内的运动情况。

中子在壁内的运动与其每次与铅原子碰撞后的弹射角 θ 有关，这个角是随机的，可以采用下面的公式表示：

$\theta=2*\pi*\text{rand}()/\text{RAND\_MAX}$

设中子在壁内与某一铅原子碰撞时距内壁的距离为 x，则下一次碰撞前产生 x 的变化为

$x=x+d*\cos(2*\pi*\text{rand}()/\text{RAND\_MAX})$

若以铅原子直径为单位，可以写为

$x+=\cos(2*\pi*\text{rand}()/\text{RAND\_MAX})$

设反应堆的壁厚为 $m*d$，每个中子在铅壁内碰撞 n_0 次后其能量就会被铅原子吸收。那么当碰撞次数 $n\geqslant n_0$ 时，就可以由 x 的变化表明它是被吸收了（$0\leqslant x\leqslant m*d$），还是返回到反应堆（$x<0$），或是扩散到了反应堆外（$X>m*d$）。模拟一个中子的运动，得到一个结果，对大量中子的运动进行模拟的结果，便可以统计出中子的穿透率 NP%、吸收率 NA%和返回率 NR%。

3. 程序参考代码与测试

代码 4.14　中子扩散问题。

```
#include <stdio.h>
#include <math.h>
#include <stdlib.h>
#define N0 10
#define PI 3.1415926
```

```
int main(void){
    float nr=0, np=0, na=0;
    int i, n, m, nx;
    float x;
    printf("\nDeep of reactor wall:");
    scanf("%d",&m);
    printf("\nTotal of neutrons:");
    scanf("%d",&nx);

    for(i=1;i<=nx;i++){
        x=0,n=0;
        do{
            x+=cos(2*PI*rand()/RAND_MAX);
            n++;
            if(x<0) {nr++;break;}
            if(x>m) {np++;break;}
            if(n>N0){na++;break;}
        }while(1);
    }

    printf("np\%=%f,na\%=%f,nr\%=%f",100*np/nx,100*na/nx,100*nr/nx);
    return 0;
}
```

程序某运行结果如下：

```
Deep of reactor wall:2↵
Total of neutrons:1000
np=23.700000,na=1.400000,nr=74.900000
Deep of reactor wall:5↵
Total of neutrons:1000↵
np=4.100000,na=19.900000,nr=76.000000
```

4. 说明

在本题中，中子每一次碰撞后将以一个随机角度改变方向。可以将中子的每一次碰撞当作一个事件，观察其变化。事件不断积累，就可以得到解。这种方法称为事件步长法。

在模拟问题中，事件多是随机出现的，或事件的变化具有一定的随机性。

习　题　4.3

开发练习

1. 有 1000 台产品，要从中抽 10 台去进行抽样检测。请设计一个抽样模拟程序。

2. 请设计一个模拟彩票摇奖的程序。例如：

- 供发行彩票 100 000 张。
- 头奖 1 个。
- 二等奖 10 个。

- 三等奖 100 个。

3．在口袋中放有手感相同的 3 只红球、4 只白球。随机地从口袋中摸出 3 只球来，然后放回口袋中，共摸 500 次，问摸到 3 只都是红球和白球的几率各是多少？

4．有人说，一个有 50 人的班级中，至少有两个人的生日相同的概率为 97%。使用程序验证之。

5．改进本例，使其可以进行整数除法的测试。

6．设计一个用蒙特卡洛法，求函数 e^{-x} 在［0，1］区间积分的程序。

7．设计一个用蒙特卡洛法求球的体积的程序。

8．一位持月票上班者每天早上的行程大致如下：

- 走到地铁车站：用 25～30min。
- 等车：平均用 0～5min。
- 坐车：平均用 7～10min。
- 走出地铁：4min。

请模拟该人某一天的行程。

9．某机场有一条跑道供飞机起降。设在该机场起飞和降落的飞机都服从均匀随机分布，平均起飞频率为 a_2 架次/小时，平均降落频率为 a_1 架次/小时，同时请求跑道时，降落优先。设每架飞机降落需占用跑道 3min，每架飞机起飞需占用跑道 2min。请设计一个跑道服务模拟程序，计算要求起飞和降落的飞机每架次的平均等待时间及跑道的利用率。

第2篇　C语言程序的数据结构基础

Niklaus Wirth

随着程序规模的不断扩大，处理的数据量也急剧增长。如何在程序中管理数据的问题也越来越突出。数据的管理涉及数据的特性和数据间的联系。在程序设计中，将之称为数据结构。

1976 年瑞士计算机科学家 Niklaus Wirth 发表了一个以公式命名的惊世之作——《算法＋数据结构＝程序》。它表明，程序设计的核心问题是根据问题的特点分析数据的特性及其数据间的关系，把数据组织成合适的形式，并在此基础上设计相应的求解算法。本书第 1 篇已经介绍了一些最基本的算法思想，这一篇主要介绍 C 语言提供的 4 种构造型数据类型：

- 数组是一种用来组织同类型数据的构造型数据类型。
- 结构体是一种描述一类对象属性的构造型数据类型。
- 指针是一种基于变量地址的派生数据类型。
- 文件是 C 语言提供的数据持久化技术，用来把数据存储在外部存储器上。

这 4 种数据类型是 C 语言程序数据结构的基础，读者将会从中初步领略数据结构在程序中的重要性，掌握数据结构设计的基本方法。

第5单元　顺序地组织同类型数据——数组类型

数组是一种用于组织同类型数据的构造型数据类型，其特征是类型相同、顺序存储、随机访问、空间连续。

5.1 数 组 基 础

5.1.1 扑克牌的表示与数组定义

1. 用数组存储扑克牌

一副扑克牌有54张，实际上是54个数据，也是54个对象。但是，一副扑克牌又是一个整体。如果用54个变量存储它们，不仅麻烦，而且不能反映它们之间的整体性。为了对类似的情况进行有效管理和处理，高级计算机程序设计语言都提供了数组。

数组是一种用来顺序地组织同类型数据的构造型数据类型。例如，设想用3位整数表示每张扑克牌，其中第一位表示种类，后两位表示牌号，即

101～113，分别表示红桃A～红桃K；

201～213，分别表示方块A～方块K；

301～313，分别表示梅花A～梅花K；

401～413，分别表示黑桃A～黑桃K；

501、502，分别表示大王、小王。

这样，54张扑克牌可以用一个int类型数组card表示和存储，而每个元素分别表示所存储的一个数据，并用其在数组中的序号——下标（subscript）或索引（index）区分各元素，如card[0]、card[1]、card[2]、…、card[53]称为数组card的54个下标变量，分别表示54张扑克牌。

2. 数组的定义

数组用一个名字存储多个同类型数据。数组要先定义，后使用。存储扑克的数组card可以用如下声明定义

```
int card[54];
```

这个声明语句定义了一个名字为card的数组。它有54个元素——下标变量，称其大小为54；它的每个元素都是int类型，称其是一个int类型的数组。数组定义的一般格式是

```
数组类型 数组名 [ 数组长度 ];
```

3. 数组初始化

若仅仅声明了一个数组的名字，则这个数组的每个下标变量的值还是不确定的。数组初始化就是在定义的同时给数组的元素确定的值，可以用括在花括号中的常量表达式进行初始化。如数组card的初始化语句为

```
int card [54]={ 101,102,103,104,105,106,107,108,109,110,111,112,113,
                201,202,203,204,205,206,207,208,209,210,211,212,213,
                301,302,303,304,305,306,307,308,309,310,311,312,313,
                401,402,403,404,405,406,407,408,409,410,411,412,413,
                501,502};
```

C 语言允许对数组中左面的部分元素初始化。例如，可以写成

```
int card [54]={501,502};
```

这样，只有前两个元素被初始化，后面元素的值还是不确定的。

对于将全部元素都初始化时，在声明语句中可以省略数组长度。例如：

```
int card [ ]={ 101,102,103,104,105,106,107,108,109,110,111,112,113,
               201,202,203,204,205,206,207,208,209,210,211,212,213,
               301,302,303,304,305,306,307,308,309,310,311,312,313,
               401,402,403,404,405,406,407,408,409,410,411,412,413,
               501,502 };
```

但是，只对部分元素初始化时，不可以省略数组大小。

4. 数组的特点

（1）各元素具有相同类型，这个类型称为数组的基类型。

（2）元素之间具有顺序性——逻辑上的顺序性和物理存储上的顺序性，并用下标表示这种顺序关系。注意，下标的起始值为 0，最大值是数组大小减 1，可以用整型常量或整型表达式表示。

（3）一个数组的所有元素占有一片连续的内存空间。

（4）数组的元素可以用下标随机访问。

5.1.2　扑克牌查找：数组元素引用与数组名参数

1. 数组元素的引用

一个数组被创建之后，就可以开始对其元素进行访问了，用数组名加上括在方括号中的下标即可。例如 card[0]、card[1]、card[2]、card[3]、…就相当于组变量，称为下标变量。用下标变量可以随机地访问数组 card 中的任何一个元素了，可以用这种形式为数组元素赋值或引用其值。

代码 5.1　用赋值方法给定每张扑克牌的值，输出各张扑克牌的值并搜索一张牌。

```
#include <stdio.h>
int main(void){
   int card[54];
   int x, flag = -1;
   int i, j, k;

   /* 数组元素赋值 */
   for( i = 0; i < 4; i ++){                          /* 在重复结构中给前 52 个元素赋值 */
      for(j = 0; j < 13; j ++){
         card[i * 13 + j] = 100 * (i + 1) + j + 1;
      }
   }
   card[52] = 501;                                    /* 给最后两张扑克牌赋值          */
   card[53] = 502;
```

```
    /* 输出各张牌的值 */
    for( i = 0; i < 53; i ++){
       printf("card[%d]= %d,",i,card[i ]);
    }

    /* 搜索一张扑克牌 */
    printf("\n 输入要查找的牌: ");
    scanf("%d",&x);

    for (k = 0; k < 54; k ++)                          /* 搜索一张为 x 的牌   */
       if(card[k] == x){
          flag = k;
          break;
       }
    if(flag == -1)
       printf("\n 找不到要找的牌! ");
    else
       printf("\n 这张牌是第%d 张牌。",k);
    return 0;
}
```

测试结果如下。

```
card[0]=101, card[1]=102, card[2]=103, card[3]=104, card[4]=105, card[5]=106, card[6]=107,
card[7]=108,  card[8]=109,  card[9]=110,  card[10]=111,  card[11]=112,  card[12]=113,
card[13]=201,  card[14]=202,  card[15]=202,  card[16]=204,  card[17]=205,  card[18]=206,
card[19]=207,  card[20]=208,  card[21]=209,  card[22]=210,  card[23]=211,  card[24]=212,
card[25]=213,  card[26]=301,  card[27]=302,  card[28]=303,  card[29]=304,  card[30]=305,
card[31]=306,  card[32]=307,  card[33]=308,  card[34]=309,  card[35]=310,  card[36]=311,
card[37]=312,  card[38]=313,  card[39]=401,  card[40]=402,  card[41]=403,  card[42]=404,
card[30]=405,  card[44]=406,  card[45]=407,  card[46]=408,  card[47]=409,  card[48]=410,
card[49]=411, card[50]=412,  card[51]=413,  card[52]=501,
输入要查找的牌: 306↲
这张牌是第 31 张牌。
```

2. 用函数实现数组操作功能与数组名参数

前面介绍了对于数组进行的 3 种操作：给数组元素赋值、输出数组元素值和数组元素检索。这 3 种操作都是在程序中各以一段代码实现。但是，这样的程序虽然没有逻辑错误，但显得冗余、复杂，并且难以维护，违背了 OCP 原则。所以，这样的程序不是良好的程序，必须进行改造。改造的方法是将程序中具有独立功能的代码组织成为函数。例如，扑克牌搜索操作，可以改造为如下扑克牌搜索函数。

代码 5.2　扑克牌搜索函数的另一种形式。

```
 void searchCard(int pk[54],int x){
     for (k = 0; k < 54; k ++)                         /* 搜索一张为 x 的牌   */
            if(card[k] = x){
                  printf("这张牌是:%d.",card[k]);
                  return;
            }
      printf("找不到要找的牌");
      return;
}
```

这里使用了数组名作为函数参数。在C语言中数组名有两种含义：一是用来标识数组；二是代表数组的首地址。因此，数组名作为函数参数，在函数被调用时所传递的不是数组的内容，而是数组在内存中的地址。例如，函数searchcard( )可以用下面的语句调用

```
searchcard(card,x);
```

于是，一旦开始调用，就会将实际数组card的首地址传递给函数中的形式数组pk。这样，函数inputcard( )在形式数组pk上的操作实际上是在实际数组card上进行的。这就带来一个好处，函数调用时不需要传递大量数据（如54张扑克牌的内容），只需传递一个数组的起始地址，使得函数可以在调用者定义的数组上进行操作。

注意，使用数组名作为函数参数，需要用一对方括号明确地指明它是一个数组，并且要指出其数组类型，除非特殊情况，一般可以不传输数组大小。因为在调用时，会用实际数组参数的大小来初始化形式数组参数的大小。

代码5.3　扑克牌搜索函数的另一种形式。

```
int searchcard(int pk[ ],int x){
        int k;
        for (k = 0; k < 54; k ++)                    /* 查找为x的牌 */
                if(pk[k] == x){
                        return k;
                }
        return -1;
}
```

3. 扑克搜索函数的测试

要测试函数，需要为之设计一个驱动函数。在C语言中，一般用主函数作为驱动函数。驱动函数要为被测试函数准备所需要的实际参数。对于函数searchcard( )，需要有一个为之提供可操作性的数组。

代码5.4　函数searchcard( )的测试主函数。

```
#include <stdio.h>
int searchcard(int pk[],int x);
int main(void){
       int x,f;
       int card[54] = { 101,102,103,104,105,106,107,108,109,110,111,112,113,
                        201,202,203,204,205,206,207,208,209,210,211,212,213,
                        301,302,303,304,305,306,307,308,309,310,311,312,313,
                        401,402,403,404,405,406,407,408,409,410,411,412,413,
                        501,502} ;
       printf("\n输入要查找的牌:");
       scanf("%d",&x);
       f = searchcard(card,x);
       if(f == -1)
               printf("\n找不到要找的牌! \n");
       else
               printf("\n要找的是第%d张牌! \n", f);
       return 0;
}
```

测试结果如下。

```
输入要查找的牌：306↵
要找的是第 31 张牌！
```

4. 讨论

将一个程序中用于实现独立功能的代码段封装成为函数，一方面，每个函数可以独立编写、测试、调试，分割了问题的复杂性，便于程序功能的扩展；另一方面，函数之间只通过参数和返回值，使程序模块之间的耦合性减弱，便于程序的维护。

5.1.3 扑克洗牌的随机模拟

洗牌（shuffle）是扑克游戏中最常见的操作。洗牌就是将一副扑克中的每张牌都按照随机方式排列，为此要使用随机数。

1. *一次洗牌模拟算法*

下面是一个一次洗牌的算法：

在 0～53 之间产生一个随机数 rdm，将 card[0]与 card [rdm]交换；

在 1～53 之间产生一个随机数 rdm，将 card [1]与 card [rdm]交换；

在 2～53 之间产生一个随机数 rdm，将 card [2]与 card [rdm]交换；

……

在 *i*～53 之间产生一个随机数 rdm，将 card[*i*]与 card [rdm]交换；

……

图 5.1 描述了这个洗牌过程。

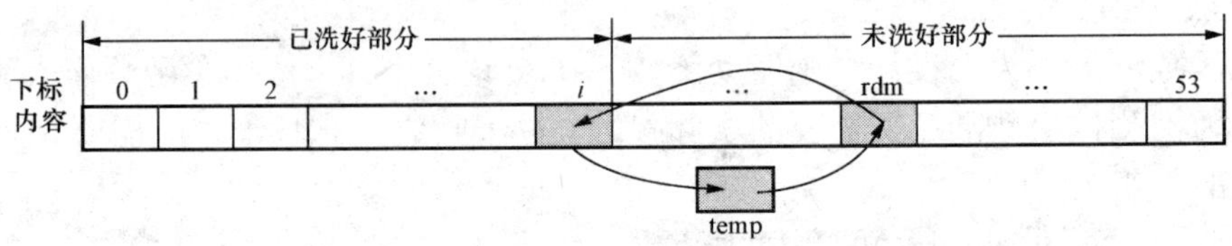

图 5.1 洗牌过程

这个过程可以描述为

```
for( i = 0; i < 54; ++ i){
    在 i 到 53 之间产生随机数 rdm;
    将 card[i]与 card[rdm]交换;
}
```

将上述算法进一步细化，就可以得到如下代码。

代码 5.5 一次洗牌模拟函数。

```
#include <stdlib.h>
#include <time.h>
void shuffle(int card[]){
    int i, temp;
    srand(time(00));                          /* 用时间函数作为伪随机数序列种子*/
    for(i = 0; i < 54;++ i){
        rdm = rand() % (54 - i) + i;          /* 生成一个[i,53]之间的随机数    */
        temp = card[i];                       /* 交换两个数组元素的值          */
```

```
        card[i] = card[rdm];
        card[rdm] = temp;
    }
}
```

2. 多次洗牌模拟算法

洗牌次数越多，牌洗得越均匀。

代码 5.6　多次洗牌模拟函数。

```
#include <stdlib.h>
#include <time.h>
void shuffle(int card[]){
    int times = 1;                                    /* 洗牌次数                 */
    int i, j,rdmemp;
    srand(time(00));                                  /* 用时间函数作为伪随机数序列种子*/
    printf("\n 请输入洗牌次数: ");
    scanf("%d",&times);
    for(j = 0;j < times;++ j){                        /* 重复 n 次                */
            for(i = 0; i < 54;++ i){
                    rdm = rand() % (54 - i) + i;      /* 生成一个[i,53]之间的随机数   */
                    temp = card[i];
                    card[i] = card[rdm];
                    card[rdm] = temp;
            }
    }
}
```

关于洗牌函数的测试，将在下一节将与扑克牌整理函数一起介绍。

5.1.4　扑克牌整理：数组元素排序

1. 冒泡排序算法

每当一场扑克游戏结束后，人们总要把玩后被搞得乱序的牌进行整理，即按照一定的顺序排列好。对于本例来说，就是把 card 数组中的元素进行排序。

排序（sorting）也称分类，是指将一列数据按一定的规则排列。排序方法很多，例如，有交换法、选择法、希尔法、插入法等，不同的方法效率不同。对排序方法的全面分析研究是算法分析或数据结构课程的任务，本节仅介绍一种在算法上具有代表性的交换排序算法——冒泡排序。

交换排序的基本思路是，按一定的规则比较待排序序列中的两个数，如果是逆序，就交换这两个数；否则就继续比较另外一对数，直到将全部数都排好为止。在交换排序中，具有代表性的是冒泡排序。图 5.2 为用冒泡排序对数据序列[7,5,3,9,1]进行升序排序的过程，其基本算法是，从待排序序列的一端开始，首先对第 1 个元素（7）和第 2 个元素（5）进行比较，当发现逆序时，进行一次交换；接着对现在的第 2 个元素（7）和第 3 个元素（3）进行比较，当发现逆序时，进行一次交换；如此下去，直到对第 $n-1$ 个元素（9）和第 n 个元素（1）比较交换完为止。这时，最大的一个元素（9）便被“沉”到了最后一个元素的位置上，成为已排序序列中的一个元素，未排序序列成为[5, 3, 7, 1]。接着，再重新对这个未排序序列进行比较交换，将次大元素（7）“沉”到倒数第 2 个元素的位置上。如此这般，直到没有元素需要交换为止。

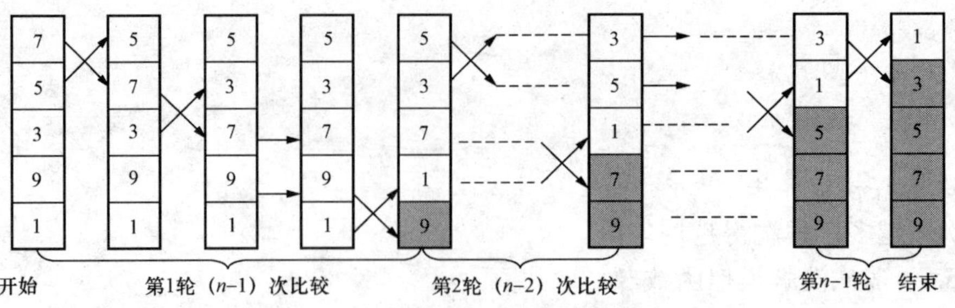

图 5.2　冒泡排序示例

2. 扑克牌整序函数代码

代码 5.7　使用冒泡排序法的扑克整理（排序）函数。

```
void cardSort(int card[]){                                  /* 扑克整理方法          */
     int temp, i,j;
     for(j = 0; j < 53 - 1; j ++)                           /* 总轮数                */
            for(i = 0; i < 53 - j;i ++)                     /* 每轮中次数            */
                   if (card[i] > card[i + 1]){
                          temp = card[i];
                          card[i] = card[i + 1];
                          card[i + 1] = temp;
                   }
}
```

3. 整牌函数的测试

对于整牌函数的测试，可以同洗牌函数一起进行，即在主函数文件中需要有洗牌、整牌和打印函数的原型声明。

```
#include <stdlib.h>
#include <stdio.h>
#include <time.h>                                           /* time()要求的头文件    */
void shuffle(int card[]);                                   /* 洗牌函数原型          */
void cardSort(int card[]);                                  /* 整牌函数原型          */
void printCards(int card[],int cardNum);                    /* 输出各张扑克牌        */
int main(void){
     int card[] = { 101,102,103,104,105,106,107,108,109,110,111,112,113,
                    201,202,203,204,205,206,207,208,209,210,211,212,213,
                    301,302,303,304,305,306,307,308,309,310,311,312,313,
                    401,402,403,404,405,406,407,408,409,410,411,412,413,
                    501,502} ;
     printf("扑克牌的初始序列：");
     printCards(card,54);

     shuffle(card);
     printf("洗牌后的扑克牌序列：");
     printCards(card,54);

     cardSort(card);
     printf("整牌后的扑克牌序列：");
     printCards(card,54);

     return 0;
}
```

测试结果如下。

```
扑克牌的初始序列：
101, 102, 103, 104, 105, 106, 107, 108, 109, 110, 111, 112, 113, 201, 202, 203, 204, 205,
206, 207, 208, 209, 210, 211, 212, 213, 301, 302, 303, 304, 305, 306, 307, 308, 309, 310,
311, 312, 313, 401, 402, 403, 404, 405, 406, 407, 408, 409, 410, 411, 412, 413, 501, 502,
请输入洗牌次数：3↵
洗牌后的扑克牌序列：
105, 310, 102, 306, 412, 402, 112, 413, 501, 408, 111, 205, 307, 210, 303, 301, 308, 207,
103, 401, 106, 409, 304, 406, 313, 104, 302, 211, 202, 407, 209, 110, 312, 411, 113, 109,
502, 213, 203, 405, 206, 305, 208, 212, 108, 101, 204, 309, 403, 107, 410, 210, 311, 404,
整牌后的扑克牌序列：
101, 102, 103, 104, 105, 106, 107, 108, 109, 110, 111, 112, 113, 201, 202, 203, 204, 205,
206, 207, 208, 209, 210, 211, 212, 213, 301, 302, 303, 304, 305, 306, 307, 308, 309, 310,
311, 312, 313, 401, 402, 403, 404, 405, 406, 407, 408, 409, 410, 411, 412, 413, 501, 502,
```

主函数中的 printCard( )函数请读者自己设计。

5.1.5　扑克发牌：二维数组应用

1. 问题描述与算法框架

发牌（deal）就是把洗好的牌，按照约定张数逐一发送到玩家（hand）手中。图 5.3 为向 4 位玩家，每人欲发 5 张牌，已发 3 张的过程。

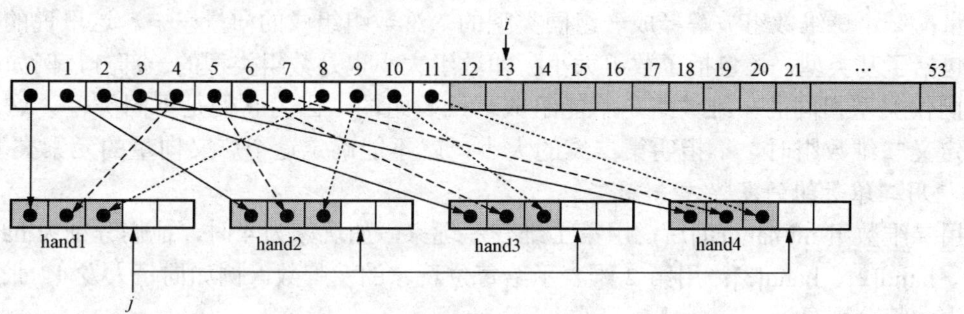

图 5.3　发牌过程（已发 3 张牌）

代码 5.8　发牌算法的 C 语言描述。

```
int i = 0, j;
for( j = 0; j < cardNumber; ++ j){              /*  cardNumber 为每人发牌数目      */
   hand1[j] = card[i]; card[i] = 0;++ i;        /*  card[i] = 0 象征牌已经被取走  */
   hand2[j] = card[i]; card[i] = 0;++ i;        /*  ++i, 指向下一张牌              */
   hand3[j] = card[i]; card[i] = 0;++ i;
   hand4[j] = card[i]; card[i] = 0;++ i;
}
```

2. 用二维数组表示玩家手中的牌

在上述发牌算法中，假定总共有 4 位玩家，玩家手中的牌分别用 4 个一维数组 hand1、hand2、hand3、hand4 表示。如果有 10 位玩家，则要设置 10 个一维数组。这样的程序难以通用，一旦玩家数量改变，就要修改程序。为了使程序具有通用性，可以把存储每个玩家手中牌的一维数组各当作一个数据，用二维数组表示玩家手中的牌，即一维用于表示玩家，另一维用于表示玩家手中的牌。例如，二维数组 hand 采用声明语句

```
int hand[ 4 ][ 12 ];
```

声明后，就表示开辟了一个 4×12 个 int 类型存储空间，4 表示 4 个玩家，12 表示每人手中有 12 张牌。每个下标变量分别表示某个人手中的某张牌。例如，hand[2][5]表示第 3 个玩家手中的第 6 张牌。

说明：

（1）引用二维数组元素，要使用两个下标，并且它们都用从 0 开始的整型常量或整型表达式表示。通常把第 1 维称为行，第 2 维称为列。

（2）二维数组初始化的基本形式是在大括号中再以大括号括起每一行的初始值。例如

int a[3][2]＝{{1,2},{3,4},{5,6}};

有时，也把行括号省略，例如

int a[3][2]＝{1,2,3,4,5,6};

也可以将行（第 1 维）的长度省略，但第 2 维的大小不可以省略。例如

int a[ ][2]＝{{1,2},{3,4},{5,6}};

还可以对部分元素初始化，但这时不可缺省第 1 维的大小。例如

int a[3][2]＝{{1},{3},{5}};

注意：声明一个二维数组时，第二维的大小是不能省略的。因为 C 语言把多维（包括二维）数组解释为广义的向量（一维数组），即一个二维数组被解释为一组同类型的一维数组组成的向量；一个三维数组被解释成一组同类型的二维数组组成的向量……。这里说的数组类型不仅包括了基类型，还包括了数组大小，即数组大小也是数组类型的一部分，例如，一组大小不同仅类型相同的一维数组是不能组成二维数组的，因为它们是不同类型。这也就是说，若定义二维数组时，不指明第二维的大小，就不能确定这个广义向量的元素类型。

3. 使用二维数组的发牌方法

使用二维数组 int hand[][]后，用第 1 维表示玩家，如玩家为 4 时，他们分别为 hand[0]、hand[1]、hand[2]、hand[3]；用第 2 维表示给每位玩家的发牌数。例如向每人发 12 张牌时，各人手中的牌分别是：

- 第 1 人手中的牌为：hand[0][0]、hand[0][1]、hand[0][2]、…、hand[0][11]；
- 第 2 人手中的牌为：hand[1][0]、hand[1][1]、hand[1][2]、…、hand[1][11]；
- 第 3 人手中的牌为：hand[2][0]、hand[2][1]、hand[2][2]、…、hand[2][11]；
- 第 4 人手中的牌为：hand[3][0]、hand[3][1]、hand[3][2]、…、hand[3][11]；

对于更一般的情况，需要先确定玩家数（handNumber）和每人发牌数（cardNumber）。

代码 5.9 使用二维数组的发牌函数。

```
#define cardNumber 12                          /* cardNumber 为每人发牌数目 */
#define handNumber 4                           /* handNumber 为玩家数目     */
void deal(int card[],int hand[][cardNumber]){
    int i = 0, j, k;
    for(j = 0;j < cardNumber;++ j)
        for(k = 0; k < handNumber; ++ k)
            hand[k][j] = card[i]; card[i] = 0;++ i;
}
```

说明：这个函数是假定表示玩家手中牌的二维数组是在调用函数中定义，并作为参数向发牌函数 deal()传输。这时，二维数组 hand 作为参数，第 2 维的大小不能省略。否则将会产生错误。由于，数组的大小可以用常量表达式表示，所以使用了一个宏 handnumber。如果程

序的其他地方不使用发牌结果，则可以在发牌函数 deal( )中定义一个二维数组 hand。然后打印出每人手中的牌。

代码 5.10　不传递二维数组的发牌函数。

```
#define cardNumber 12                                    /* cardNumber 为每人发牌数目    */
#define handNumber 4                                     /* handNumber 为玩家数目        */
void deal(int card[]){
    int i = 0, j, k;
    int hand[handNumber][cardNumber];
    for(j = 0;j < cardNumber;++ j)
        for(k = 0; k < handNumber; ++ k)
            hand[k][j] = card[i]; card[i] = 0;++ i;
    for(k = 0;k < handNumber; ++ k){
        printf("\n 第%d 人手中的牌为：", k + 1 );
        for(j = 0;j < cardNumber;++ j)
            printf("%d",hand[k][j]);
    }
}
```

4. 发牌函数的测试

使用代码 5.9 中的发牌函数，调用函数需要为其传输如下数据：

- 每人发牌数目 cardNumber。
- 玩家数目 handNumber。
- 存储扑克牌的数组首地址。
- 存储玩家手中牌的二维数组首地址。

同时，调用函数还需要对扑克牌数组进行初始化。

代码 5.11　发牌函数的测试主函数代码。

```
#include <stdio.h>
#define cardNumber 12
#define handNumber 4
void deal(int card[],int hand[][cardNumber]);
void printCards(int card[],int cardNum);                 /* 输出各张扑克牌               */
int main(void){
    int hand[][cardNumber];
    int i;
    int card[54] = { 101,102,103,104,105,106,107,108,109,110,111,112,113,
                     201,202,203,204,205,206,207,208,209,210,211,212,213,
                     301,302,303,304,305,306,307,308,309,310,311,312,313,
                     401,402,403,404,405,406,407,408,409,410,411,412,413,
                     501,502} ;
    printf("扑克牌的初始序列：");
    printCards(card, 54);
    deal(card, hand);
    printf("发牌情况：");
    for(i = 0; i < handNumber; i ++){
        printf("玩家%d 手中的牌为：",i);
        printCards(hand[i],cardNumber):
        printf("\n");
    }
    printf("发牌后的底牌:");
    printCards(card, 54);
    return 0;
}
```

测试结果如下。

```
扑克牌的初始序列：
101 102 103 104 105 106 107 108 109 110 111 112 113 201 202 203 204 205 206 207 208 209 210
211 212 213 301 302 303 304 305 306 307 308 309 310 311 312 313 401 402 403 404 405 406 407
408 409 410 411 412 413 501 502
发牌情况：
玩家0手中的牌为：101 105 109 113 204 208 212 303 307 311 402 406
玩家1手中的牌为：102 106 110 201 205 209 213 304 308 312 403 407
玩家2手中的牌为：103 107 111 202 206 210 301 305 309 313 404 408
玩家3手中的牌为：104 108 112 203 207 211 302 306 310 401 405 409
发牌后扑克牌的序列：
0 0 0 0 0 0 0 0 0 0 0 0 0 0 0 0 0 0 0 0 0 0 0 0 0 0 0 0 0 0 0 0 0 0 0 0 0 0 0 0 0 0 0 0 0
0 0 0 410 411 412 413 501 502
```

最后检查取走剩余的牌和各玩家手中的牌，看有无重复，有无缺失的牌。关于printCards( )函数的代码这里就不给出了，请读者自己算出。

习　题　5.1

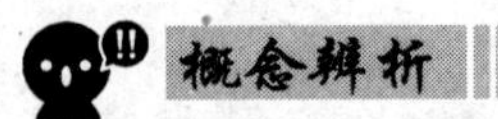

选择题

（1）在C语言程序中引用数组元素时，下标的形式可以有（　　）。

A．实型表达式　　B．字符常量

C．任何类型的表达式　　D．整型常量或整型表达式

（2）下面关于数组的叙述中，错误的有（　　）。

A．数组所有元素具有相同类型　　B．数组元素下标从1开始

C．数组所有元素占有连续的内存

D．数组元素的最大下标值就是定义数组时给定的数组大小

（3）表示一个多维数组的元素时，每个下标（　　）。

A．用逗号分隔　　B．用方括号括起再用逗号分隔

C．用逗号分隔再用方括号括起　　D．分别用方括号括起

（4）在一个数组中，每个元素（　　）。

A．类型都相同　　B．可以是任何类型

C．在内存中的存储位置都是随机的　　D．用数组名加上一个下标数字表示

（5）在C语言中，二维数组元素在内存中的存放顺序是（　　）。

A．以列为主顺序　　B．以行为主顺序

C．按值升序　　D．按值降序

代码分析

1. 指出下列声明语句中哪些是正确的？哪些是错误的？并指明原因。

（1）int b['0'];　　（2）const int x＝512;char a[x];

（3）char a[512];　　（4）double f[2,3];

（5）#define MAX 512

/* … */

char a[MAX*2];

（6）int a[5],b[5];

scanf('%d',&a);

b＝a;

（7）char a[sizeof(aVar)＋2];

（8）float e[][5]＝{1,2,3,4,5,6};

（9）int a[][5];

（10）int a[2][]＝{1,2,3,4,5,6};

2. 写出下面的数组声明语句中所定义数组的数组名、类型、体积，以及初始化情形。

（1）int x[4]＝{1,2,3,4};

（2）float y[3][4]＝{1.1,1.2,1.3,1.4,1.5,1.6,1.7,1.8};

（3）int a[2][3]＝{{},{4,5,6}},b[2][2][2]＝{{},{3,4},{},{7,8}};

（4）int a[3][3]＝{{1,2},{},{4,5,6}};

（5）char c1[10]＝{'Happy.'},c2[ ][3]＝{{'*'},{'**'},{'*'}}

3. 拟在数组 a 中存储 10 个 int 类型数据，正确的定义是（　　）。

A. int a[5＋5]＝{{1,2,3,4,5},{6,7,8,9,0}}

B. int a[2][5]＝{{1,2,3,4,5},{6,7,8,9,0}}

C. int a[][5]＝{{1,2,3,4,5},[6,7,8,9,0}]

D. int a[][5]＝{{0,1,2,3},{}}

E. int a[][]＝{{1,2,3,4,5},{6,7,8,9,0}}

F. int a[2][5]＝{}

4. 对于声明语句。

int a[][3]＝{{1,2,3},{4,5,6}},b[2][3],i,j;

指出下面的语句中哪些是正确的？哪些是错误的？为什么？

（1）b＝a;

（2）for(i＝1; i＜＝2; ＋＋i)

for(j＝1; j＜＝3; ＋＋j)

b[i][j]＝a[i][j];

（3）for(i＝1; i＜6; i＋＋)b[0][i]＝a[0][i]

（4）for(i＝0; i＜＝2; ＋＋i)

for(j＝0; j＜＝2; ＋＋j)

scanf("%d",b[i][j])

5. 阅读下面的程序，指出它们的功能和执行结果。

（1）选择执行结果。

```
#include <stdio.h>
int main(void){
    int x[3], i, j, k;
    for( i = 0; i < 3; i ++)
        x[i] = 0;
    k = 2;
    for(i = 0; i < k; i ++)
        for(j = 0; j < k; j ++)
            x[j] = x[ j ] + 1;
    printf("%d\n",x[1]);
    return 0;
}
```

A. 2　　B. 1　　C. 0　　D. 3

（2）指出下面程序的功能。

```
#include <stdio.h>
int main(void){
    int add(int m,int n,int arr[]);
    int total,a[3][4]=
{5,3,6,8,-2,-4,-7,9, 1,0,7,2};
    total=add(3,4,a[0]);
    printf("total=%d",total);
    return 0;
}
int add(int m,int n,int arr[]) {
    int i,j,sum=0;
    for(i=0;i<m;i=i+m-1)
        for(j=0;j<n;j++)
            sum+=arr[i*n+j];
    for(j=0;j<n;j=j+n-1)
        for(i=1;i<m-1;i++)
            sum+=arr[i*n+j];
    return sum;
}
```

6. 下面是一个计算矩阵中次对角线上各元素之和的 C 语言程序。程序中缺少了两个地方，请补齐。

```
#include <stdio.h>
int main(void){
    int i, j, s;
    int x[ ][3] = {0,1,2,3,4,5,6,7,8};
    for( i = 0; i < 3; i ++)
        for(j = 0; ___A___; j ++)
            if( ___B___ == 2)
                s += x[i][j];
    printf("s = %d",s);
    return 0;
}
```

探索验证

一般说来，数组下标的最大值不可等于或大于数组定义时所给定的大小，否则将会出现不可预料的问题。这种数组下标等于或超过数组大小的情形称为数组下标越界。试编写一个程序，测试当数组下标越界时，系统有没有反应。

开发练习

设计下面各题的 C 语言程序，并设计相应的测试用例。

1. 将 1～100 中的 100 个自然数随机地放到一个数组中，再从中将重复次数最多，并且是最大的数显示出来。

2. 大奖赛评分程序。通常进行大奖赛评分时，要去掉一个最高分，去掉一个最低分，然后进行平均。若某大奖赛的评委成员共 9 人，请为该大奖赛设计一个评分程序。

3. 当一个数据序列已经有序时，采用折半检索可以提高检索效率。折半检索的基本思想如下：假如有序序列中的第 1 个元素或最后一个元素是要检索的数据，则输出该元素；否则就对 1/2 处的元素进行测试。若该处的元素是被检索数据，就输出该元素；否则，根据被检索元素是大于还是小于该元素确定新的二分检索区间，重新进行二分检索。该过程是递归的。请设计用二分检索方法查找一张扑克牌的 C 语言程序。

4. 选择排序。如图 5.4 所示，选择排序的基本思想是在待排序序列之外建一个升序排列的新序列。建

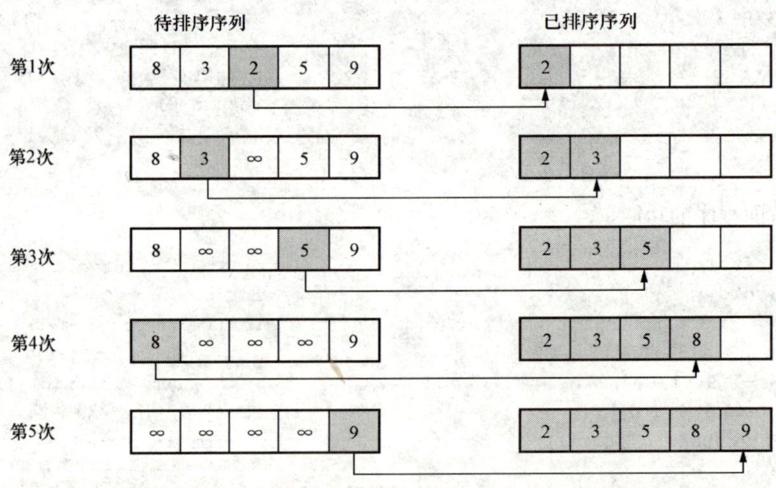

图 5.4　选择排序示例

立已排序序列的方法：先从待排序序列中选一个最小元素，放到已排序序列中；再选一个最小元素，放到已排序序列的最后；…，直到把全部元素放好为止。在选择排序过程中，要使用较多（两倍）的存储单元。

试编写一个用选择排序算法进行扑克牌整理的函数。

5. 插入排序（设为升序排序）。如图5.5所示，插入排序的基本思想：把原来的序列分为已排好序和未排好序两部分；开始时，以原来的第一个元素作为已排好序部分，将其余元素作为未排好序部分；然后顺序地将未排好序部分的各元素按大小插到已排序部分的合适位置，直到将全部元素都插完为止。插入排序只需一个辅助元素空间，但每插入一次，就要将大部分数据移动一次，所需的排序时间较长。

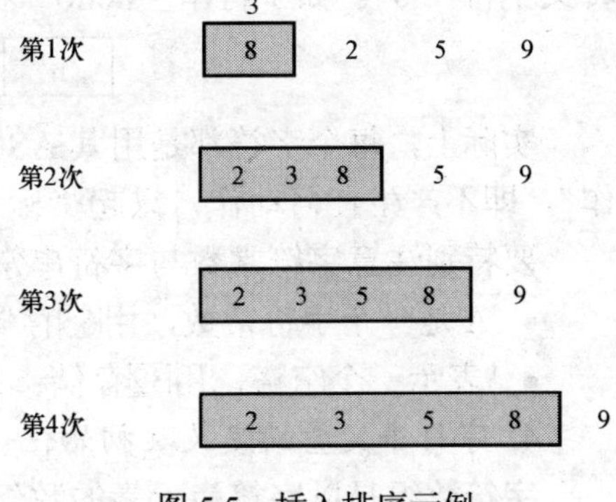

图5.5　插入排序示例

试编写一个用插入排序算法进行扑克牌整理的函数。

6. 摇摆排序。摇摆排序是从两头进行冒泡排序：一次自上而下，一次自下而上，交替进行，每进行一次，未排序元素就减少一个。试设计一个用摇摆排序算法进行扑克牌整理的函数。

7. 编写一个程序证明吉尔布雷德原理：诺尔曼·吉尔布雷德是一位数学家兼魔术师。1958年他发现了一个神秘的结果：拿出一副扑克牌，将大、小王去掉，使它们红黑相间。再把这副牌分成两叠，让每叠下面的那张牌颜色不同，接着把牌再洗在一起。然后，从洗过的牌底下逐对拿牌。这时，奇迹就会出现：不管原来如何洗牌，拿出的牌总是一红一黑。

8. 设计一个C语言函数将一个 ***A***（3×5）的矩阵，按转置矩阵 ***B***（5×3）输出。

9. 有一个3×5的矩阵，设计一个C语言函数，求其最大元素。

5.2　字　符　串

5.2.1　字符串与字符数组

1. 字符串的概念

在C语言中，把用一对双撇号括起来的零个或多个字符序列称为字符串常数。如

'hello'、'Programming in C'等。

字符串中的字符数称为该字符串的长度。如上述字符串的长度分别为5和16。

2. 字符串中的特殊字符

（1）转义字符的书写。字符串以双撇号为定界符，但双撇号并不属于字符串。要在字符串中插入撇号，应借助转义字符。例如，要处理字符串“I say: ‘Goodbye!’”时，可以把它写为

```
"I say:\'Goodbye!\'"
```

所有的转义字符，在字符串中都要以反斜杠开头书写。

（2）格式字符串中的格式符。格式化输入/输出函数的格式参数都是一个字符串，也称格式字符串，其中的格式字符（如c、d、f等）都要以%开头书写。

3. 字符串的存储与字符数组

在C语言中，字符串用字符数组存储，并且在字符串的末尾加一个字符串结束标志——

转义字符“\0”。如字符串“hello”在内存中存储为

h	e	l	l	o	\0

实际上，每个字符都是用其ASCII代码来存储的。“\0”的代码为0，它的含义为“空操作”，即不产生任何动作，只起“标记”作用。

要特别注意字符常数与字符串常数的区别，例如：

- 'A'是一个字符常数，用65存储；而"A"是一个字符串常数，用65 0存储。
- "表示一个空格，用32存储；而""表示一个空字符串，用0存储。

4. 字符串变量的定义及初始化

字符数组是以字符为元素的数组，它的定义与初始化方法与一维数组相同。下面是两个定义字符数组的例子：

```
char str1[]={'C', 'h', 'i', 'n', 'a'};
char str2[12]={ 'C', ' ', 'p', 'r', 'o', 'g', 'r', 'a', 'm', 'i', 'n', 'g'};
```

字符串是特殊的字符数组，它要以字符串结束标志'\0'为最后一个元素。或者说，一个字符数组只有以'\0'为最后一个元素时，才称为字符串。

字符串的定义和初始化可以有如下几种形式：

```
char str1[6]={ 'C', 'h', 'i', 'n', 'a', '\0'};          /* 基于字符的初始化    */
char str1[6]={"China"};                                 /* 基于字符串的初始化 */
char str1[6]= "China";                                  /* 基于字符串的初始化 */
char str1[]={ 'C', 'h', 'i', 'n', 'a', '\0'};           /* 基于字符的初始化    */
char str1[]={"China"};                                  /* 基于字符串的初始化 */
char str1[]="China";                                    /* 基于字符串的初始化 */
```

注意：使用字符串形式的初始化方式，C编译器将自动加上一个'\0'标志。因此，给定的字符数组的大小要比实际存储的字符串中的有效字符数多1。

5.2.2　字符串输入/输出

在定义了一个字符串后，可以采用表5.1中的两类库函数进行输入/输出操作。使用这两类库函数，必须在程序中使用文件包含语句#include <stdio.h>。

表5.1　　字符串输入输出库函数

	输　入　函　数	输　出　函　数
格式化输入/输出库函数	scanf()	printf()
非格式化输入/输出库函数	gets()	puts()

1. 使用%s格式的格式化输入函数scanf( )

在printf( )/scanf( )函数中使用%s格式，可以实现字符数组内容的一次性输入/输出。若字符串变量名为str，则可以使用下列语句进行整体的键盘输入：

```
scanf('%s',str);
```

注意：（1）在scanf( )函数中，若数据参考处使用的是数组名，则数组前不可以加取地址符&。因为数组名本身就是一个地址。

（2）使用%s 格式的 scanf( )函数进行字符串的键盘输入时，遇到一个空白类字符（空格、制表符、Enter 等）就表示一个字符串的结束，系统会就此给它加上一个字符串结束标志'\0'。例如，对于语句

```
scanf("%s",str);
```

若从键盘上输入

```
Computer & C↵
```

则在变量 str 中保存的是

C	o	m	p	u	t	e	r	\0

（3）若用已经定义的长度较大字符数组存储字符串，则数组中的空余元素将用'\0'填充。例如

```
char  str1[9], str2[9], str3[9];
scanf("%s %s %s ", str1,str2, str3);
```

若从键盘上输入

```
Computer & C↵
```

则这三个数组中的存储情况为

str1	C	o	m	p	u	t	e	r	\0
str2	&	\0	\0	\0	\0	\0	\0	\0	\0
str3	C	\0	\0	\0	\0	\0	\0	\0	\0

2. 使用%s 格式的格式化输出函数 printf( )

使用下面的语句可以进行字符串的整体输出：

```
printf('%s',str);
```

注意：输出的内容中不包括字符串结束标志'\0'。

3. 使用字符串处理函数 gets( )和 puts( )实现非格式化输入/输出

gets( )函数和 puts( )函数也是 stdio.h 标准库中的两个非格式化输入/输出函数。puts( )函数用来输出一个字符串，它的作用与 printf("%s",字符串)相同。但用 puts( )函数一次只能输出一个字符串，不能企图用 puts (str1,str2)的形式一次输出两个字符串。gets( )函数是一个用来输入一个字符串的函数。

下面是用 gets( )和 puts( )函数进行输入/输出的例子。

代码 5.12

```
#include <stdio.h>
#define N 13

int main(void){
    char str[N];

    printf("请输入一个字符串：\n");
```

```
    gets (str);
    puts (str);
    puts (str);
    return 0;
}
```

运行情况：

```
请输入一个字符串：
Computer & C↵
Computer & C
Computer & C
```

说明：（1）用 gets( )可以读入包括空格字符的字符串。

（2）用 puts( )输出时，将"\0"字符转换成换行符，因此用 puts( )时一次输出一行，不必另加换行符。

（3）gets( )和 puts( )函数都是具有返回值的函数，它们执行成功时将返回字符数组首元素的地址。

代码 5.13

```
#include <stdio.h>
#define N 13

int main (void){
    char str[N];

    printf("请输入一个字符串：\n");
    printf("gets 的返回值为%d\n",gets (str));
    printf("puts 的返回值为%d\n",puts (str));
    return 0;
}
```

执行结果：

```
请输入一个字符串：
Computer & C↵
gets 的返回值为：1245040
puts 的返回值为：1245040
```

这里，1245040 是字符数组 str 首元素的地址。

5.2.3 字符串的其他操作

1. 字符串操作库函数

字符串不能直接用系统定义的操作符进行赋值、比较等操作。所有这些操作都要通过程序段完成。表 5.2 是其中应用较多的几个字符串操作库函数。这些库函数的声明都包含在头文件 string.h 中。使用这些函数，应当使用文件包含命令#include <string.h>将这个头文件包含在当前程序中。

表 5.2　　应用较多的几个字符串操作库函数

函数的一般形式	功　能　说　明	返　回　值
strlen（字符串）	求字符串长度	有效字符个数
strcpy（字符串 1，字符串 2）	将字符串 2 复制到字符串 1 中	字符串 1 的起始地址
strcmp（字符串 1，字符串 2）	比较两个字符串	字符串 1==字符串 2，返回 0; 字符串 1>字符串 2，返回正整数; 字符串 1<字符串 2，返回负整数
strchr（字符串，字符）	在字符串中找字符	找到，返回字符第 1 次出现位置; 找不到，返回空地址
;strcat（字符串 1，字符串 2）	将字符串 2 连接到字符串 1 中有效字符后	返回字符串 1 的首地址

下面分别介绍上述库函数的用法。

代码 5.14　字符串函数的简单应用。

```
#include <stdio.h>
#include <string.h>                                          /* 字符串处理函数头文件    */

#define N1 20
#define N2 8

int main(void){
    char c;

    char str1[N1]="abcdefg", str2[N2]="hijklm";              /* 定义并初始化两个字符串  */
    printf("\nstr1=%s, str2=%s\n", str1, str2);              /* 输出两个字符串初始值    */
    printf("\nstrcat的返回值：%ld\n", strcat(str1,str2));    /* 将str2连接到str1        */
    printf("\n连接后的str1=%s\n", str1);
    printf("\n输入要查找的字符\n");                          /* 在str1中查找字符        */
    scanf("%c",&c);
    printf("\nstrchr的返回值：%ld\n",strchr(str1,c));
    printf("\nstrlen的返回值：%d\n",strlen(str1));           /* 求字符串str1的长度      */
    return 0;
}
```

运行结果：

```
str1 = abcdefg, str2 = hijklm
strcat 的返回值：1245032
连接后的 str1 = abcdefghijklm
输入要查找的字符
d↵
strchr 的返回值：1245035
strlen 的返回值：13
```

从运行结果可以看出：

（1）连接后的 str1 为“abcdefghijklm”，将原来的 str2 连接到了 str1 的后面。

（2）连接后 strcat 函数的返回值为 1245032，而找到的字符 d 的位置为 1245035，这两个地址值之差为 3，即 str1 中字符 d 与第 1 个字符 a 的位置之差为 3B（每个字符占一个字节的空间)，因为内存是按字节编址的。

(3) 连接后的 str1 中的有效字符数为 13，即其长度为 13。

代码 5.15　输入 5 个字符串，输出其中最小的字符串。

```
#include <stdio.h>
#include <string.h>

#define N 10

int main(void){
    char str[N],min[N];
    int i;

    printf("先输入第 1 个字符串:");
    gets (min);                                        /* 先输入一个字符串到 min 中      */

    for (i=2;i<=5;i++){                                /* 输入后面第 2～5 个字符串       */
        printf("输入第%d 个字符串:",i);
        gets (str);
        if (strcmp (min, str)>0)                       /* 总把最小的字符串放到 min 中    */
            strcpy (min, str);
    }

    Printf ("\n 最小的字符串是:%s\n",min);
    return 0;
}
```

运行情况：

```
先输入第 1 个字符串：China↵
输入第 2 个字符串：U.S.A
输入第 3 个字符串：Canada
输入第 4 个字符串：Korea
输入第 5 个字符串：Japan
最小的字符串是：Canada
```

说明：(1) C 语言中的字符大小是以字符的 ASCII 码值进行比较的。字符串比较的方法是首先对两个字符串中的第 1 个字符进行比较，如果相等，再比较下一对字符……直到比较完或找到一对不相等的字符为止。有不相等的字符对出现，则字符的 ASCII 值大的字符串就是大的字符串。如果找不到不同的字符串，就称两个字符串相等。

(2) 字符串之间不能进行赋值操作，只能采用复制的方法把一个字符串保存到另一个字符串空间（即字符数组）中。但是，要求这个字符数组必须能容纳要复制的字符串。

2. 字符串操作代码分析

字符串函数库中的标准函数都是精心设计的一些函数。分析这些代码，对于提高程序设计能力非常有用。下面举例分析这些函数的代码。为便于分析，对函数代码作了一些简单修改，并对函数名作了简单改变。

代码 5.16　计算字符串长度。

```
int strlenth(char s[]){
    int i=0,len=0;
    while(s[i++])
        len++;
    return len;
}
```

说明：该函数从 s[0]开始，向后搜索，每搜索一个元素，len 增加 1，直到遇到'\0'为止。'\0'的 ASCII 码值为 0，重复过程结束。这时，len 中保存的就是 s 中有效字符的个数。

代码 5.17　字符串复制。

```
void strcopy(char dest[], char src[]){
    int i=0,j=0;
    while((dest[i++]=src[j++])!='\0');
}
```

说明：dest 和 src 是形参字符数组名。表达式 dest([i++]＝src[j++])的作用如图 5.6 所示。方法是：让 i 和 j 同步增加 1，每次将 src[j]赋值到 dest[i]中。当把最先遇到的'\0'赋值到 dest[i]时，表达式(dest[i++]＝src[j++])!＝'\0'就为“假”，退出循环结构，赋值结束。

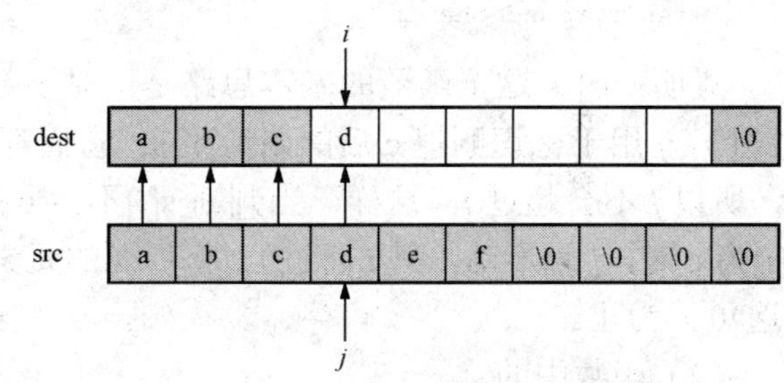

图 5.6　字符串复制函数的原理

前面说过，字符串是不能进行赋值操作的。但是字符数组的元素（字符）是可以进行赋值操作的。这个函数通过将一个一个字符从源字符串赋值到字符数组的相应位置，实现字符串的复制。

字符串是若干有效字符的序列，在源文件中以一对双引号来表示其起止界限，如

"Hello!C 语言."

在系统内部，字符串则是顺序存放在连续单元中的多个字符。字符串的名字就是代表该起始地址的一个常量。或者说，一个字符串的起始地址由字符串名指出，而终止位置由一个特殊的字符——'\0'（空字或 NULL）指出。

代码 5.17　从字符串中删除指定字符。

```
#include <stdio.h>
int squeeze(char s[], int c);
int main(void){
      int flag;
      char s[] = "My name is Zhangjiwen";
      char c = 'x';
      printf("\n s[] = %s",s);
      flag = squeeze(s,c);
      if(flag==0)
          printf("\n Haven't found the '%c' ",c);
      else
          printf("\n s[] = %s ",s);
```

```
    return 0;
}

int squeeze(char s[], int c){
    int i,j;
    for(i=j=0;s[i]!='\0';i++)
            if(s[i]!=c) s[j++] = s[i];
    s[j] = '\0';
    if(i==j)
          return 0;
    return 1;
}
```

程序运行结果：

```
s[] = My name is Zhangjiwen
Haven't found the 'x'
```

说明：（1）这个函数的基本思路是：对于数组 s 设置两个下标 *i* 和 *j*。*i* 用于标识原来的数组 s，*j* 用于标识删掉 c 后的新数组 s；它们都从 0 开始，但由于原 s 含有 c，而新 s 不含有 c，所以 *j* 不会超过 *i*。这样，当判断 s[*i*]不为 c 时，才将第 *i* 个元素复制到第 *j* 个元素中（遇 s[*i*]为 c 时，*j* 就不动，只 *i* 前进）。将后面的元素复制到有 c 的空位的过程，进行到原 s 结束（遇'\0'）为止。

（2）函数中的

```
if(s[i]!=c)
   s[j++]=s[i];
```

相当于

```
if(s[i]!=c){
   s[j]=s[i];
   j++;
}
```

当遇到 s[*i*]==c 时，*i* 和 *j* 都指向 c 字符，然而由于这时只执行 *i*++，不执行 s[*j*]=s[*i*]; *j*++，所以将 *j* 停在指向 c 的位置，只 *i* 继续前进。等到下一个 s[*i*]!=c 时，将当时的 s[*i*]赋值给 *j* 所指向（即 c 所在）的位置。

（3）函数的返回值是整型数，若能找到查找的字符，返回 1；否则，返回 0。

习　题　5.2

概念辨析

选择题

（1）下面的叙述中，正确的是（　　）。

A．字符个数多的字符串比字符个数少的字符串大

B．两个字符串长度相同时才可以比较

C．字符串“Hello”与字符串“HELLO”相等

D．字符串“stack”小于字符串“stock”

（2）下面关于字符数组的描述中，错误的是（　　）。

A．不可以用关系操作符对字符数组中的字符串进行比较

B．可以使用赋值操作对字符数组整体赋值

C．字符数组中的字符串可以进行整体输入、输出

D．字符数组可以存放字符串

（3）对于声明

```
char s1[ ] = "abcdefg";
char s2[ ] = {'a', 'b', 'c', 'd', 'e', 'f', 'g'};
```

以下叙述中，正确的是（　　）。

A．数组 s1 和 s2 完全相同

B．数组 s1 和 s2 长度相等

C．s1 与 s2 中都存放字符 a、b、c、d、e、f、g

D．数组 s1 比数组 s2 长

（4）判断两个字符串 s1 与 s2 相等，应采用（　　）。

A．if(s1==s2)　　B．if(s1=s2)　　C．if(strcmp(s1,s2)　　D．if(strcmp(s1,s2)

代码分析

1. 指出下列说明语句中哪些是正确的？哪些是错误的？并指明原因。

（1）

```
char c[10]={"abcdef\n"};
```

（2）

```
char d[10]= "abcdef\n";
```

（3）

```
int str[5] ;
scanf("%s",&str);
```

（4）

```
char str[20];
str = "hello!";
```

（5）

```
i=0;
while((c = getchar()) != '\n')
   line[i ++] = c;
printf("%s\n",line);
```

（6）

```
char str[50];
str = "This is a string.";
```

2. 要定义一个数组 str，并且将其初始化为字符串“abc”，下面的语句中错误的是（　　）。

A．char str[]={'a', 'b', 'c', '\0'};　　B．char str[4]={'a', 'b', 'c'};

C．char str[]={"abc"};　　D．char str[]={"abc\n"};

3. 改错。下列程序中，函数 fun()的功能是：依次取出字符串中所有的字母，形成新的字符串，并取代原字符串。请改正程序中的错误，使它能得到正确结果。

注意：不要改动 main 函数，不得增行或删行，也不得更改程序的结构。

```
#include <stdio.h>
#include <conio.h>
void fun(char *s) {
```

```
    int i,j;
    for(i=0,j=0; s[i]!= '\0'; i++)
    /*********************found***********************/
        if((s[i]>= 'a'&&s[i]<= 'z')&&(s[i]>= 'a'&&s[i]<= 'z'))
            s[j++]=s[i];
    /*********************found***********************/
    s[j]= "\0";
}
int main(void) {
    char item[80];
    clrscr();
    printf("\nenter a string: ");
    gets(item);
    printf("\n\nthe string is:\%s\n",item);
    fun(item);
    printf("\n\nthe string of changing is :\%s\n",item);
    return 0;
}
```

开发练习

设计下列各题的C语言程序，并设计相应的测试用例。

1．编写一个函数squeeze(s1,s2)，能从字符串s1中删去所有与字符串s2中相同的字符。

2．设计一个函数itoh(n,s)，能将一个无符号整数 ***n*** 转换为十六进制字符串。

3．设计一个函数，实现两个字符串的连接。

4．输入若干行字符，输出其中最长的一行。

5．编写一个程序实现下列功能：

- 将10个单词存放在一个一维指针数组中。
- 找出ASCII值最大的一个单词。
- 按字典序输出各单词。

第 6 单元　描述一类对象的属性——结构体类型

世界是由对象（object）组成的。对象是客观存在的事物，它们都可以用一组属性描述，并且每个属性往往具有不同的数据类型。具有相同属性项的对象，称为一类。例如“学生”具有一组属性项：学号（studNumb）——unsigned int 类型、姓名（studName）——字符串类型、性别（studSex）——字符类型、年龄（studAge）——int 类型和成绩（studScore）——float 类型等。其中，每个属性项都是 Student 这个类的一个方面。或者说，每个属性都是类的一个分量也称域（field）或成员。为了描述一类对象与其分量之间的数据关系，C 语言引入了一种用户定制数据类型：结构体（struct，也有人将之称为“结构”或“构造体”）。

6.1　结构体类型的定义与实例化

结构体类型是一种用户定制数据类型，C 语言只是给出它的基本框架——由一组不同类型的数据组成，具体哪些数据，要由用户给出。因此这个类型的名字也是由两部分组成：一个是 C 语言给出的关键字 struct，它指明这种类型的定义格式和使用方法，另一个名字由用户自己给出。一旦类型定义成功，就可以用这种类型名定义属于这种结构体类型的结构体变量——也就是结构体类型的实例化。

6.1.1　结构体类型的定义

代码 6.1　Student 类型的定义语句。

```
struct Student{
    unsigned int    studNumb;
    char            studName[20];
    char            studSex;
    int             stud;
    float           studScore;
};
```

结构体类型的一般定义格式：

```
struct 用户给定结构体类型名
    {成员声明列表};
```

其中，成员声明列表由一组“类型　成员名;”声明组成。这些成员也称域成员。

6.1.2　结构体类型的实例化

定制一个结构体类型后，系统并不也无法为之分配存储空间，仅仅得到一个结构体类型名。有了这个类型名，就可以像 int、char、float 和 double 一样，用来定义一些结构体类型的变量。这个过程也称为结构体类型的实例化。

1. 结构体变量的定义

可以采用不同的方法定义一个结构体类型的变量。

（1）在定义了一个结构体类型之后，把变量定义为该类型。如有以下声明：

```
struct Student stdnt1, stdnt2, stdnt3;
```

定义了 stdnt1、stdnt2 和 stdnt3 三个 struct Student 类型的结构体变量。注意不能写成

```
struct Student, stdnt1, stdnt2, stdnt3;          /* 错误，多一个逗号         */
```

也不能写成

```
Student stdnt1, stdnt2, stdnt3;                  /* 错误，缺少关键字 struct */
```

（2）直接定义结构体类型变量。如：

```
struct{                                          /* 注意这个头部没有类型名   */
    unsigned int    num;
    char            name[20];
    char            sex;
    int             age;
    float           score;
    char            addr[30];
} stdnt1, stdnt2, stdnt3;
```

此时只是按照花括弧内的结构，直接定义了 stdnt1、stdnt2 和 stdnt3 三个变量，并没有定义此结构体类型的名字。因此无法用结构体类型名再定义其他变量。

（3）在声明一个结构体类型的同时定义一个或若干个结构体变量。例如：

```
struct Student{
    unsigned int    num;
    char            name[20];
    char            sex;
    int             age;
    float           score;
    char            addr[30];
} stdnt1, stdnt2, stdnt3;
```

定义结构体变量后，在程序运行时系统将按照该结构体变量各成员所需内存的总和为其分配一片连续的存储单元。可以用 sizeof 运算符测出一个结构体类型数据的长度，例如：

使用表达式

```
sizeof (struct Student)
```

或使用表达式

```
sizeof (stdnt1)
```

2. 结构体变量的初始化

结构体类型是不能初始化的，只有用结构体类型定义了该结构体类型的变量名后，才能对结构体变量初始化。例如，定义了结构体变量之后，stdnt1、stdnt2、stdnt3 才具有 struct Student 结构体类型的特征，也有了变量的特征。但是，这些变量不是简单变量，它们的值也不是一个简单的整数、实数或字符等，而是由许多个基本数据组成的复合的值。例如，stdnt1、stdnt2 和 stdnt3 的值可以有如图 7.1 所示的值。

那么，如何对结构体变量进行初始化呢？

stdnt1	50201	"ZhangXi"	'M'	18	90.5	Shanghai
Stdnt2	50202	"WangLi"	'F'	19	88.3	Beijing
Stdnt3	50203	"LiHong"	'M'	17	79.9	ShanXi

图 6.1　结构体变量的值

与简单变量的初始化类似，结构体变量的初始化应当在变量定义时进行，并且要把初始值依次写在一对花括号内，用赋值运算符赋值给对应的变量。例如：

```
struct Student{
    unsigned int   num;
    char           name[20];
    char           sex;
    int            age;
    float          score;
    char           addr[30];
} stdnt1={50201,"ZhangXi",'M',18,90.5,"Shanghai"},
stdnt2={50202,"WangLi",'F',19,88.3,"Beijing"};
```

也可以用以下形式进行初始化。

```
struct Student stdnt3={50203,"LiHong",'M',17,79.9,"Shanxi"};
```

在初始化时，按照所定义结构体类型的数据结构，依次写出各初始值，在编译时就将它们赋给此变量中各成员。

习　题　6.1

概念辨析

选择题

1．若 a 为数组名，S 为结构体类型名，则下列描述中正确的是（　　）。

A．a 可以直接被初始化，S 不可以　　B．a 不可以直接被初始化，S 可以

C．a 和 S 都可以直接被初始化　　D．a 和 S 都不可以直接被初始化

2．定义一个结构体变量时，系统给其分配内存的原则是（　　）。

A．按照第 1 个成员需要的内存空间分配　　B．按照最后一个成员需要的内存空间分配

C．按照最大成员需要的内存空间分配　　D．按照所有成员需要的内存空间总和分配

代码分析

1. 选择题。

（1）若有定义语句

```
struct Exam{int x;int y;int z;}example;
```

则下列叙述中不正确的有（　　）。

A．Exam 是结构体类型关键字　　B．example 是结构类型名

C．Exam 是结构体类型名　　D．example 是结构体变量名

（2）对于定义

```
struct{int x1;char x2[8];}S;
```

下列叙述中，正确的是（　　）。

A．S是结构体类型名　　B．S是结构体变量名

C．struct是结构体类型　　D．struct是结构体类型名

（3）对于定义

```
typedef struct{int x1;char x2[8];}S;
```

下面的叙述中，正确的是（　　）。

A．S是结构体类型名　　B．S是结构体变量名

C．struct是结构体类型　　D．struct是结构体类型名

2. 指出下列说明语句中哪些是正确的？哪些是错误的？并说明原因。

（1）

```
struct Student{
    char studNum[6];
    int studScore;
};
Student stud1,stud2;
```

（2）

```
struct Student{
    char studNum[6];
    int studScore;
};
struct Student stud1,stud2;
```

（3）

```
struct Student{
    char studNum[6]= "12345";
    int studScore = 88;
}stud1,stud2;
```

（4）

```
struct Student{
    char studNum[6];
    int studScore
}Student stud1,stud2;
```

（5）

```
typedef struct Student{
    char studNum[6];
    int studScore;
}stud1,stud2;
```

（6）

```
struct Student{
    char studNum[6];
    int studScore;
}stud1,stud2;
```

3. 若有如下结构体定义

```
struct Student{
    char studNum[6];
    float studScore;
}stud1;
```

则stud1所占用的内存空间大小为（　　）。

A．6B　　B．4B　　C．11B　　D．10B

探索验证

编写一个程序，探索下列内容。

（1）一个结构体变量占有的存储空间是否是各成员所需存储空间之和？

（2）一个结构体变量中，各个成员所占有的存储空间是否连续？各成员在存储空间中的顺序与各成员定义时的顺序是否一致？

6.2　结构体变量及其成员操作

6.2.1　结构体变量间的赋值

C 语言允许两个同类型的结构体变量之间相互赋值。可以将一个结构体变量的值（各成员值）作为一个整体赋给另一个具有相同类型的结构体变量。

代码 6.2

```
struct Student{
    unsigned int  num;
    char          name[20];
    char          sex;
    unsigned char age;
    float         score;
};

#include <stdio.h>
int main(void){
    struct Student student1={50201, "WangLi",'M',18,89.5};
    struct Student student2;
    student2=student1;                                      /* 结构体变量间赋值 */
    printf ("student1: %u,%s,%c,%u,%5.2f\n", student1.num,\
             student1.name,student1.sex,student1.age,student1.score);
    printf ("student2: %u,%s,%c,%u,%5.2f\n", student2.num,\
             student2.name,student2.sex,student2.age,student2.score);
    return 0;
}
```

运行情况：

```
student1:50201, WangLi, M, 18, 89, 50
student2:50201, WangLi, M, 18, 89, 50
```

在执行“student2＝student1;”这个赋值语句时，将 student1 变量中各个成员的值依次逐个赋给 student2 中相应各成员。显然，这两个结构体变量的类型必须相同。

6.2.2　引用结构体变量的成员

可以通过成员操作符（或称分量操作符）“.”引用结构体变量的一个成员。例如：

```
student1.num
```

6.2.3　结构体类型数据的输出

C 语言不允许使用 printf 函数和 scanf 函数对结构体变量进行整体输入或输出操作。因为系统不可能为用户定制的形形色色似的结构体类型提供相应的格式字符。例如：

```
printf ("%d\n",student1);和 scanf("%d",&student1);             /* 错误 */
```

是不行的。因为在用 printf 和 scanf 函数时，必须指出输出格式（用格式转换符），而结构体变量包括若干个不同类型的数据项，像上面那样用一个%d 格式符来输出 student1 的各个数据

项显然是不行的。那么用

```
printf ("%s,%d,%c,%d/%d/%d,%1d,%5.2f\n",student1);
```

来输出 student1 中的各项是否可行呢？也不可行。因为在用 printf 函数输出时，一个格式符对应一个变量，有明确的起止范围；而一个结构体变量在内存中占连续的一片存储单元，哪一个格式符对应哪一个分量往往难以确定其界限。

假设有一个简单的结构体类型：

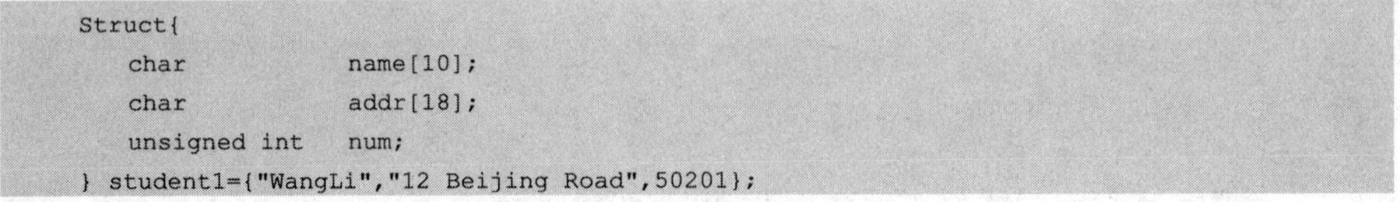

```
Struct{
   char           name[10];
   char           addr[18];
   unsigned int   num;
} student1={"WangLi","12 Beijing Road",50201};
```

变量 student1 在内存的存储如图 6.2 所示。

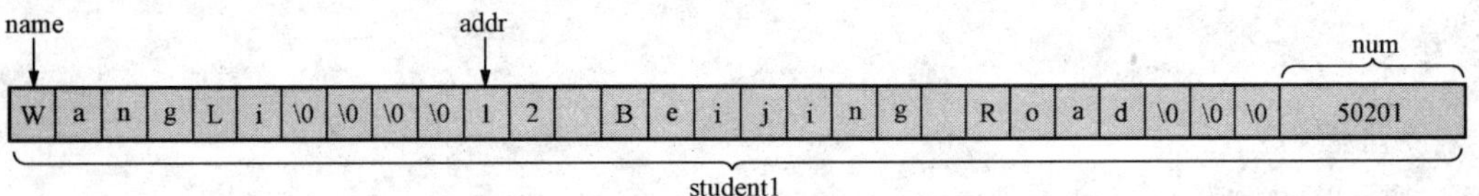

图 6.2 变量 student1 在内存中的存储

如果想输出变量 student1 的值，应当用语句

```
printf ("%s,%s,%1d\n",student1.name,student1.addr,student1.num);
```

习 题 6.2

代码分析

1. 选择题。

(1) 对于定义

```
struct Str{int x;float y;char z[6];}sample;
```

下列各项中，正确的赋值语句是（　　）。

A. 其他 3 个选项都不正确　　　　B. sample.z="abcd";

C. c="abcd";　　　　D. strcpy(sample.c."abcd");

(2) 对于描述学生信息的结构体类型定义

```
struct Student{
   int studNum;
   char studName[15];
   char sex;
   struct{int year;int month; int day;}birthday;
}stud;
```

若要将变量 stud 的生日设置为 1978 年 5 月 6 日，则下列语句中正确的是（　　）。

A．year＝1978;month＝5; day＝6;

B．birthday.year＝1978; birthday.month＝5; birthday.day＝6;

C．stu.birthday.year＝1978; stu.birthday.month＝5; stu.birthday.day＝6;

D．stu.stu.year＝1978; stu.month＝5; stu.day＝6;

2. 下列程序中有若干错误，请改正。

```
#include <stdio.h>
struct Student{
    char studName[15];
    char studSex;
    struct{int year;month;day;}studBirthday;
}stud{"zhang1",'m',{1978,5,6}};
int main(void){
    printf("%c,%c,%d",stud.studName,stud.studSex,stud.studBirthday);
    return 0;
}
```

6.3　结构体数组

6.3.1　结构体数组的定义与初始化

1. 结构体数组的定义与初始化

定义结构体数组的方法与定义结构体变量方法相类似，只是要多用一个方括弧说明它是个数组，并指明数组的大小。结构体数组可以采用图 6.3 所示的三种方法。

```
struct Student{
   unsigned int num;
   ⋮
   };
struct Student stu[30];
```

(a)

```
struct Student{
   unsigned int num;
   ⋮
}stu[30];
```

(b)

```
struct{
   unsigned int num;
   ⋮
}stu[30];
```

(c)

图 6.3　定义结构体数组的三种方法

与数组一样，结构体数组也在内存中占有一片连续的存储空间。

2. 结构体数组的初始化

只能对定义为外部的或静态的数组才能对之初始化。在对结构体数组初始化时，要将每个元素的数据分别用花括弧括起来，其他与简单变量数组相同。如

代码 6.3

```
struct Student{
    unsigned int  num;
    char          name[16];
    char          sex;
    int           age;
    float         score;
    char          addr[30];
};
```

```
struct Student stu[3]={{50201, "ZhangXi",'M',18,90.5, "Shanghai"}, \
{50202, "WangLi",'F',19,88.3, "Beijing"},\
{50203, "LiHong",'M',17,79.9, "Shanxi"}};
```

这样，在编译时将一个花括弧中的数据赋给一个元素，即将第一个花括弧中的数据送给 stu［0］，第二个花括弧内的数据送给 stu［1］……

如果赋初值的数据的个数与所定义的数组元素相等，则数组元素个数可以省略不写。如

```
struct Student stu[]={{50201, "ZhangXi",'M',18,90.5, "Shanghai"}, \
{50202,"WangLi",'F',19,88.3, "Beijing"},\
{50203,"LiHong",'M',17,79.9, "Shanxi"}};
```

此时系统会根据初始化时提供的数据组的个数自动确定 stu 数组的大小。如果提供的初始化数据组的个数少于数组元素的个数，则方括弧内的元素个数不能省略，如

```
struct Student stu[30]={{50201, "ZhangXi", 'M',18,90.5, "Shanghai"}, \
{50202,"WangLi", 'F',19,88.3, "Beijing"},\
{50203,"LiHong", 'M',17,79.9, "Shanxi"}};
```

只对前三个元素赋初值，其他元素未赋初值，系统将对数值型成员赋以零，对字符型数据赋以“空”（NULL），即“\0”。

6.3.2 结构体数组元素的引用

1. 引用结构体数组元素

一个结构体元素（结构体下标变量）相当于一个结构体变量，可以将一个结构体数组元素赋值给同一结构体类型的数组中另一个元素，或赋给同一类型的变量。如

```
struct Student stu[3],student1;
```

定义了一个 struct Student 类型结构体数组 stu，它有 3 个元素，又定义了一个结构体变量 student1，则下面的赋值合法：

```
student1=stu[0];
stu[0]=stu[1];
stu[1]=student1;
```

2. 引用结构体数组元素成员

引用结构体数组元素成员的方法与引用结构体变量成员的方法相同。例如，stu[*i*].num 是引用下标为 *i* 的 stu 数组元素中的 num 成员。如果数组已初始化，且 $i=2$，则相当于 stu[2].num。

由于不能把结构体变量作为一个整体直接用 printf 函数进行输出，所以也不能把结构体数组的元素作为整体直接用 printf 函数进行输出。输入一个结构体数组元素的值也可以使用 gets 函数。应该以结构体数组元素的某个成员为对象进行输入输出。

代码 6.4 输入 3 个学生的信息并将它们输出。

```
#include <stdlib.h>
#include <stdio.h>
#define StuNUM 3

struct StudType{
    char      name[16];
    long      num;
    int       age;
```

```
    char     sex;
    float    score;
};

int main(void){
    struct StudType     stu[StuNUM];
    int                 i;
    char                ch;
    char                numstr[16];

    /* 输入数据 */
    for (i=0;i<StuNUM;i++){
        printf ("\nenter all data of stu[%d]:\n",i);
        gets (stu[i].name);
        gets (numstr);stu[i].num=atol (numstr);
        gets (numstr);stu[i].age=atoi(numstr);
        stu[i].sex=getchar();
        ch=getchar();
        gets (numstr);stu[i].score=atof(numstr);
    }

    /* 输出数据 */
    printf ("\n record name \t \t num\tage\tsex\tscore\n");
    for (i=0;i<StuNUM;i++)
        printf ("%d\t%-16s%-8d%d\t%-c\t%6.2f\n",i,stu[i].name,\
        stu[i].num,stu[i].age,stu[i].sex,stu[i].score);
    return 0;
}
```

运行情况：

```
enter all data of stu[0]:
Wang Li↵
50201↵
18↵
m↵
89.5↵

enter all data of stu[1]:
Zhang Fan↵
50202↵
19↵
m↵
90.5↵

enter all data of stu[2]:
Li Ling↵
50203↵
20↵
f↵
98↵

 record name                num         age       sex       score
0        Wang Li            50201       18        m         89.50
1        Zhang Fan          50202       19        m         90.50
2        Li Ming            50203       20        f         98.00
```

说明：（1）程序中定义了 stu 数组，它是 struct studtype 类型的。在每个循环中输入一个结构体数组元素的数据。

（2）数据输入是按照成员进行的。因为 stu[*i*].name 是字符数组，所以可以用 gets 函数直接输入。可以看到 Wang Li 之间有一个空格，它一起被送入 stu[0].name 数组中，而不像用 scanf ("%s", stu[0].name)输入时，遇输入的空格就认为字符串结束。这是 gets 函数的优点，能输入包括空格的字符串。在输入名称后，用 gets 函数读入一个数字字符串(“550201”)，再把它用 atol 函数转换成 long 型后赋给 stu[0].num。再输入一个新字符串“18”，也放在 numstr 中，把它转换为整型后赋给 stu[0].age。对性别 sex，由于只有一个字符，所以用 getchar 函数直接输入。后面一个“ch＝getchar( );”语句用来“吃掉”输入性别“m”后所输入的“↵”符。然后再读入字符串“89.5”，用 atof 函数转换成实型，赋给 stu[0].score。后面两次循环的情况类似。

（3）要注意如何使数据与标题行上下对齐。例如，在 printf 函数中，%-16s 的作用是通知编译系统：按字符串格式输出，占 16 列，向左对齐(“-”号作用是“左对齐”)，所以采用“16”，是因为前面显示列名称的 printf 函数中使用的是两个制表符，每个制表符移动的距离是 8 个字符。

习　题　6.3

1. 选择题。

（1）对于下列定义

```
struct person{
   char name[9];
   int age;
}c[10]={"Zhang",17, "Wang",19, "Li",20, "Zhao",18};
```

能打印出字母 h 是语句的是（　　）。

A．printf("%c",c[3].name[0]);　　B．printf("%c",c[3].name[1]);

C．printf("%c",c[2].name[0]);　　D．printf("%c",c[2].name[1]);

（2）对于定义

```
typedef struct{int x; char y; double z;}STD;
```

下列叙述中，能正确定义结构体数组并初始化的语句是（　　）。

A．STD tt[2]＝{{1,'A',1.23},{2,'B', 2.345}};　　B．STD tt[2]＝{1,"A",1.23,2,"B",2.345};

C．STD tt[2]＝{{1,'A'},{2, 'B'}};　　D．STD tt[2]＝{{1,"A",1.23},{2,"B",2.345}};

2. 阅读程序，给出程序的执行结果。

（1）

```
#include <stdio.h>
struct s{int x;int y;}cnum[2]={1,3,2,7};
int main(void){printf("%d\n",cnum[0].y*cnum[1].x);return 0;}
```

（2）

```
#include <stdio.h>
struct sampl{ char name[10];int number; };
struct sampl test[3]={{"ZhangSan",10},{"LiSi",20},{"WangWu",30}};
int main(void){printf("%c%d\n",test[1].name[0],test[0].name); return 0;}
```

（3）

```
#include <stdio.h>
int main(void){
    struct str{int a,b; char c[6];};
    printf("%d\n",sizeof(struct str));
    return 0;
}
```

探索验证

为下列问题选择答案，然后上机验证自己的判断，最后分析原因。

（1）若有如下结构体定义

```
struct Student{
    char studName[15];
    float score[4];
}team[10];
```

则 team 数组所占用的存储空间大小为（　　）。

A．31　　B．240　　C．70　　D．310

（2）若有如下定义

```
struct Data{
    int year;
    int month;
    int day;
};

struct studebt{
    char studName[10];
    struct Data StudBirthday;
    float height;
    float width;
}one;
```

则语句 printf("%d", sizeof(one));的执行结果为（　　）。

A．32　　B．24　　C．20　　D．18

开发练习

设计下面各题的 C 程序，并设计相应的测试用例。

1．记录来电。对于每个来电通话，应记录如下信息：对方名称、电话号码、归属地、来电日期和时间、通话时间。

2．设计一个结构体数组，用于存储 *n* 个学生的信息，每个学生的数据包括学号（num）、姓名（name

[20])、性别（sex）、年龄（age）、三门课成绩（score [3]）。要求程序具有如下功能：

程序运行时，首先显示一个菜单，菜单内容包括：

- 输入学生信息。
- 检索学生信息。
- 从学号、姓名、年龄和某门课程成绩中选择一项，进行学生信息排序。

选择了某项功能，完成后，可以再返回菜单。

3．设计一个可以显示花色（黑桃S，红心H，梅花C，方块D）及其编号（A，2，3，4，5，6，7，8，9，T，J，Q，K）的扑克牌。可以对这副扑克牌进行洗牌、整牌、发牌等操作。

第7单元 指 针 类 型

程序的运行，是通过程序中的程序实体——变量、对象、数组、函数、文件等的活动进行的。这些程序实体的特点是在程序运行时都分配有一定的内存空间。在C程序中，除了可以用名字访问程序实体外，还提供了用指针访问程序实体的机制。

指针是C语言极有特色的一种机制，它用法灵活，可以构造出十分简洁的程序。但是，它的灵活度也使人容易误用，造成程序阅读的困难，容易在程序中埋下隐患，许多程序错误都源于指针的误用。正因为如此，基于C的Java和C#都隐蔽了指针。不过，对于C程序设计，指针还是非常有用的。因此，在C程序设计中，虽无法避开指针，但要有限制地使用。

7.1 指 针 的 概 念

7.1.1 指针＝基类型＋地址

1. 变量在内存中的存储

程序中的每一个实体（变量、函数等）都保存在内存的一个可标识的区域中，它与这个区域的联系通过下列3个方面确定。

（1）一个名字。

（2）一个该存储区域的首地址。

（3）一个与该变量的类型相联系的存储区域大小和存储方式。

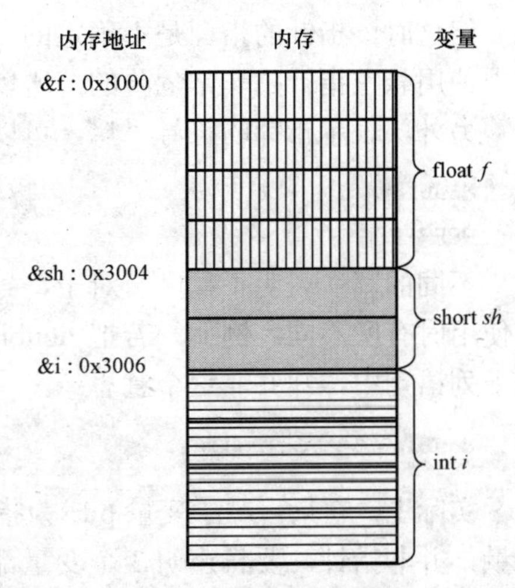

图7.1 变量及其存储地址

图7.1表明了3个变量在内存中的存储情况。先看变量 *i* 和 *sh*，它们的区别：一是具有不同的存储地址0x3004和0x3006；二是它们所占有的存储空间大小不同，分别是4B和2B——这是因为它们具有不同的类型。再看变量 *i* 和 *f*，它们的区别首先是具有不同的存储地址，此外，它们虽然具有相同的存储空间，但存储方式格式——分别为定点格式和浮点格式，这由它们的类型所决定。由此可以得出如下结论。

（1）不同的变量，具有不同的内存地址。

（2）不同类型的变量，要么具有不同的存储空间，要么具有不同的存储格式，或者二者兼有；只有相同的类型才具有相同的存储空间以及相同的存储方式。

2. 从变量求地址

C语言是一种具有低级语言功能的高级语言，它的一个重要特点就是多个程序实体名（如变量名、函数名、数组名）中都隐含有其实体的存储地址，允许使用操作符&取得名字中所隐含的地址，并在程序中使用这些地址。例如图 7.1 中的变量 *f*，可以用表达式&f 取得其地址 0x3000。&称为取地址操作符。

3. 指针变量及其声明语句

指针变量（简称指针）是一种特殊的变量，用以存储一个属于某种类型的实体地址，作用好像指路牌。总的来说，指针变量是指针类型；具体来说，指针的类型又与它所指向的实体类型有关，要指明它是指向××类型的指针。指针所指向的实体类型称为指针的基类型。这样，可以简单地把指针描述为指针＝内存地址＋基类型。

指针变量的定义格式如下。

```
基类型* 指针变量名 = &指向的变量名;
```

这里，用“*”表示所声明的变量名是一个指针变量名，并用一个实体（变量）地址对它初始化。例如，下面定义了一个指向 double 变量 d 的指针 pd1：

```
double d;
double* pd1 = &d;                    /* 用&d 计算变量 d 的地址并用来初始化指针 pd1       */
```

从语法上来说，指针在定义时不一定非要初始化，即定义一个指针时指出其基类型是必须的，而有无具体地址对其初始化是无关紧要的。例如：

```
double* pd2;
```

但这时该指针的指向是不确定的，这种指针常被称为悬空指针（dangling pointer）。在程序中使用悬空指针是非常危险的。所以，定义一个指针时一定要对其初始化。

另外，表示指针的符号“*”，可以靠近基类型，也可以靠近指针变量名，例如：

```
double*  pd1 = d1;                   /* 定义一个变量 pd1,它是指向 double 类型的指针     */
double  *pd2 = d2;                   /* 定义一个指针变量 pd2,其基类型是 double          */
```

不同的写法表明了程序员对于符号“*”理解上的差异，但它们的语法都是正确的。不过在使用时有所不同。例如，若把 double*当作一种类型——“指向 double 类型的指针类型”在下列语句中，却并非这个意思：

```
double* pd1,pd2,pd3;
```

实际上，它只声明了变量 pd1 为指向 double 类型的指针，pd2 和 pd3 都是 double 类型的变量，并非指针。要将声明 3 个变量都声明成指针，应采用下列声明。

```
double *pd1,*pd2,*pd3;
```

而要把 double*当作类型名，则应当将声明分成：

```
double* pf1;
double* pf2;
double* pf3;
```

4. 指针的递引用——变量值的递引用

以前要使用变量的值，要采用变量名字访问它。介绍了指针后，就可以用指针引用这个值。请看下列程序段：

```
double d1,d2;
```

```
double* pd1 = &d1;
*pd1 = 3.1415926;                /* 向递引用 d1 赋值                          */
d2 = *pd1;                       /* 递引用 d1 赋值                            */
```

这段程序中的*pd1 称为 pd1 的递引用或解引用（dereference），即 pd1 所指向的变量 d1。上述引用是通过指针 pd1 来反向引用 d1，不是直接引用 d1，故称其为变量 d1 的递（解）引用。符号*称为递（解）引用运算符，它与取地址运算符具有相同的优先级别与结合性，并互为逆运算。

注意：下面两个语句中的运算符“*”的含义是不相同的。

```
double d = 0;
double*  pd = &d;                /* *与 double 结合为“指向 double 的指针”类型  */
*pd = 3.1415926;                 /* *为递引用运算符                           */
```

对于语句

```
double d;
double* pd = &d;
```

应弄清下面一些表达式的含义：

d: 变量。

pd: 指向 d 的指针变量，其值为 d 的地址。

&d: 变量 d 的地址，与 pd 等价。

*pd: pd 所指向的变量，与 d 等价。

*(&d): 与*pd（即 d）等价。

&(*pd): 与&d（即 pd）等价。

7.1.2 指针的操作

由于指针的值是地址，所以它应具有无符号整数的值。指针的运算就是地址运算。由于地址本身的特征性，也给指针的运算带来一些限制，它只能进行如下一些操作。

（1）在内存空间中移动。

（2）同一类型指针间的关系操作。

（3）赋值运算。

其他的运算，如两个指针相加、相乘、相除、移位以及指针与实数相加等都是不允许的。

1. 指针移动

指针加减一个小整数可以实现在内存中的移动，移动的距离单位是其基类型所占用的存储空间。例如，在 32 位系统中基类型为 int 的指针，移动单位是 4B，即 int 型指针加 1 向下移动 4B，减 1 向上移动 4B。基类型为 double 的指针的移动单位是 8B。

（1）指针增 1 、减 1 。指针增 1 、减 1 即指针向下或向上移动一个基类型的存储空间。图 7.2 表明了指针加 1 和减 1 的物理意义。其中，pi 为指向 int 类型的指针、pd 为指向 double 类型的指针，并假设 int 类型占用 4B、double 类型占用 8B。

代码 7.1 图 7.3 所示两个表达式的测试程序。

```
#include <stdio.h>

int main(void){
   int x = 1, y = 5;
```

```
    int*  px = &x;
    printf("%ld\n",px);
    printf("%d\n",(y  =  * px ++));
    printf("%ld\n", px);

    x = 1, y = 1,px = &x;
    printf("%ld\n",px);
    printf("%d\n",(y  =  ++  *  px));
    printf("%ld\n",px);

    return 0;
}
```

运行结果：

```
0012FF7C ———— px的内容，即x的地址
1        ———— px指向的值，即x的初始值
0012FF80 ———— px的内容增、减一个int类型空间大小
0012FF7C ———— px的内容，即x的地址
2        ———— px指向的值，即x的初始值+1
0012FF7C ———— px的内容没有变，仍为x的地址
```

从运行结果的前3行可以看出，在表达式（y=* px++）中，先执行的是++，然后执行递引用符*。由于后缀的++，是先引用后增1，所以引用的还是地址0x0012ff7c（即变量*x*）中的值——1。引用后再执行地址加1的操作，地址增加一个int类型的空间，输出的px值为0x0012ff80（0x0012ff7c+4）。后3行是对于表达式（y=++* px）的测试结果，它是先引用地址0x0012ff7c（即变量*x*）中的值——1，然后这个值增1，输出2，而地址仍为0x0012ff7c。

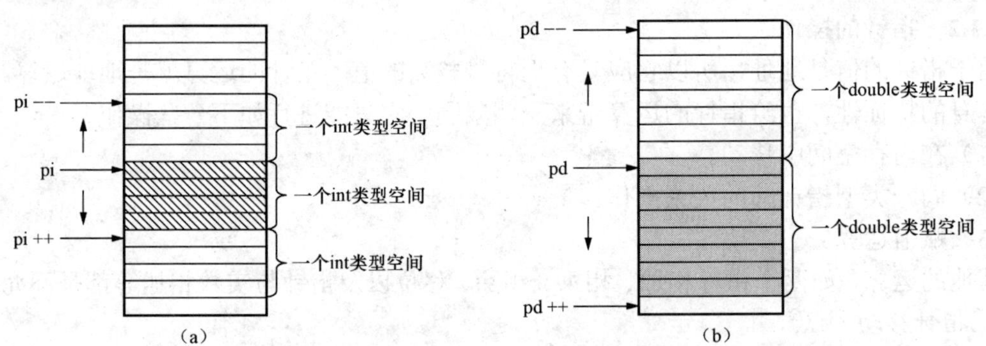

图7.2 指针加1、减1的物理意义

（a）指向int类型的指针移动；（b）指向double类型的指针移动

（2）指针加、减一个小整数的操作。指针加、减整数，表示指针在内存空间向下、向上移动多个基类型存储空间距离。

2. 指针赋值

指针可以通过赋值运算改变其所指向的实体。指针的赋值运算有以下3种情形。

（1）给指针赋一个相应类型的变量地址。如

```
double  d1,d2;
double* pd1 = &d1;
pd1 = &d2;
```

其执行情况如图 7.3 所示。每一次赋值都会改变指针 pd1 的指向。

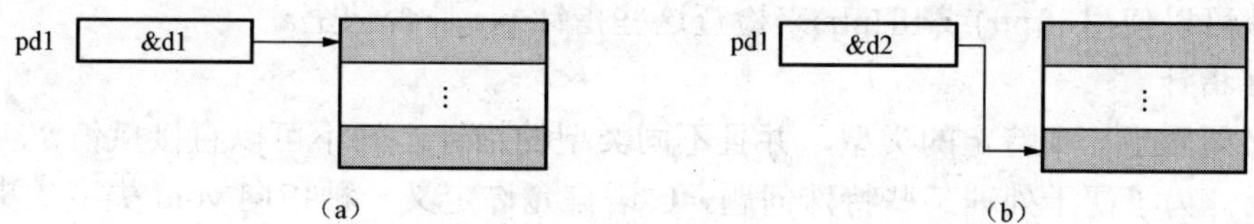

图 7.3　给指针赋以地址值

（a）pd1 初始化为 &d1 后；（b）执行 pd1 = &d2 后

（2）同类型指针间的赋值，如

```
int a,b;
int* pa=&a;
int* pb=&b;
pa = pb;                          /* 两同类型指针间的赋值 */
```

如图 7.4 所示，用一个指针给另一个同类型指针赋值，会使两个指针指向同一变量。

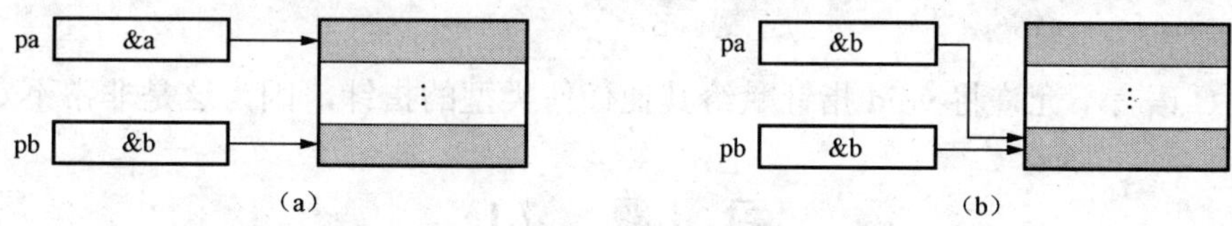

图 7.4　同类指针间的赋值

（a）pa = pb 执行前；（b）pa = pb 执行后

3. 指针比较

同类型的指针可以进行关系操作。最常用的是比较两个指针是否相等，即它们是否指向同一空间。

7.1.3　多级指针

指针变量也需要存放在内存的某个区域，它也有起始地址、类型，也可以用一个指针变量存放它。这个指针称为指向指针的指针。图 7.5 中，px 是指向变量 *x* 的指针，称一级指针；ppx 是指向 px 的指针，称为二级指针。

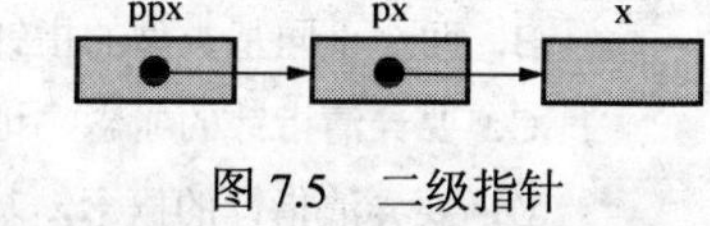

图 7.5　二级指针

在声明语句中，一级指针使用记号*，二级指针使用符号**来标识。如

```
double d = 3.141593;
double *pd = &d;                  /* 声明一级指针 */
double **ppd = &pd;               /* 声明二级指针 */
```

显然，ppd 与&pd 相当；*ppd 与 pd 与&d 相当；**ppd 与*pd 与 d 相当。

7.1.4　悬空指针、空指针与 void 指针

1. 悬空指针与空指针

悬空指针未初始化，其指向是不确定的。此外，还有别的原因也会使指针值成为不合法变量地址，这类指针变量也被称为失控指针或野指针（wild pointer）。通过失控指针访问内存区，会导致难以预料的后果，甚至使程序崩溃。防止出现这种情况的方法是要程序员养成将指针变量初始化的习惯；如果没有可给其初始化的具体地址，则可将其赋值为 NULL（即 0），

使其成为一个空指针。空指针指向内存地址为 0 的位置，这里不存放任何数据，不会出危险。这样，也就可以使用 if(ptr)或 if(!ptr)来检查这些指针 ptr 是否悬空。

2. void 指针

指针必须属于一个特定的类型，并且不同类型的指针之间不可以直接赋值，否则就会导致程序异常。为了便于处理某些特殊问题，C 语言允许定义一种指向 void 类型的指针，并将这类指针称为通用指针。通用指针可以被赋为任何其他类型的指针值。

代码 7.2

```
int i = 0;
int* pInt = &i;
double d = 1.23;
double* pDouble = &d;
void* pVoid = NULL;
pVoid = &i;                          // 用 pVoid 指向 i
printf("%d\n",*pViod);               // 递引用 i
pVoid = &d;                          // 用 pVoid 指向 d
printf("%d\n",*pViod);               // 递引用 d
```

注意：C 语言不允许将 void 指针赋给其他任何类型的指针，因为这是非常不安全的。

习　题　7.1

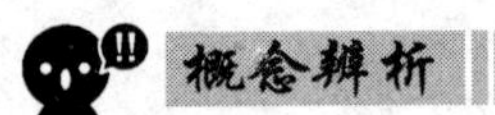

选择题

（1）指针（　　）。

A．＝地址　　B．可以引用没有名称的内存地址

C．是存储地址的变量　　D．是存放某种类型数据的地址变量

（2）“指针＝基类型＋地址”，表明（　　）。

A．只有地址相等，而基类型不同的指针不是同一个指针

B．两个不同基类型的指针，不可以进行算术减运算

C．要弄清指针的概念，地址比基类型更重要，所以先要考虑地址

D．要弄清指针的概念，基类型比地址更重要，因为后面才是重点

（3）以下关于基类型的叙述中，正确的是（　　）。

A．基类型为某种类型（如 int）的指针变量中，只能存放该类型（如 int 类型）的数据

B．变量的基类型就是形成该变量类型的基本类型

C．C 程序中的每个变量都有自己的基类型

D．指针变量所能指向的变量的类型，就是该指针变量的基类型

（4）表达式 *ptr 的意思是（　　）。

A．指向 ptr 的指针　　B．递引用 ptr

C．引用 ptr 所指向变量的值　　D．一个数乘以 ptr 的值

（6）假定变量 m 定义为 "int m＝7;"，则定义变量 p 的正确语句为（　　）。

A．int * p=&m;　　B．int p=&m;　　C．int & p=*m;　　D．int *p=m;

（7）两个同类型的指针变量，它们之间不能进行的运算是（　　）。

A．<　　B．=　　C．+　　D．−

代码分析

1. 指出下面各程序段中的错误。

（1）

```
int p, *q; q = p;
```

（2）

```
char *p, *q, *x, *y;
x = p /2 + q/2;
y = p + (q - p)/2;
```

（3）

```
int *pi;
float *pf;
if(pi - pf) = 0
    *pf = *pi;
```

2. 阅读程序，选择答案。

（1）对于定义

```
int a, *p;
```

下列赋值表达式中正确的是（　　）。

A．*P=*a　　B．p=*a　　C．p=&a　　D．*p=&a

（2）对于定义

```
int a, *p = &a;
```

下列表达式中错误的是（　　）。

A．*&a　　B．&*a　　C．*&p　　D．&*p

（3）对于定义

```
int a, *p, *p1 = &a, *p2 = &a;
```

下列表达式中错误的是（　　）。

A．a=*p1+*p2　　B．p=p1　　C．p=p1+p2　　D．a=p1−pp

（4）对于定义

```
int a = 0, *p = &a, *q = &p;
```

下列表达式中正确的是（　　）。

A．p=1　　B．*q=2　　C．q=p　　D．*p=5

（5）对于定义

```
int a, *p = &a, *q = NULL;
```

下列表达式中正确的是（　　）。

A．*q=999　　B．*p=999　　C．*a=999　　D．&a=999

（6）对于定义

```
int *p, *q, a = 2, b;
```

下列赋值语句组中正确的是（ ）。

A．p=&a; *q=*p;
B．p=&a;q=&b; #p=*q;
C．*p=a; *q=b;
D．p=&a, q=&b; *q=*p;

3. 阅读程序，判断执行结果。

（1）

```
#include <stdio.h>
int main(void){
    int a = 7,b = 8, *p,*q, *r;
    p = &a; q = &b;
    r = p; p = q; q = r;
    printf("%d,%d,%d,%d\n",*p,*q,a,b);
    return 0;
}
```

A．7,8,7,8　　B．8,7,8,7　　C．7,8,8,7　　D．8,7,7,8

（2）

```
#include <stdio.h>
int main(void){
    int a = 25, *p = &a;
    printf("%d\n",++*p);
    return 0;
}
```

A．26　　B．25　　C．24　　D．23

（3）

```
#include <stdio.h>
int main(void){
    int a = 2, b = 3, *p = &a, *q = &b;
    b = a,p = &b;
    b = p == q;
    printf("%d %d\n",a, b);
    return 0;
}
```

A．2 1　　B．2 2　　C．0 3　　D．0 1

（4）

```
#include <stdio.h>
int main(void){
    int a, b , x = 5, y = 2, *p = &x, *q =&y;
    a = p == q;
    b =- *p / (*q);
    printf("%d %d\n",a, b);
    return 0;
}
```

A．0−2　　B．1−2　　C．1−2.5　　D．0−2.5

探索验证

1. 操作符*、&、++作用在同一个变量上时，由于排列情形不同，形成不同含义。编写C程序，探索如下内容。

（1）哪些情形是合乎C语言语义的，哪些不符合？

（2）分别说明符合C语言语义的几种情形，各表示了什么意义。

2. 编写一个C程序，结构体变量所占用的存储空间是否相同，指出原因。

```
struct   Name{
   char*   str;
   int     num;
} ;
```

和

```
struct   Name{
   int   num;
   char*  str;
} ;
```

开发练习

设计下面各题的C程序，并设计相应的测试用例。

1. 编写一个程序，使用指针交换两个变量的值。

2. 编写一个程序，使用指针将从键盘输入的任意3个数按升序排列输出。

7.2　数组的指针形式

7.2.1　数组名与指向数组的指针

1. 数组名的实质

在C语言中，数组名被编译器解释为数组存储空间的首指针。

代码7.3

```
#include <stdio.h>
int main(void){
    int a[5] = {5,4,3,2,1};
    printf("数组名 a 的值: %ld\n",a) ;
    printf("数组起始元素地址: %ld\n",&a[0]);                /*  &为取地址运算符   */
    printf("a + 0: %ld,&a[0]: %ld\n", a + 0,&a[0] );
    printf("a + 1: %ld f,&a[1]: %ld\n",a + 1,  &a[1]);
    printf("a + 2: %ld,&a[2]: %ld\n", a + 2 ,&a[2]);
    return 0;
}
```

运行结果：

```
数组名 a 的值: 0012FF58
数组起始元素地址: 0012FF58
a + 0: 0012FF58, &a[0]: 0012FF58
a + 1: 0012FF60, &a[1]: 0012FF60
a + 2: 0012FF68, &a[2]: 0012FF68
```

注意是十六进制

说明：（1）由程序运行结果可以看出，数组名是一个指向数组起始元素的指针，并且是一个指针常量。为了测试其是否为指针常量，可以试着在上面的程序中增加一条语句

```
a ++;
```

会出现下面的编译错误：

```
error C2105: '++' needs l-value
```

这条错误指明，“++”操作符需要左值，而 *a* 是一个右值，因为它是常量。

（2）设 *i* 是个整数，则 $a+i$ 表示指针 *a* 移动了 *i* 个数组元素（基类型）空间位置（在本例中移动了 *i* * 8B 的空间，如 0x0012FF60－0x0012FF58＝0x8，0x0012FF68－0x0012FF58＝0x10），即移动到指向 *a*[*i*]的位置。

2. 用数组名指针访问数组元素

按照上面的分析，数组名指针加 *i* 具有与索引为 *i* 的下标变量相同的地址，因此通过数组名指针间接访问数组元素，得到与使用下标索引访问数组元素同样的效果。

代码 7.4

```
#include <iostream>
int main(void){
    int a[5] = {5,4,3,2,1};
    printf("*a + 0: %ld,&a[0]: %ld \n", *a,a[0] );
    printf("*(a + 1): %ld,&a[1]: %ld \n",*(a + 1), a[1]);
    printf("*(a + 2): %ld,&a[2]: %ld \n",*(a + 2) ,a[2]);
    return 0;
}
```

运行结果：

```
*(a + 0):5, a[0]:5
*(a + 1):4, a[1]:4
*(a + 2):3, a[2]:3
```

说明：对于数组 a，有如下对应关系：

```
a+1  ~  &a[1]       或     *(a+1)   ~  a[1]
a+2  ~  &a[2]              *(a+2)   ~  a[2]
     …                              …
a+n  ~  &a[n]              *(a+n)   ~  a[n]
```

3. 用指向数组的指针变量访问数组元素

数组名是一个指针常量，有时会有一些不便。使用指向数组的指针变量，可以带来一定的灵活度。定义指向数组的指针，就是定义指向数组基类型的指针，并用数组名进行初始化。

代码 7.5

```
#include <stdio.h>
int main(void){
    int a[5] = {5,4,3,2,1};
    int* pa = a;                          /* 用数组名初始化数组指针变量 */
    printf("*(pa + 0): %d,&a[0]: %d\n", *(pa + 0) ,a[0] );
    printf("*(pa + 1): %d,&a[1]: %d\n", *(pa + 1), a[1]);
    printf("*(pa + 2): %d,&a[2]: %d\n",*(pa + 2) ,a[2]);
```

```
    return 0;
}
```

运行结果：

```
*(pa + 0):5, a[0]:5
*(pa + 1):4, a[1]:4
*(pa + 2):3, a[2]:3
```

说明：下标形式的数组元素与指针形式的数组元素各有优缺点。当要按递增或递减顺序访问数组时，使用指针又快又方便；而要随机访问数组元素时，使用下标要好一些。虽然使用下标比使用复杂的指针表达式要慢，但容易理解。

7.2.2　二维数组的指针形式

1. 二维数组名的意义

C 语言把二维数组解释为由多行一维数组组成的广义向量，二维数组的数组名也就被解释为一个指向广义向量起始行的指针；对于最终元素来说，它是一个二级指针。例如，对于用声明语句

```
double a[3][5];
```

可以解释为数组 a 是一个特殊的一维数组，它由 3 个元素 a[0]、a[1]和 a[2]构成，而每个元素又代表一个包含 5 个元素的一维数组。其关系如图 7.6 所示。

a					
a[0]-----→	a[0][0]	a[0][1]	a[0][2]	a[0][3]	a[0][4]
a[1]-----→	a[1][0]	a[1][1]	a[1][2]	a[1][3]	a[1][4]
a[2]-----→	a[2][0]	a[2][1]	a[2][2]	a[2][3]	a[2][4]

图 7.6　二维数组各分量之间的关系

而二维数组中任一数组元素 a[i][j]的地址可表示为

```
a[i][j]的地址 = a[i] + j * sizeof( a的基类型 )
a[i]地址 = a + i * sizeof(a[i])   /* sizeof (a[i])为存储一维数组a[i]所需字节数 */
```

2. 二维数组中的地址等价关系

在二维数组中，存在表 7.1 的地址等价关系。

表 7.1　二维数组中的几种地址等价关系

二级指针表示	一级指针表示的等价形式		地　址
a	*a	a[0]	&a[0][0]
	*a+1	a[0]+1	&a[0][1]
	…	…	…
	*a+j	a[0]+j	&a[0][j]
a+1	*(a+1)	a[1]	&a[1][0]
	*(a+1)+1	a[1]+1	&a[1][1]
	…	…	…
	*(a+1)+j	a[1]+j	&a[1][j]
…	…	…	…
a+i	*(a+i)	a[i]	&a[i][0]
	*(a+i)+1	a[i]+1	&a[i][1]
	…	…	…
	*(a+i)+j	a[i]+j	&a[i][j]

3. 二维数组中递引用的等价关系

在二维数组中，存在如下递引用等价关系。

```
  a[0]        * a
  a[1]        *(a + 1)
   …           …
  a[i]        *(a + i)
   …           …
a[i][0]       * a[i]              **(a + i)
a[i][1]       *(a[i] + 1)         *(*(a + i) + 1)
   …           …                   …
a[i][j]       *(a[i] + j)         *(*(a + i) + j)
```

4. 数组指针的推广

如果把一个多维数组都看作一个广义的一维数组，那么数组名是指向这个广义一维数组第一个元素的指针。对一维数组来说，它指向第一个数据；对二维数组来说，它指向第一行数据；对三维数组来说，它指向第一页数据，如图 7.7 所示。数组名指针每增 1，地址下移广义数组中一个元素的位置。

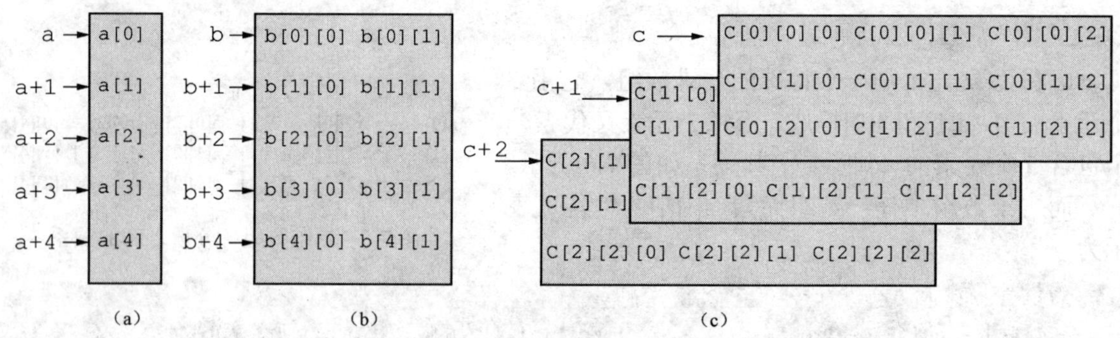

图 7.7 数组名指针的移动规律

(a) 一维数组；(b) 二维数组；(c) 三维数组

从图 7.7 中还可以看出，对于二维数组来说，数组 b 与行 b[0]以及与元素 b[0][0]具有同一个地址，即指向数组 b 的指针（行 b[0]的地址）与指向行 b[0]的指针（元素 b[0][0]的地址）具有相同的地址值，但是指向数组 b 的指针与指向行 b[0]的指针却不是同类型的指针，它们的基类型是不相同的。同样，指向数组 c 的指针（页 c[0]的地址）与指向页 c[0] 的指针（行 c[0][0]的地址）以及指向行 c[0][0]的指针（元素 c[0][0][0]的地址）具有相同的地址值，但是它们也不是同一类型，因为这些指针虽然地址值相同，但基类型不同。

7.2.3 指针与 C 字符串

1. 字符串的引用方式

观察下面的代码段

```
char str1[] = "this is a C string.";        /* 将字符串常量存入字符数组          */
char* str2 = "this is a C string.";         /* 用字符串常量的地址初始化 char 指针  */
```

可以发现，尽管这两个语句执行时的物理意义不同，但它们执行后，形成了字符串常量"this is a C string."的两种表示形式，字符数组形式和字符指针变量形式。这两种形式等价，但字符指针变量形式比字符数组形式更灵活。因为字符数组名是一个常量，而字符指针变量是一个变量。

注意：字符数组中的每一个元素都占用一个相应的内存空间，而字符指针变量（如 str2）只用一个字长（在 16 位系统中是 2B，在 32 位系统中是 4B）存储相应字符串的地址。

2. 字符串数组

当要同时处理几个相关字符串时，为了处理上的方便，可以将它们存放在一个二维数组中。由于二维数组要统一地定义列宽，因此要求每个字符串的最大长度相同，即必须按要处理的字符串中的最大长度来定义所有的字符串空间，并且这些字符串被存放在一个连续的存储空间。图 7.8 为一个字符串数组的存储实例。显然，它也是一个二维字符数组。由于最长的字符串长度为 11，加上'\0'共 12 个字符长度。所以定义图中所示 5 个字符串要使用说明语句：

```
char name[][12]={"Li Bin","Zhang Bo","Ling Hao Ti","Sun Jiang","Wang Qi"};
```

L	i		B	i	n	\0					
Z	h	a	n	g		B	o	\0			
L	i	n	g		H	a	o		T	i	\0
S	u	n		J	i	a	n	g	\0		
W	a	n	g		Q	i	\0				

图 7.8　一个字符串数组的存储实例

字符串数组的另一种形式是采用字符指针数组。如图 7.9 所示，只要建立一个存储字符串指针的一维数组即可。

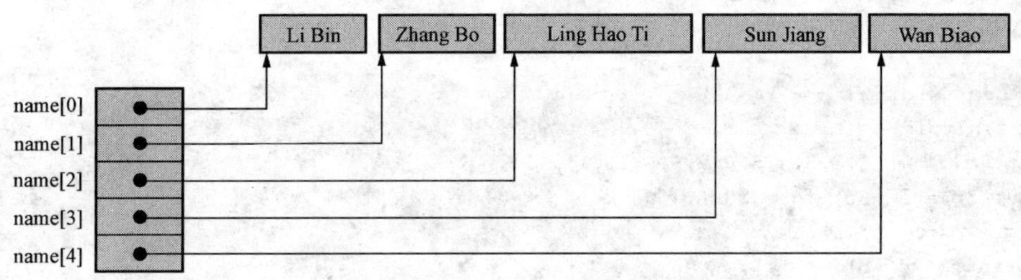

图 7.9　字符串指针数组

这时可以采用下面的定义语句：

```
char* name[]={"Li Bin","Zhang Bo","Ling Hao Ti","Sun Jiang","Wang Qi"};
```

由于指针数组不像二维数组那样需要按统一长度开辟存储空间，比较节省存储空间。

习　题　7.2

代码分析

1. 找出下面各程序段中的错误并说明原因。

（1）

```
const char* pc = "asdf";
pc[3] = 'a';
pc = "ghik";
```

（2）

```
const char* step[3] = {"left","right","hop"};
step[2] = "skip";
step[2][1] = 'i';
```

2. 表达式（a）和（b）的求值过程有没有区别，如果有，区别在哪里？假定变量 offset 的值是 5。

```
int   i[10];
int   *p = &i[0];
int   offset;
p += offset;                /* 表达式 (a) */
p += 5;                     /* 表达式 (b) */
```

3. 给定下列声明

```
int    array[4][5][3];
```

把下列各个指针表达式转换为下标表达式填入表 7.2 中。

表 7.2

指针表达式	下标表达式	指针表达式	下标表达式
*array		*(*(*(array+3)+1)+2)	
*(array+2)		*(*(*array+1)+2)	
*(array+1)+1		*(**array+2)	
((array+1))		**(*array+1)	
((array+1)+4)		***array	

4. 阅读程序，选择正确的输出结果。

（1）

```
#include <stdio.h>
int main(void){
   int a[5] = {1,2,3,4,5,6,7,8,9,10,11,12};
   int *p = a + 5, *q = NULL;
   *q = *(p + 5);
   printf("%d %d",*p,*q);
   return 0;
}
```

A. 6 6　　B. 6 11　　C. 5 5　　D. 编译出错

（2）

```
#include < stdio.h>
int main(void){
   int a[5] = {2,4,6,8,10}, y = 1,x, *p;
   p = &a[1];
   for( x = 0; x < 3; x ++)
      y += *(p + x);
   printf("%d", y);
   return 0;
}
```

A. 20　　B. 19　　C. 18　　D. 17

（3）

```
#include <stdio.h>
int main(void){
```

```
    char a[ ] = "programming", b[ ] = "language";
    char *p1 = a, *p2 = b;
    int i;
    for( i = 0; i <= 5; i ++)
        if( *(p1 + i) == *(p2 + i))
            printf("%c", *(p1 + i));
    return 0;
}
```

A. rg　　B. or　　C. gm　　D. ga

（4）

```
#include <stdio.h>
int main(void){
    int a[5] = {2,4,6,8,10}, *p, **k;
    p = a];
    k = &p;
    printf("%d", *(p ++));;
    printf("%d", **k);
    return 0;
}
```

A. 4 6　　B. 2 4　　C. 6 8　　D. 编译出错

（5）执行下列程序段后，s 的值是（　　）。

```
int a[2][3] = {{1,2,3},{4,5,6}};
int s, *p;
s = {*p}*(*(p + 2) * (*(p + 4));
```

A. 418　　B. 15　　C. 20　　D. 6

（6）假定 a 为一个整型数组名，则元素 a[4]的字节地址为（　　）。

A. a+4　　B. a+8　　C. a+16　　D. a+32

探索验证

设计一个 C 程序，演示二维数组中的下列地址关系：

（1）数组名。

（2）各行地址。

（3）各元素地址。

（4）有一些地址相同，这些地址的类型是否相同。

（5）二维数组中下标变量与指针有哪些等价关系。

开发练习

设计下面各题的 C 程序，并设计相应的测试用例。

1. 输入一个十进制数，输出对应的十六进制数。

2. 在主函数中输入 10 个学生的姓名，用一个函数对这些姓名按字典序进行排序，最后在主函数中将排序结果输出。

7.3 指　针　参　数

7.3.1 指针参数与函数的地址传送调用

指针作参数，就是传送地址的值，并且要求在实参与形参之间传送类型相同的地址值，其中包括同样的指针级别。就形式而言，形参与实参之间的关系有图 7.10 所示几种。

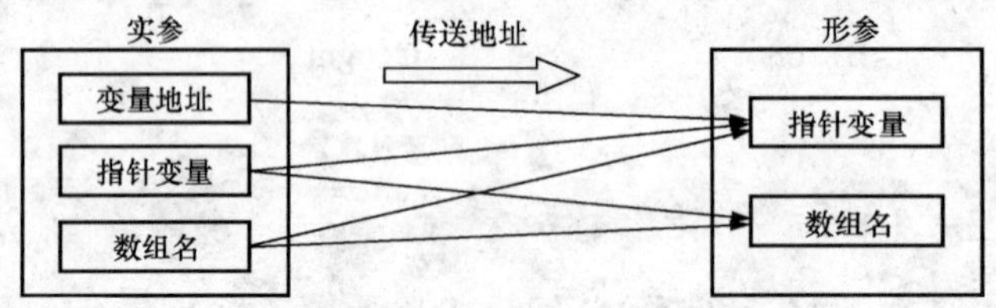

图 7.10　地址传送的几种形式

就函数调用时参数传递的内容来说，可以归纳为两种：传送简单变量地址和传送数组地址。

1. 简单变量地址传送

代码 7.6　向交换函数传输变量地址。

```
/***  向交换函数传输变量地址    ***/
#include <stdio.h>

int main(void){
   void swap(int *p1,int *p2);
   int a=3,b=5;

   printf("交换前：a=%d,b=%d\n",a,b);
   swap(&a,&b);                                   /* 简单变量地址传送   */
   printf("交换后：a=%d,b=%d\n",a,b);

   return 0;
}

void swap(int *p1,int *p2)  {                     /* 用指针接收变量地址 */
   int temp;
   temp=*p1,*p1=*p2,*p2=temp;
}
```

程序的执行结果如下。

```
交换前：a=3, b=5
交换后：a=5, b=3
```

说明：（1）这个程序在主函数中实参直接采用变量地址，在被调函数中形参采用指向 int 类型数据的指针，传送的是变量的地址。当然，也可以再定义两个指针，通过指针将地址传递给函数 swap( )。

代码 7.7　修改后的主函数。

```
int main(void){
    void swap(int *p1,int *p2);
    int a=3,b=5;
    int *pa=&a,*pb=&b;                            /* 定义两个指针      */

    printf("交换前: a=%d,b=%d\n",a,b);
    swap(pa,pb);                                  /* 用指针传输地址    */
    printf("交换后: a=%d,b=%d\n",a,b);

    return 0;
}
```

执行结果也相同。

(2) 调用 swap 函数时，实参使用地址，形参是指针变量，在执行函数过程中，*p1 和*p2 之间的值交换，就是主函数中两个变量 a 和 b 之间的值交换。如果在 swap 中不是交换指针所指向变量的值，而直接交换指针的值，则只是交换了两个指针的指向，没有达到交换主函数中两个变量值的目的。如将函数 swap 改为

```
void swap(int *p1,int *p2) {                     /* 用指针接收变量地址 */
    int *temp;
    temp=p1,p1=p2,p2=temp;
}
```

用上述主函数调用时，执行结果为

```
交换前: a=3, b=5
交换后: a=3, b=5
```

图 7.11 说明这两种交换的不同。

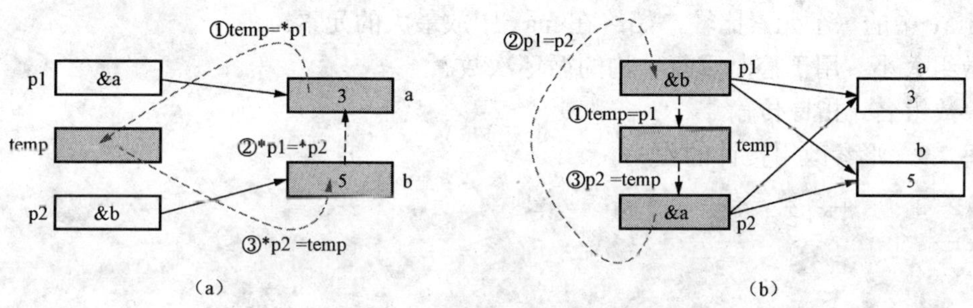

图 7.11 使用指针的两种交换方式

(a) 指针引用变量的交换；(b) 指针值交换

2. 数组地址传送

传输数组地址，有可能使主调函数和被调函数在同一个数组上进行操作，避免了传送数组实体所造成的程序效率不高。下面介绍几种数组地址的传输方式。

(1) 数组名→数组名传输。数组名到数组名之间的数组地址传输方式，前面已经介绍过一些例子了。这里再看一个例子。

代码 7.8 一个数组有 10 个元素，要求输出其中最大的元素值。

```
/***   输出数组最大元素值   ***/
#include <stdio.h>
```

```
#define N 10

int main(void){
    void getArrMax(int [],int * ,int n);
    int array[N]={1,8,10,2,-5,0,7,15,4,-5};
    int max,*p=&max;

    getArrMax(array,p,N);
    printf ("max=%d",max);

    return 0;
}

void getArrMax(int arr[],int *pt,int n){
    int i;
    *pt=arr[0];
    for (i=1;i<n;i++)
        if (arr[i]>*pt)
            *pt=arr[i];
}
```

运行结果如下：

```
max=15
```

说明：本例的主函数调用函数 main( )时，传送了 3 个参数：

- 函数名：在函数 get ArrMax( )中使用下标方式引用主函数中的数组 array。
- 指向变量 max 的指针：用于在函数 getArrMax( )中引用主函数中的变量 max，通过与 array 中的每个元素比较，始终在 max 中放最大的元素。
- 数组大小：用于控制重复结构的循环次数。

（2）数组名→指针传输。

代码 7.9　形参改用指针的程序。

```
/***    输出数组最大元素值    ***/
#include <stdio.h>
#define N 10

int main(void){
    void getArrMax(int *,int *,int n);
    int array[N]={1,8,10,2,-5,0,7,15,4,-5};
    int max,*p=&max;

    getArrMax(array,p,N);
    printf ("max=%d",max);

    return 0;
}

void getArrMax(int *arr,int *pt,int n){
    int i;
    *pt=arr[0];
```

```
    for (i=1;i<n;i++)
        if (arr[i]>*pt)
            *pt=arr[i];
}
```

执行结果仍为

```
max=15
```

说明：在这个程序中，函数名参数用指针参数代替后，运行结果仍然与前面的程序相同，而在函数 getArrMax()中，指针的引用也可以写成下标形式（如 arr[i]），这说明 C 语言中数组与指针的一致性。当然，函数 getArrMax()也可以写成：

```
void getArrMax(int *arr,int *pt,int n){
    int i;
    *pt=*arr;
    for (i=1;i<n;i++)
    if (*(arr+i>*pt)
        *pt=*(arr+i))
}
```

上面介绍的都是一维数组作参数的例子。如果用指向多维数组的指针作实参，实参与形参所指向的对象类型应当相同，也就是行指针应传给行指针类型的变量，列指针应传给列指针类型的变量。

代码 7.10 有 3 个学生、每人考 5 门课，求每个学生的平均分数和每门课的平均分数。

```
/***        成绩分析     ***/
#include <stdio.h>

#define N 3
#define M 5

int main(void){
    float stuave(float(*p)[5]);
    float courave(float *pt);
    static float score[N][M]={{100,60,70,81,52},\
                              {62,71,83,92,98},\
                              {90,70,50,60,40}};
    int i;
    for(i=0;i<N;i++)
        printf ("The average score of student %d:%6.2f\n",i,stuave (score+i));
    printf ("\n");

    for (i=0;i<M;i++)
        printf ("The average score of course %d:%6.2f\n",i,courave (score[0]+i));
    return 0;
}

float stuave(float(*p)[M]){
    int i;
    float sum=0,ave;
    for (i=0;i<M;i++)
```

```
        sum=sum+*(*p+i);
    ave=sum/M;
    return (ave);
}

float courave(float *pt){
    int i;
    float sum=0,ave;
    for (i=0;i<N;i++,pt=pt+M)
        sum=sum+*pt;
    ave=sum/N;
    return ave;
}
```

运行结果输出如下。

```
The average score of student 0:72.60
The average score of student 1:81.20
The average score of student 2:62.00

The average score of course 0:84.00
The average score of course 1:67.00
The average score of course 2:67.67
The average score of course 3:77.67
The average score of course 4:63.33
```

说明：函数 stuave 中的形参 p 定义为指向一维数组的指针变量，因此 main 中调用 stuave 函数时所用的实参应该也是行指针。score、score＋1、score＋2 都是指向行的指针，这时实参和形参指针变量指向相同类型的对象，这是正确的。在 stuave 中求出一行中 5 个元素值之和。函数中用到*(*p＋*i*)，其中*p 是该行第 0 列元素的地址，*p＋*i* 是该行第 *i* 列元素地址，*(*p＋*i*)是该行第 *i* 列元素的值。如图 7.12（a）所示，第二次调用 stuave 时，p 的值用 p′表示，第三次调用时，用 p″表示。如果实参不用 score＋*i* 而用 score［*i*］就会发生实参与形参类型不匹配的错误，因为 score［*i*］是数组第 *i* 行第 0 列元素的地址。它是列指针，与形参不匹配。

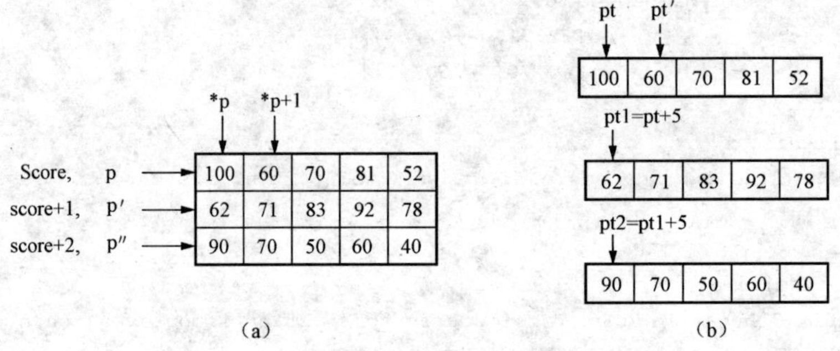

图 7.12 行指针与列指针

（a）行指针；（b）列指针

函数 courave 的形参 pt 被定义为列指针，即指向一个实型元素的指针。main 函数中调用 courave 函数时的实参为 score［0］＋*i*，第一次 *i*＝0 时，它等于 score［0］，它是第 0 行第 0

列元素的地址，是列指针，与形参 pt 都指向同一类型的数据；第二次调用时，i=1，score［0］＋1 是第 0 行第 1 列元素的地址；……；以后 i=2、3、4 时，pt 分别指向第 0 行第 2、3、4 列元素。在函数 courave 中求出 3 行中第 i 列元素之和及平均值。每调用一次函数，求出一列元素的平均值。因为数组大小为 3×5，因此下一行同一列元素的地址为 pt 原值加 5，即 pt＝pt＋5。图 7.12（b）中第一次调用 courave 函数时 pt 的指向用实线箭头表示，第二次调用 courave 函数时 pt 的值用虚线箭头和 pt'表示。

函数中也可以将指针变量都定义成行指针或指向一个变量的指针，读者可以自己改写。上面在一个函数中将指针变量定义为指向一维数组的，在另一函数中的指针变量指向实型变量，只是为了说明这两种指针变量的特点、用法和它们之间的区别。

3. 字符指针参数

用字符指针变量作参数更多地用在字符串的操作上。下面是将例 5.15 和例 5.16 的程序改用指针实现后的情形。有些功能略有变化，因为用数组不太容易实现这些功能。

代码 7.11　采用指针计算字符串长度的函数。

```
int stringlen(const char *str){
    int len=0;
    while(*str++)
        len++;
    return len;
}
```

说明：(1) 由于指向字符的指针与字符数组类型相同，所以，本例中的*str++与代码 5.15 中的 str[i++]等价。但是采用指针使程序更为简洁，不需要定义数组。

（2）可能读者会问，这里会不会出现乱用指针的问题。答案是：不会。因为在参数传递时，实参是要计算长度的字符串名，即字符数组名，而该字符数组是已经被分配类空间的。这个函数中字符指针的活动范围是从字符串的起始地址到字符串结束标志符之间，当某一次循环中遇到字符串结束标志符'\0'时，*str 的值为 0('\0'的 ASCII 码为 0)，while 中表达式为假，循环中止，因而不会出现越界问题。

(3) 这个函数在参数表中使用了 const，它表明在本函数的执行过程中，要将字符串锁定，即不允许对字符串作任何改变。因为，函数的功能只是求字符串的长度。

代码 7.12　使用指针操作的字符串复制函数。

```
void *stringcopy(char *dest, const char *src){
    char *temp=dest;                    /* 定义一个临时的字符串指针保存目标串首地址 */
    while(*dest++=*src++);
    return temp;                        /* 返回原来保存的目标串首地址              */
}
```

说明：(1) 由于目标字符串要改变，而源字符串只是复制，所以仅用 const 修饰源字符串。

（2）temp 是一个指向字符的指针，用它来保存目的串的首地址。因为在复制的过程中，随着一连串的自增操作，dest 的值不再指向目的串的首地址。

代码 7.13　字符串相等比较。

```
int stringcomp(const char *s1, const char *s2){
    for(;*s1==*s2;s1++,s2++)
    if(!*s1)                            /* 对应字符相同且遇到空白                   */
```

```
        return 0;                         /* 两字符串相等，返回 0         */
    return *s1-*s2;                       /* 返回两字符串的 ASCII 值差 */
    }
```

说明：（1）这个函数由一个 for 循环结构组成。循环的初始条件就是 s1 指向进行比较的一个字符串的首地址，s2 指向另一个字符串的首地址。这个条件已经在参数传递时实现了，所以在 for 结构中初始条件缺省。

（2）该函数中 for 循环的条件是*s1= =*s2，即两个指针的当前应用相等，也即对应位置的字符相同再比较下一个字符。

（3）for 循环中的修正表达式为 s1++，s2++。从而保证两个指针分别指向各自字符串中的相同位置。

（4）表达式 if(!*s1) return 0 的意思是当 s1 指向字符'\0'时，函数返回 0。实际上，由于这个条件表达式是在 for 结构中的，而 for 结构的重复条件是*s1= =*s2，即两个字符指针当前指向的字符相等。所以当 s1 指向字符串结束符时，s2 也一定是指向了字符串结束符，也就是两个字符串都结束，用返回 0 表示两个字符串完全相同。

代码 7.14 从字符串中删除一个字符的通用函数 delchar( )。

```
/*** 从字符串中删除字符 ***/
#include<stdio.h>
#define N 80

void delchar (char *p,char x){
   char *q=p;
   for (;*p!='\0';p++)
     if (*p!=x)
       *q++=*p;
   *q='\0';
}

int main(void){
   void delchar (char *p,char x);
   char c[N],*pt=c,x;
   printf("enter a string:");
   gets (pt);
   printf ("enter the character deleted:");
   x=getchar( );
   delchar (pt,x);
   printf ("The new string is:%s\n",c);
   return 0;
}
```

运行情况如下：

```
enter a string: I have 50 Yuan.↵
enter the character deleted:0↵
The new string is:I have 5 Yuan.
```

本程序的功能：在主函数中，定义字符数组 c 并使 pt 指向 c；从键盘输入字符串和需要删去的字符，然后调用 delchar( )函数。形参指针变量 p 和被删字符 x 由 main 函数中实参 pt 和 x 传递到函数 delchar( )。在 delchar( )中实现删除字符。

注意：在 delchar( )中并未定义一个目标数组，而是直接在源数组（c）中删去指定的字符。刚开始执行此函数时，指针变量 p 和 q 都指向 c 数组中图 7.13 的第一个字符。当*p 不等于 x 时，*p 赋给*q，然后 p 和 q 都自加 1，即同步下移，见图 7.13（a）中 p'和 q'。当某一次*p= =x 时，不执行“*q++＝*p;”语句，q 不自加 1，而 p 继续加 1，p 与 q 不再指向同一元素，q 仍指向 c［8］，而 p 指向 c［9］，见图 7.13（b）中的 p'和 q'。在执行下一次循环时由于（*p!＝x）为真，执行“*q++＝*p;”语句，将 c［9］值赋给 c［8］，使 c［8］中原值（字符 0）被空格取代。然后 q 和 p 均自加 1，以后将 c［10］c［9］，c［11］c［10］，…，c［13］c［12］，c［14］c［13］，最后用“*9＝'\0';”语句给 c［14］（即*9 的当前值）赋予“\0”。注意：c 数组中 c［15］的值并未改变，因此 a［15］仍为“\0”，a 数组中有两个'\0'。可以看到，c 数组各元素值改变了，在 main 函数中输出了数组 c 中的字符串（遇第一个“\0”即停止）。

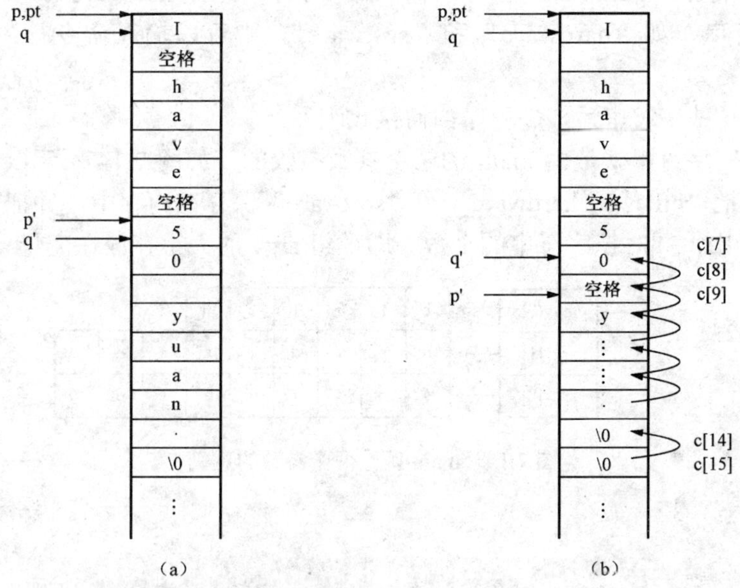

图 7.13 从字符串中删除一个字符的过程

（a）寻找要删除的字符；（b）删除字符后的移动

讨论：

（1）程序中 main 函数能否用“scanf("%s", pt);”输入字符串“I have 50 Yuan.”。

（2）delchar 函数中的 for 循环能否改为

```
for (;*p!= '\0';)
if (*p!=x)*q++=*p++;
```

或

```
for (;*p!='\0'; p++,q++)
if (*p!=x)*q=*p;
```

结论是不可以，原因请读者自己分析。

7.3.2 带参主函数

直到现在，用到的 main 函数都是不带参数的，因此 main 函数的第 1 行是 main(void)。

其实 main 函数也可以有参数。有参数的 main 函数的原型为

```
int main (int argc,char *argv[]);
```

也就是说，带参数 main 函数的第一个形参 argc 是一个整型变量，第二个形参 argv 是一个指针数组，其每个元素都指向字符型数据（即是一个字符串）。

这两个参数的值从哪里传递而来呢？main 函数是主函数，它不能被程序中其他函数调用，因此显然不可能从其他函数向它传递所需的参数值，只能从程序以外传递而来。也就是在启动一个程序时，从程序的命令行中给出的。例如有个程序，程序名为 cfile.exe. 通常只要在操作系统的命令状态下，输入命令“cfile”，就可以开始执行这个程序。

不过，C 语言还允许在这个命令行中输入要程序处理的其他字符串。例如，要让 cfile 程序处理一个字符串“hardware”，可以输入命令行：“cfile hardvare”。如果要让 cfile 程序处理两个字符串，如“hardware”和“software”，则可以输入命令行：“cfile hardvare software”。

那么，输入这些字符串后，C 程序如何接收呢？

实际上，这些字符串就是由 main 的两个参数接收的。如图 7.14 所示，当输入上述命令时，操作系统将把“cfile”、“hardware”和“software”保存在内存中，并把它们的地址依次存放在数组 argv 中，同时把字符串的个数，即数组 argv 的大小存放在变量 argc 中。

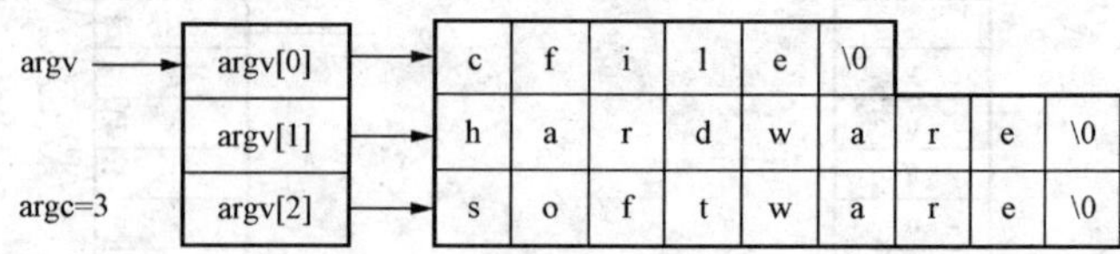

图 7.14　main 函数两个参数的意义

代码 7.15

```
/*** 从字符串中删除字符  ***/
#include <stdio.h>
int main (int argc, char * argv[]){
   while (argc>1){
       ++argv;
       printf ("%s\n",*argv);
       --argc;
   }
   return 0;
}
```

如果从键盘输入的命令行为

```
cfile hardware software↵
```

则输出为

```
hardware
software
```

因为 argc 初值为 3，每次循环减 1，故其循环两次。第一次时，先使 argv 指向 argv［1］，然

后输出 argv［1］指向的字符串“hardware”，第二次开始时，又使 argv 指向 argv［2］，然后输出“software”。

用带参的 main 函数可以直接从命令行得到参数值(这些值是字符串)，在程序运行时可以根据输入命令行中的不同情况进行相应的处理。例如，在使用数据文件时，可以根据不同的需要输入不同的命令行，以打开不同的文件(有关文件的概念和使用将在第 8 章介绍)。

利用 main 函数中的参数可以使程序从系统得到所需的数据，增加了一条系统向程序传递数据的渠道，增加了处理问题的灵活度。

其实 main 的形参名并不一定非用 argc 和 argv 不可，只是习惯上一般用这两个名字。如果改用别的名字，其数据类型不能改变，即第一个形参为 int 型，第二个形参为指针数组。

顺便说明一个问题：在本例中用到 argv++的运算，是使 argv 的值自加，而 argv 是数组名。以前说过数组名代表一个常量，它是数组起始地址，它是不能进行自加运算的，是不能改变其本身的值的。例如，下面程序是不能通过编译的：

```
int main (void){
   int a[5];
   int i;
   for (i=0;i<5;i++,a++)
      printf ("%d",*a);
   return 0;
}
```

错误在于 a 不能进行自加运算，a++不合法。这是由于 a 代表数组起始地址，是一个常量。如果将 a 设为形参数组，情况就不同了：

```
void fun(int a[],int n){
   int i;
   for (i=0;i<n;i++,a++)
      printf ("%d",*a);
}

int main(void){
   static int arr[5]={1,3,5,7,9};
   fun (arr,5);
   return 0;
}
```

此时，a 是形参，在编译时并未分配其固定的内存单元，只是在调用函数 fun 时才将 arr 的起始地址传给 a。实际上 a 是一个指针变量，fun 函数的头部相当于 void fun (int * a,int n)。即 a 是指针变量，a++是合法的。所以代码 7.15 中的++argv 是合法的。它的作用是使 argv 指针下移一个元素。

习　题　7.3

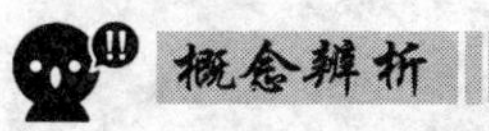

1．若数组名作实参而指针变量作形参，函数调用实参传给形参的是（　　）。

A．数组的长度　　　　B．数组第一个元素的值

C．数组所有元素的值 D．数组第一个元素的地址

2．判断题。

（1）数组名（后面不带方括号）作参数，传递的是数组第一个元素的地址。 （ ）

（2）数组名就是被初始过的指针变量。 （ ）

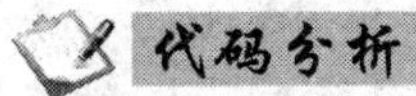

1. 阅读程序，选择输出结果。

（1）

```
#include <stdio.h>
#include <string.h>
int main(void){
    char *p1 = "abc", *p2 = "ABC", str[10] = "xyz";
    strcpy(str+ 2,p1);
    strcat(str,p2);
    puts(str);
    return 0;
}
```

该程序的输出结果为（ ）。

A．xyzabcABC B．xabcABC C．yzabcABC D．xyabcABC

（2）

```
#include <stdio.h>
void fun(int *a, int b[]){
    b[0] = *a + 6;
}
int main(void){
    int a,  b[5];
    a = 0;
    b[0] = 3;
    fun(&a, b);
    printf("%d",b[0]);
    return 0;
}
```

该程序的输出结果为（ ）。

A．9 B．8 C．7 D．6

（3）

```
#include <stdio.h>
void fun(int *a, int *b){
    int *k;
    k = a;
    a = b;
    b = k;
}
int main(void){
    int a = 3, b = 6, * x = &a, * y = &b;
    fun(x, y);
```

```
    printf("%d  %d", a,b);
    return 0;
}
```

该程序的输出结果为（　　）。

A．6　3　　B．3　6　　C．编译出错　　D．0　0

2. 阅读程序，写出输出结果。

```
int sum(int a){
    auto int c=0;
    static int b=3;
    c+=1;
    b+=2;
    return(a+b+c);
}
void main(void){
    int i;
    int a=2;
    for(i = 0; i < 5;i ++)
        printf("%d,", sum(a));
}
```

3. 阅读程序，找出错误。

（1）

```
void test1(void){
    char string[10];
    char* str1="0123456789";
    strcpy(string, str1);
}
```

（2）

```
DSN get_SRM_no(void){
    static int SRM_no;
    int i;
    for(i =0; i <MAX_SRM;i ++){
        SRM_no %= MAX_SRM;
        if(MY_SRM.state==IDLE)
            break;
    }
    if(i>=MAX_SRM)
        return (NULL_SRM);
    else
        return SRM_no;
}
```

开发练习

设计下面各题的C程序，并设计相应的测试用例。

1．设计一个函数，判断一个字符串是否回文，即顺读和倒读的结果都一样。若是，返回1；若否，返回0。

2. 已知两个升序序列，将它们合并成一个升序序列并输出。

3. 有 N 个人围成一个圈子，从第1个人开始报数，报到 M 时，令报 M 的人离开，接着从下一个开始，继续报数，再令报到 M 的离开。如此继续，直到最后只剩下一个人。用C程序计算最后剩下的人最初排在第几位。

4. 设计一个函数，可以删除一个字符串中所有指定字符。

5. 编写一个函数，要求输入年月日时分秒，输出该年月日时分秒的下一秒。如输入2008年12月31日23时59分59秒，则输出2009年1月1日0时0分0秒。

7.4 链　　表

7.4.1 链表及其特点

1. 链表的概念

链表（link）与数组是两种不同的数据存储结构。数组中的元素是按照顺序存放在一个连续的空间内。而链表中的数据成员（一般称之为节点），不一定被存放在一个连续的存储空间内。图7.15是一个链表示意图，图中共有4个节点（元素）。这些元素的地址分别是1244960、1245024、1244992、1245056。这些数据所以能构成一个整体，是每个节点中都有一个指针指向下一个节点，第一个元素是由称为头（head）的指针指向的，最后一个节点的指针指向空（NULL）。

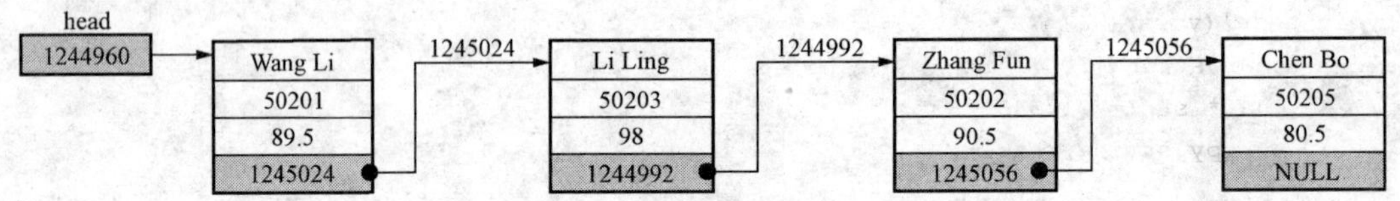

图7.15 一个简单的链表结构

这样，从头指针开始，一个一个地按照指向下个节点的指针，就能一个不漏地找到最后一个节点。就像一个环一个环串起来的铁链一样。

2. 链表的存储特点

与数组相比，链表有如下特点：

（1）组成数组的元素是顺序存放的，它们占有一片连续的存储空间。而链表元素——节点，不一定要存放在一片连续的存储空间中，两个相邻的节点在内存中不一定相邻。如图7.15中，有4个节点，每个节点占32个字节；节点1的存储位置从1 244 960开始，节点2从1 245 024开始，它们并不相邻。

（2）在链表中，前一个节点靠指针“指向”下一个节点，只有通过前一个节点才能找到下一个节点，要找一个节点，必须从头指针开始，一个节点一个节点地顺着指针去找。而数组不同，对数组元素的访问是随机的，只要指定了下标，就可以找到所需要的元素，每次可以任意指定下标，不必顺序访问。

（3）如图7.16所示，要在链表中删除一个节点，只要修改指针（如第1个节点的指针由1 245 024修改为1 244 992）就可以，不需要移动其他元素。而在数组中要删除一个元素，就需要移动一些元素，如图7.17所示。

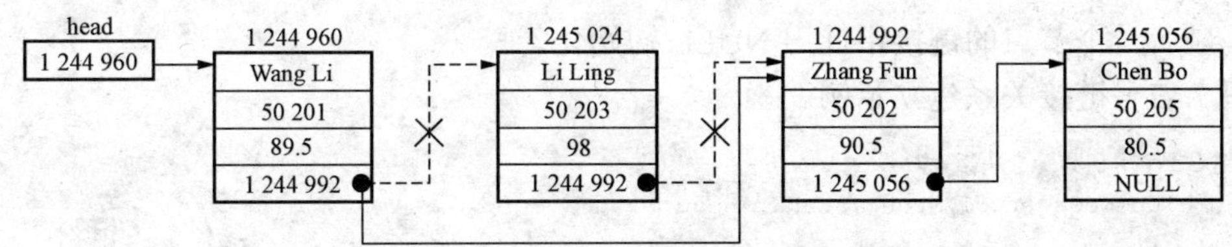

图 7.16　在链表中删除一个节点

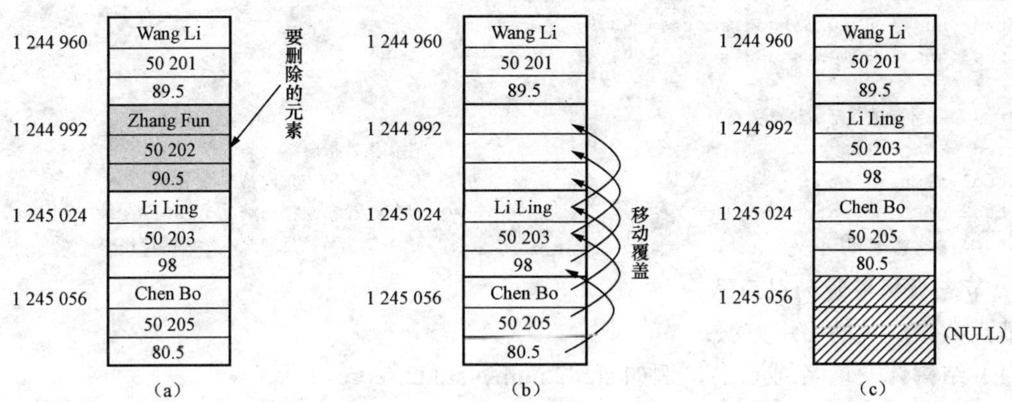

图 7.17　在数组中删除一个元素

（a）删除一个元素前；（b）删除一个元素要顺序移动部分元素；（c）数据移动结束后

关于在链表插入一个节点和在数组中插入一个元素的情况与之类似。请读者自己分析。

7.4.2　链表的构建

1. 用结构体作链表节点

链表有同质链表和异质链表。同质链表是每个节点类型相同的链表，异质节点是各节点的类型不一定相同的链表。这里讨论同质链表。同质链表是应用广泛的链表。

作为链表节点的结构体与普通结构体不同之处在于，它至少需要有一个指向下一节点（也可以是上一节点）的指针。由于是同质链表，所以这个指针就是指向节点类型结构体的指针。

代码 7.16　图 7.15 中的节点定义。

```
struct StudNode{
char                name[16];
long                num;
float               score;
struct StudNode *   next;                                 /* 指向同样结构体的指针 */
};
```

指向结构体指针的特点：

（1）初始化后，值是结构体的起始地址，因为结构体元素在内存中占有一片连续的存储空间。

（2）基类型是所指向的结构体类型。

2. 链接连接关系的建立

链表连接关系的建立，需要进行如下工作：

（1）生成一组节点和一个头指针。

（2）初始化各节点中的数据成员，链接指针要按照链接关系初始化。

（3）最后一个节点的链接指针用 NULL 初始化。

代码 7.17 链接关系建立示例。

```
/* 定义 3 个节点和一个头指针 */
struct StudNode stud1,stud2,stud3,*head;

/* 为 3 个节点中的数据部分赋值 */
stud1.num = 89101;stud1.score = 89.5;
stud2.num = 89102;stud2.score = 90.5;
stud3.num = 89103;stud3.score = 94.5;

/* 为各指针赋值，形成链接关系 */
head = &stud1;                              /* 使头指针指向第一个节点        */
stud1.next = &stud2;                        /* 使第 1 个节点指向第 2 个节点   */
stud2.next = & stud3;                       /* 使第 2 个节点指向第 3 个节点   */
stud3.next = NULL;                          /* 使第 3 个节点指向空，形成链位尾*/
```

3. 节点数据成员的引用

节点数据成员的引用方法：

（1）结构体变量名.成员名，例如 stud2.num、stud2.score。

（2）结构体指针->成员名，例如 stud1.next->num、stud1.next->score。

箭头运算符“->”用于引用所指向的结构体成员。例如 (stud1.next)->num 用于引用 stud1.next 所指向的结构体 stud2 中的成员 num，与 stud2.num 等价。

7.4.3 链表操作

1. 链表输出

链表输出，就是从头节点出发，将链表中各节点的数据全部输出。

代码 7.18 链表输出函数示例。

```
void outLinkStud(struct StudNode *head) {      /* 传输头指针                    */
   struct StudNode*p = head;
   if(p) {                                     /* 链表非空                      */
      printf("链表内容如下：\n");
      do{
         printf("%s,%ld,%f\n",p -> name,p -> num,p -> score);
         p = p -> next;
      }while(p);
   }
   printf("链表空。\n");
}
```

2. 插入节点

插入节点的关键：

- 生成一个待插入节点（结构体变量）。
- 确定要插入的位置。
- 修改节点指针，将要插入节点链接到插入位置。

下面分几种情形考虑：

（1）表空，则将头指针指向待插入节点，并把插入节点的 next 指针置为 NULL。

（2）表不空，确定了插入位置在某节点之后以后，进行如下操作：

- 将该节点的 next 指针值赋给待插入节点的 next 指针。
- 修改该节点的 next 指针值，使其指向待插入节点。

代码 7.19　链表插入函数，即将一个节点数据插入到位置 *m*。

```
#include <stdlib.h>
#include <stdio.h>
void inputNodeDate(struct StudNode *ps)
        {
   scanf("%s",&ps -> name);
   scanf("%ld",&ps -> num);
   scanf("%f",&ps -> score);
}
struct StudNode *insertNode(struct StudNode *head,int m){
   struct StudNode     *p = head,*p1;           /* 定义临时指针             */
   int                 j = 0,num;
   float               score;

   if(m) {                                      /* m≠0,不是插入头节点      */
      while(p && j < m-1) {                     /* 移动指针 p 到插入位置    */
         p = p -> next;                         /* 向下移动一个节点        */
         j ++;                                  /* 计数器加 1              */
      }
   }

   if(p == NULL || j > m-1 && m) {
      printf("插入位置错误!\n");
      return head;
   }

   p1 = (struct StudNode *)malloc(sizeof(struct StudNode));
                                                /* 为新节点开辟存储空间    */
   inputNodeDat(p1);                            /* 为新节点成员输入数据    */

   /* 为新节点建立链接                                                    */
   if(p) {                                      /* 对非第 1 个节点         */
      p1 -> next = p -> next;
      p -> next = p1;
   }  else{                                     /* 对第 1 个节点           */
      head = p1;
      p1 -> next = p;
   }

   return head;                                 /* 返回头指针              */
}
```

说明：前面介绍的数据变量称为局部变量。局部变量的生存期是从一个其声明（定义）到所在的语句块结束。这种存储分配决定于程序结构，而完全是按照需要分配的。

为了提高存储空间的利用率。C 语言提供了动态存储分配机制：程序员可以在需要时为一个数据对象开辟一个存储空间，使用完可以立即撤销它，而不必等到语句块结束。

动态开辟一个存储空间使用 malloc( )函数。其格式为

```
p=(类型*)malloc(m);
```

这里，*m* 是空间的大小；p 是一个指向特定类型的指针。在本例中，p 是指向 struct StudNode 类型的指针，表明新元素将被存储在这个空间中。

动态存储空间用函数 free(p)撤销。

使用这两个函数，都需要在程序中包含头文件 stdlib.h。

3. 删除节点

链表节点删除，需要考虑如下问题：

（1）链表空，无法删除。

（2）链表不空，要按照关键字（如学号或姓名等）找要删除节点。找到，就将要删除节点的上一个节点的 next 指针指向要删除节点的下一节点，即用要删除节点的 next 指针值对其上一节点的 next 指针赋值。

（3）找不到要删除节点，则删除失败。

代码 7.20 链表删除函数。即在链表中删除指定学号的学生节点。要求主调函数传递链表头指针和要删除的学号。删除成功，函数返回链表头指针。

```
#include <stdlib.h>
struct StudNode *delNode(struct StudNode *head,long StuNum){
    struct StudNode *p1,*p2,*next;                      /* 定义临时指针           */

                                                        /* 考虑是空链表的情形      */
    if(head == NULL) {
       printf("\nNo Linked Table");
       return (head);
    }

                                                        /* 考虑是非空链表的情形    */
    p1=head;                                            /* 从链表头开始找         */
    while(StuNum != p1 -> num && next != NULL) {        /* 没有找到并不到表尾      */
       p2 = p1;                                         /* 临时保留 p1 中的地址    */
       p1 = p1 -> next;                                 /* p1 指向下一节点        */
    }

    if(StuNum = p1 -> num){                             /* 若是找到而退出循环结构   */
       if(p1 == head)                                   /* 如果是第 1 个节点       */
        head = p1 -> next;                              /* 将头指针指向第 2 个节点  */
      else                                              /* 若是当前节点           */
        p2 -> next = p1 -> next;                        /* 将前一节点指向下一节点   */
       free(p1);                                        /* 撤销所分配的存储空间     */
       printf("delete the node");                       /* 输出已删除信息          */
    } else                                              /* 不是因找到而退出循环     */
       printf("\nNot found the Node");                  /* 显示找不到信息          */

    return head;                                        /* 函数返回               */
}
```

4. 动态存储分配

动态存储分配的特点是，可以由程序员控制，在需要时分配，在不需要时释放，还可以根据需要改变所分配存储空间的大小。这些功能都要通过 stdlib.h 库中的 4 个函数实现。这些函数的原型和功能见表 7.3。

表 7.3 内存动态分配使用的函数

函 数 原 型	返 回	功 能 说 明
void *malloc(unsigned int size);	成功：返回所开辟空间首地址 失败：返回空指针	向系统申请 size 字节的堆存储空间
void *calloc(unsigned int num, unsigned int size);	成功：返回所开辟空间首地址 失败：返回空指针	按类型申请 num 个 size 大小的堆空间
void free(void *p);	无返回值	释放 p 指向的堆空间
void *realloc(void *p,unsigned int size);	成功：返回新开辟空间首地址 失败：返回空指针	将 p 指向堆空间变为 size 大小

习 题 7.4

1. 选择题。

（1）有图 7.18 所示的链表结构，则下列选项中，不能将 s 所指向的节点插入到链表末尾的语句组是（ ）。

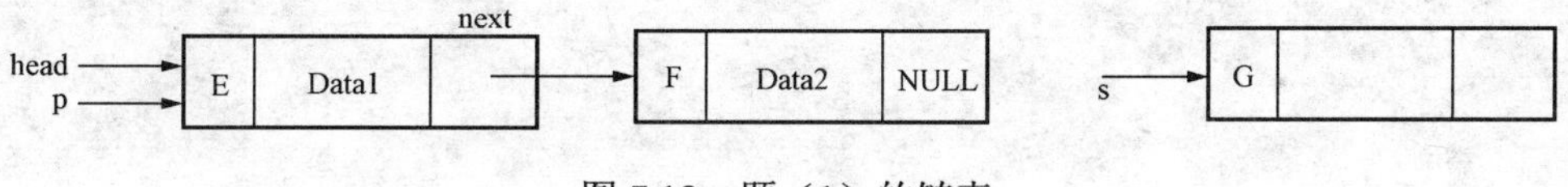

图 7.18 题（1）的链表

A. s -> next=NULL;p=p -> next;p -> next=s;

B. p=p -> next;s -> next=p -> next; p -> next=s;

C. p=p -> next;s -> next=p; p -> next=s;

D. p=(*p).next;(*s).next=(*p).next;(*p).next=s;

（2）有如下结构体定义和所构建成的图 7.19 所示的链表。

```
struct node   {
    int          data;
    struct node  *next;
}*p,*q,*r;
```

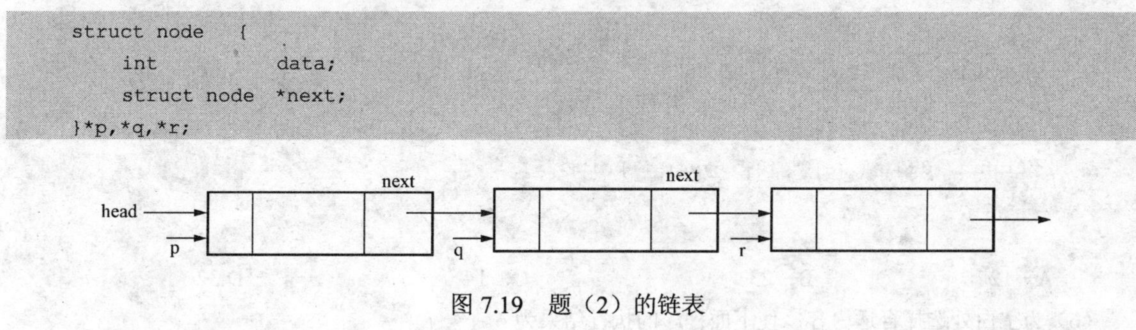

图 7.19 题（2）的链表

若要保持链表连续的前提下，交换 q 和 r 两个指针所指向的节点，则在下列选项中，不能实现该功能的语句组是（ ）。

A. r ->next=q;q -> next=r -> next;p -> next=r;

B. q ->next=r -> next;p ->next=r;r ->next=q;

C. p -> next=r;q -> next=r ->next; r -> next=q;

D. q -> next=r -> next;r -> next=q;p -> next=r;

（3）有图 7.20 所示的链表结构，则下列选项中，可以将 q 所指节点从链表中删除并释放存储空间的语句组是（　　）。

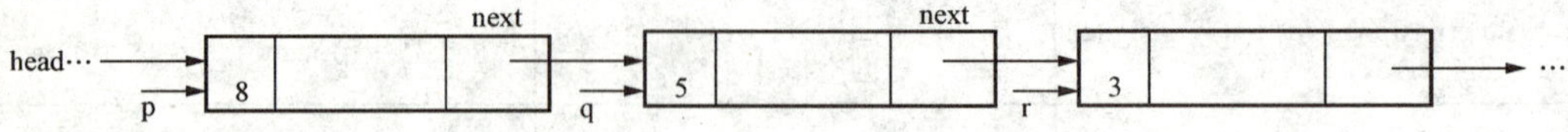

图 7.20　选择题（3）的链表

A. free(q);p->next=p->next;

B. (*p).next=(*q).next;free(q);

C. q=(*q).next;(*p).next=q;free(q);

D. q=q->next;p->next=q;p=p->next;free(*q).;

（4）下面程序的执行结果（　　）。

```
#include <stdio.h>
struct st {
    int x;  int y; }*p;
    int dt[4] = {10,20,30,40};
    struct st aa[4] = {50,&dt[0], 60,&dt[0], 60,&dt[0], 60,&dt[0] }
},
int main(void){
    p = aa;
    printf("%d\n",++ (p -> x));
    return 0;
}
```

A. 10　　B. 11　　C. 51　　D.60

（5）下面程序的执行结果（　　）。

```
#include <stdio.h>
struct NODE{
    int x,y;
    struct NODE *p;
}a[2];

int main(void){
    a[0].x =1;a[0].y = 2;
    a[1].x = 3;a[1].y = 4;
    a[0].p = &a[1];a[1].p= a;
    printf("%d%d\n",(a[0].p) -> x,(a[1].p -> y));
    return 0;
}
```

A. 12　　B. 23　　C. 14　　D.32

（6）为空白处选择合适内容，使下面程序的执行结果为 6。

```
#include <stdio.h>
struct NODE {
```

```
    char m;
    struct NODE * next;
}b[2];
int main(void) {
    struct NODE a[2]={{5,&b[1]},{7,'\0'}},*p;
    p=&a[0];
    printf("%d\n",________) ;
   return 0;
}
```

A. P++–>m　　B. p–>m++;　　C. (*p).m++　　D. ++p–>m

2. 填空题。

（1）在空白处填写合适内容，使下面的函数可以用来建立一个带有头节点的单向链表，并且新产生的节点总是插在链表的末尾，函数返回链表的头指针。

```
#include <stdio.h>
#include <stdlib.h>
struct list {
    char data;
    struct list *next;
};
struct list *creat(void) {
    struct list *h,*p,*q;
    char ch;
    h = malloc(sizeof(struct list));
    p=q=h;
    ch=getchar();
    while(ch!='?') {
        p = malloc(sizeof(struct list));
        p -> data = ch;
        q -> next = p;
        ch = getchar();
    }
    p->next='\0';
   ______________;
}
```

（2）有图 7.21 所示的链表结构，这种链表称为单向循环链表。

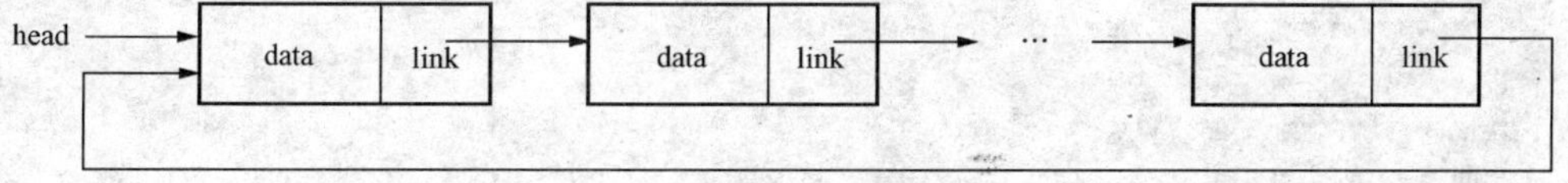

图 7.21　填空题（2）的链表

在下面的函数 min3()的空白处填写合适内容，使其可以计算每 3 个相邻节点之和，并返回其中的最小值。

```
struct list {
    char data;
    struct node *list;
};
int min3(struct node *first) {
```

```
    struct node *p=first;
    int m,min;
    min=p->data+p->link->data+ p->link->link->data;
    for(p=p->link;p!=first; ______) {
        m= p->data+p->link->data+ p->link->link->data;
        if(_______)min=m;
    }
    return min;
}
```

（3）在下面的函数 link_len( )的空白处填写合适内容，使其可以计算出线性链表的长度。

```
#define NULL 0
struct link {
    int data;
    struct link *next;
};
link_len(struct link *p) {
    int n=0;
    while(p!=NULL) {
        ____________;
        ____________;
    }
    return n;
}
```

（4）下面程序的执行结果为（　　）。

```
#include <stdio.h>
#include <stdlib.h>
struct NODE    {
    int num;
    struct NODE *next;
};
int main(void) {
    struct NODE *p,*q,*r;
    int sum = 0,siz;
    siz = sizeof(struct NODE);
    p = ( struct NODE *)malloc(sizeof(siz));
    q = ( struct NODE *)malloc(sizeof(siz));
    r = ( struct NODE *)malloc(sizeof(siz));
    p -> num = 1; q -> num = 2; r -> num = 3;
    p->next=q; q->next=r; r->next=0;
    sum += q -> next -> num; sum += p -> num;
    printf("%d\n",sum);
    return 0;
}
```

开发练习

设计下面各题的C程序，并设计相应的测试用例。

1. 居民数据包括姓名（name）、出生时间（birthday）、性别（sex）、身份证号（num）、民族（nation）、文化程度（education）、住址（address）、电话号码（telNum）、电子邮件地址（email）。

请设计一个使用链表处理居民数据的程序。该程序子功能要分别用函数实现。这些功能包括：

- 链表的生成：可以逐个地将居民随机地加入到链表中（假定最初只有5人）。
- 对生成的链表节点按照身份证号码升序排序。
- 按身份证号码插入一个新的居民信息到合适的位置。
- 删除一个居民信息。
- 输出链表中的全部数据。

2．学校人员有三种：管理者、教师和学生。请用链表进行三种人员的统一管理。管理内容包括：

- 号码。
- 姓名。
- 出生年月。
- 性别。
- 身份（管理者、教师、学生）。
- 级别。

　　管理者：校长、处长、科长、科员。

　　教师：教授、副教授、讲师、助教。

　　学生：4个年级。

程序要实现如下功能，并用函数实现：

- 创建链表。
- 对所有人员按照号码排序。
- 插入一个新人员。
- 删除一个人员。
- 查询一个人员的所有信息。

第3篇　深入学习C语言

前面两篇介绍了C语言中的一些最基本的特性，利用这些基本特性，介绍了程序设计的基本方法。但是，C语言作为一种编程语言的事实标准，能经久不衰，其编程特性还有许多精彩之处。本篇将补充一些常用的精彩特性。学习了这些特性，读者在编写程序时，能把自己的聪明才智发挥得淋漓尽致。

第8单元　程序实体的生存期与其名字的作用域

在高级语言程序中，要使用一些程序实体，例如变量（包括简单变量、数组、字符串和结构体变量等）和函数等，这些实体都要用合法的标识符命名。由于存在实体和名字两个方面，从而引出了如下的另外两个相互联系但又有所不同的问题：

（1）一个程序的实体在程序的执行过程中何时被创建？何时被撤销？这就是该程序实体的生命周期问题。

（2）使用一个名字能否访问到所需要的程序实体？例如，在一个函数中使用另外一个函数中定义的变量时，就会出现错误。这个问题称为名字的可用域（作用域）问题。

这就如同要访问一个人一样。要访问一个人，首先要这个人活着，即他是生存的。其次，这个人在访问者的访问范围之内。第三，访问者的访问权限或被访问者的被访问权限有没有受到某种限制。

8.1　基 本 概 念

8.1.1　实体的存储分配与生存期

1. 程序实体的生存期由存储分配方式决定

实体的生存期，就是在程序执行过程中实体从创建（定义）到被撤销的一段时间。显然，这个概念与程序实体的创建和撤销有关，或者说与存储空间的分配方式有关。一般说来，程序实体的存储空间分配有静态分配、动态分配和自动分配3种方式。于是，程序实体也就有了相应的3种生命期。

（1）程序实体的静态存储分配。程序实体的静态存储分配指程序实体在编译时就被分配了存储空间。因此，只要程序一运行，这个程序实体就被创建，到程序运行结束才被撤销。相应的生存期被称为静态生存期或永久生存期。这种分配的缺点是在程序运行过程中，这些程序实体一直占用着存储空间。

（2）程序实体的动态存储分配。程序实体的动态存储分配指程序实体在运行过程中被分配存储空间，并且在程序运行过程中可以被收回。这种分配的权力在程序员手中，即程序员可以根据需要为一个变量分配一定大小的存储空间，也可以在不使用这些程序实体时及时地收回它们所占用的存储空间。

（3）程序实体的自动存储分配。程序实体的自动存储分配是指编译器可以在程序运行过程中按照一定规则自动地为一些程序实体分配存储空间，并按照一定的规则收回这些存储空间，而相应的生存期称为局部生存期。

2. 存储分配方式与存储位置有关

图8.1为计算机内存存储空间分配示意图。它表明计算机的内存存储空间被分为3大区：程序区、静态数据存储区和堆栈数据存储区。堆栈数据存储区从两头向中间分配，一端称为栈区，是在程序运行中由系统自动分配的存储区；另一种称为堆区，是程序员进行存储分配和回收的动态存储区。堆区和栈区之间尚未被分配的区间是公用区。

不同的存储区，存储分配、空间回收和初始化的策略不同。静态分配的变量，是在编译时即被分配存储空间并初始化的，其生命期从程序被运行开始到程序结束，故称为永久生存期。若没有显式的初始化表达式，则将被自动初始化为默认初始值，如数值变量均初始化为 0，字符变量被初始化为空白。自动分配的变量是在使用时才被分配存储空间的。其生存期从定义语句到所在的（以花括号为界）块执行结束为止，若没有被显式初始化或赋值，其值将不确定。堆区用于动态分配，所存储动态分配的变量的生存期从变量被动态创建到被撤销之间的一段时间。

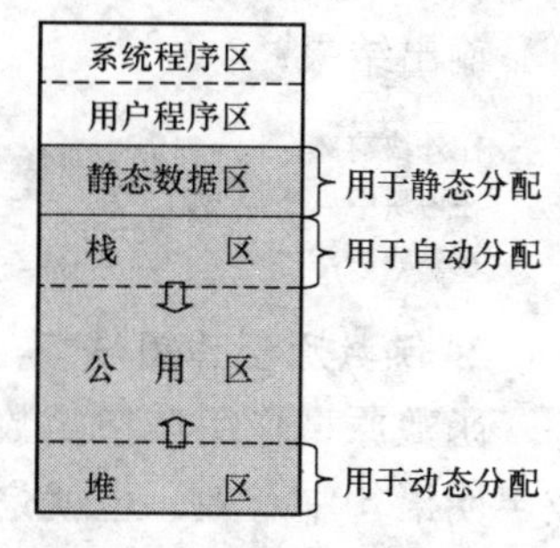

图 8.1　计算机内存存储空间分配示意图

注意：在一个程序中，任何一个变量的定义语句只能被执行一次。

8.1.2　标识符的作用域

一个标识符的作用域是指该标识符可见并可以使用的区域的代码区域。所以，作用域是一个与代码区间有关的概念。显然，一个程序实体处于生命期中是其标识符可用的先决条件。但是，并非在生命期中的标识符就一定是可以访问的。因为是否可以访问，还受作用域的限制。按照代码区间，C 语言标识符的作用域主要有如下 3 种。

- 块作用域。
- 函数原型作用域。
- 文件作用域。

1. 块作用域

块是程序中用花括号括起来的代码，复合语句、函数体都是块语句。在一个块内部定义的标识符具有块作用域。更确切地说，块作用域是在一个块中，从定义语句开始到块结束中间的一段代码区间。块作用域有 3 点需要注意。

（1）函数形参和在函数中定义的标识符具有块作用域。其生存期内是局部的，即这些标识符所指称的类型只有在函数被调用时才在栈中为其分配存储空间；函数返回时，所分配的存储空间即被回收。

（2）同一作用域内不允许有重名的标识符。

（3）不同的作用域内可以有相同的标识符。对于两个并列的作用域来说，即使有同名标识符，它们也是各自独立、互不影响。对于两个嵌套的块来说，在内部块的标识符可以屏蔽外部块的同名标识符，使其不可见，要使其可见，只有使用作用域操作符::。

代码 8.1

```
#include <stdio.h>
int main(void){
    int i = 1, j = 2;                          /* 外部块内定义的 i   */
    printf("在外块前部: i = %d, j = %d\n", i, j);
    {/*内部块开始*/
        int i = 3;                             /* 内部块定义的 i     */
        printf("在内块中: i = %d, j = %d\n", i, j);
    }/*内部块结束*/
    printf("在外块后部: i = %d, j = %d\n", i, j);
    return 0;
}
```

输出结果：

```
在外块前部：i = 1, j = 2
在内块中：i = 3, j = 2
在外块后部：i = 1, j = 2
```

2. 函数原型作用域

函数原型作用域指函数在原型声明中，形式参数所具有的作用域。这个作用域仅在该函数声明语句中有效。也就是说，函数声明中使用的参数名与函数定义中使用的参数名可以不相同，甚至在函数原型声明中可以不要参数名，只要参数类型。

3. 文件作用域

在块作用域外部定义的标识符具有文件作用域，即这种标识符在一个文件中从定义处到文件结束都有效，并且根据需要，文件作用域内定义的标识符还可以向前或向其他文件域扩充。所以通常称这种作用域为全局作用域。例如，函数都是定义在其他块作用域外部的，从而可以在从其定义处到文件结束的代码区间使用。并且，当要使用在定义前时，可以用原型声明将作用域扩展到定义前面。还可以扩展到其他文件，例如使用文件包含，可以把其他文件中定义的函数引入到当前文件中使用。

在下一节中还会看到在一个文件中使用别的文件中定义函数的其他方法。

习　题　8.1

概念辨析

选择题

(1) 静态变量（　　）。

A. 的生命期一定是永久的　　B. 一定是全局变量

C. 只能被初始化一次　　D. 是在编译时被赋初值的，只能被赋值一次

(2)（　　）是函数作用域变量。

A. 函数中的参数　　B. 函数体中定义的变量

C. 函数调用表达式中的变量　　D. 函数原型声明中的形式参数

(3) 自动变量的存储空间分配在（　　）。

A. 堆区　　B. 栈区　　C. 自由区　　D. 静态区

(4) 一个程序实体的生存期是由该实体（　　）决定的。

A. 在程序代码中的位置　　B. 的存储分配方式

C. 所在的函数名　　D. 所在的文件名

(5)（　　）是在编译时被分配存储空间的。

A. 自动变量　　B. 静态变量　　C. 动态变量　　D. 局部变量

(6) 变量的定义可以（　　）。

A. 放在所有函数之外　　B. 不放在本编译单位中

C. 放在某个函数头中　　D. 放在某个复合语句开头

8.2 C 语言中程序实体的存储类型

根据程序中实际应用的需要，C 语言将可用域和生存期整合成为局部和全局两种基本类型，并在此基础上进行扩展和限制。

8.2.1 局部变量

1. 自动变量声明的基本格式

自动变量具有局部作用域和局部生存期，是一种局部变量。自动变量的基本声明格式为

```
[auto] 数据类型变量名 [= 初始化表达式],…;
```

auto 是自动变量的存储类别标识符，它的作用是告诉编译器将变量分配在自动存储区。方括号中的内容是可以省略的，即定义在块内并且省略了 auto 的变量定义，系统默认此变量为 auto。前面使用的变量基本上都是自动变量。

register 的作用是用来声明寄存器存储自动变量。这类变量具有局部变量的所有特点。当把一个变量指定为寄存器存储类别时，系统就将它存放在 CPU 中的一个寄存器中。通常把使用频率较高的变量（如循环次数较多的循环变量）定义为 register 类别。

说明：由于各种计算机系统中的寄存器数目不等，寄存器的长度也不同，因此 C 标准对寄存器存储类别只作为建议提出，不作硬性统一规定。在程序中如遇到指定为 register 类别的变量，系统会尽可能地实现它，但如果因条件限制，例如只有 8 个寄存器，而程序中定义了 20 个寄存器变量时，系统会自动将它们（即未能实现的那部分）处理成自动（auto）变量。

2. 用 static 将局部变量的生存期延长为永久

自动变量在使用中有时不能满足一些特殊的要求，特别是在函数中定义的自动变量，会随着函数的返回被自动撤销。但是有一些问题需要函数保存中间计算结果。解决的办法是将要求保存中间值的变量声明为静态的，这样，这些变量的生存期就成为永久的了。

代码 8.2　一个计算阶乘的程序。

```
#include <stdio.h>
int main(void) {
    int i;
    for(i = 1; i <= 3; i ++) {
        static long int fact = 1;  /* fact 只在第一次的循环体中被初始化一次，并在各轮循环中共用 */
        fact *= i;
        printf("%d! = %d\n",i, fact);
    }
    return 0;
}
```

执行结果如下。

```
1! = 1
2! = 2
3! = 6
```

这个程序还可以写成函数调用形式。

代码 8.3　用函数计算阶乘的程序。

```
#include <stdio.h>
void getFact(int n){
    int i;
    for(i = 1; i <= n; i ++){
        static long int fact = 1;    /* fact只在函数第一次调用时初始化一次，并在各次调用中共用 */
        fact *= i;
        printf("%d! = %d\n",i, fact);
    }
}
int main(void){
    getFact(3);
    return 0;
}
```

执行结果同上。

可以看出，使用了 static 修饰自动变量，并没有改变该变量局部作用域的性质，只是将其生命期扩展为全局的。因为，static 将这个变量存放到了静态存储区，形成一种作用域局部，生存期永久、可以共享的特殊变量。

8.2.2　全局变量

全局类型的作用域是文件作用域，它被存储在静态存储区，生命期是永久的。

1. 全局变量的定义

全局变量定义在所有函数之外，所以也称外部变量，其定义的基本格式为

```
extern 类型关键字 变量名 = 初始化表达式;
```

注意：这里的初始化表达式是必须的。不过通常将关键字 extern 省略，并且在省略关键字 extern 的前提下，还可以将初始化部分省略。这时，变量将被初始化为默认值。

2. 使用 extern 将全局变量的作用域向前扩展——引用性声明的一种用途

全局类型定义在后时需要在引用之前进行引用性声明（referencing declaration）。这是对外部类型的一种规定，对局部类型没有这种规定。函数的原型声明就是一种引用性声明。对于变量，也有这样的要求。相对于引用性声明，把外部类型的定义称为定义性声明（defining declaration）。

定义与声明

严格地说，定义与声明是两个不相同的概念。声明的含义更广一些，定义的含义稍窄一些，定义是声明的一种形式，定义具有分配存储的功能，凡是定义都属于声明，称为定义性声明。另一种声明称为引用性声明，它仅仅是对编译系统提供一些信息。总之，声明并不都是定义，定义都是声明。

变量的引用性声明的格式为

```
extern 类型关键字 变量名;
```

注意：这里没有初始化部分。因此，为了与引用性声明区别，变量的定义性声明要么使用省略关键字 extern 的，可以没有初始化部分；要么使用有关键字 extern 的，必须有初始化部分。

代码 8.4　使用引用性声明将全局变量的作用域向前扩展。

```
#include <stdio.h>
void gx(void),  gy (void);
int main(void){
    extern int x,y;                    /* 引用性声明，将x和y的作用域扩充到主函数 */
```

```
    printf ("1:x=%d\t y=%d\n", x, y);
    y = 246;
    gx();
    gy();
    return 0;
}

void gx(void) {
    extern int x, y;                  /* 引用性声明，将 x 和 y 的作用域扩充到函数 gx()*/
    x = 135;
    printf ("2:x=%d\t y=%d\n", x, y);
}


int x, y;                             /* 定义性声明，定义 x,y 是外部变量             */

void gy(void) {
    printf ("3:x=%d\t y=%d\n", x, y);
}
```

运行结果：

```
1: x=0 y=0
2: x=135 y=246
3: x=135 y=246
```

第一次输出 x=0 和 y=0，是全局变量初始化的结果（不给初值便自动赋以 0）。在执行 gx()函数时，只对 x 赋值，没对 y 赋值，但在 main 函数中已对 y 赋值，而 x 和 y 都是全局变量，因此可以引用它们的当前值，故输出 x=135，y=246。同理，在函数 gy()中，x 和 y 的值也是 135 和 246。

定义性声明与引用性声明除了形式不同外，全局变量只能一次定义性声明，但可以有多次引用性声明。

3. 使用 extern 将全局变量的作用域扩大到其他文件——引用性声明的另一种用途

假设一个程序由两个以上的文件组成。当一个全局变量定义在文件 file1 中时，在另外的文件中使用 extern 声明，可以通知编译系统一个信息：“此变量到外部去找”，或者说在链接时告诉链接器：“到别的文件中找这个变量的定义”。

代码 8.5

```
/*** file 1.c ***/
#include <stdio.h>
int x, y;                             /* 定义全局变量 x,y                           */
char ch;                              /* 定义全局变量 ch                            */

int main(void){
    …
    x = 12;
    y = 24;
    f1 ();
```

```
    printf ("%c", ch);
    return 0;
}
```

```
/*** file 2.c ***/

extern int x,y;                          /* 引用性声明        */
extern char ch;                          /* 引用性声明        */

void f1(void) {
    printf ("%d, %d\n", x,y);            /* 引用全局变量      */
    …
    ch='a';                              /* 引用全局变量      */
    …
}
```

说明：(1) 在 file 2.c 文件中没有定义变量 *x*、*y*、*ch*，而是用 extern 声明 *x*、*y*、*ch* 是全局变量，因此在 file 1.c 中定义的变量在 file 2.c 中也可以引用。*x*、*y* 在 file 1.c 中被赋值，它们在 file 2.c 中也作为全局变量，因此 printf 语句输出 12 和 24。同样，在 file 2.c 中对 *ch* 赋值 'a'，在 file 1.c 中也能引用它的值。当然要注意操作的先后顺序，只有先赋值才能引用。

注意：在 file 2.c 文件中不能再定义“自己的全局变量”x、y、ch，否则就会犯“重复定义”的错误。

(2) 如果一个复杂的程序中包含有若干个文件，并且不同的文件中都要用到一些共用的变量，可以在一个文件中定义所有的全局变量，而在其他有关文件中用 extern 来声明这些变量即可。

(3) 在 C 程序中，函数都是全局的，也可以加上 extern 修饰，将其作用域扩展到其他文件。

4. 全局变量的副作用

前面已提到，如果没有全局变量，函数只能通过参数与外界（如其他函数）发生数据联系。全局变量作为公共信息的一种载体，增加了一条与外界传递数据的渠道。但也会产生一些副作用。

代码 8.6 一个试图输出由“*”组成的 5×5 方阵的程序。

```
#include <stdio.h>
int i;                                   /* 定义全局变量      */
int main(void) {
    void prt ();
    for (i=0; i<5; i++)                  /* 输出 5 行         */
        prt();
    return 0;
}

void prt(void) {                         /* 输出一行 5 个'*'  */
    for (i=0; i<5; i++)
        printf ("%c", '*');
```

```
    printf ("\n");
}
```

运行结果为

```
*****
```

而程序设计者的本意是要输出一个由“*”组成的 5×5 的方阵，但是上述程序却只输出了一行。原因是 prt( )执行一次后，*i* 已变为 5，返回 main( )后，便退出 for 结构。

这是一个极小的例子。随着程序规模的增大，使用的全局变量增多，全局变量所引起的副作用将会令人防不胜防，难以控制。各模块之间除了用参数传递信息之外，还增加了许多意想不到的渠道，造成模块之间联系太多，对外部的依赖太多，违背了 OCP 原则，降低了模块的独立性，给设计、调试、排错、维护都带来困难。此外，它无论是否使用，程序执行时都占用固定的空间。因此，在程序设计时应有限制地使用外部变量。

5. 用 static 将外部变量的作用域限制在一个文件内

在多文件程序中，若用 static 声明全局变量，则该全局变量的作用域被限制在所在的文件中；而不用 static 声明的外部变量的作用域为整个程序。例如，某个程序中要用到大量函数，其中有几个函数要共同使用几个全局变量时，可以将这几个函数组织在一个文件中，并将这几个全局变量定义为静态的，以保证它们不会与其他文件中的变量发生名字冲突，保证文件的独立性。

代码 8.7　产生一个随机数的函数。

本例采取以下表达式来产生一个随机数序列：

```
r2 = (r1 * 123 + 59) %  65 536
```

只要给出一个 r1，就能在 0～65 535 范围内产生一个随机整数 r2。

编写以下源文件：

```
static unsigned int r;

int random (void){
   r = (r * 123 + 59) % 65 536;
   return (r);
}

/*产生 r 的初值*/
unsigned randomstart (unsigned int seed) {return r=seed;}
```

说明：*r* 是一个静态全局变量，初值为 0。在需要产生随机数的函数中先调用一次 randomstart 函数以产生 *r* 的第一个值，然后再调用 random 函数。每调用一次 random，就得到一个随机数。

下面是测试主函数，也单独用一个文件存储：

```
#include <stdio.h>

int main(void) {
   int i, n;
   printf ("Please enter the seed:");
   scanf ("%d", &n);
```

```
    randomstart (n);
    for (i=1; i<10; i++)
        printf ("%u", random());
    return 0;
}
```

运行时能产生 9 个随机数。下面是两次运行记录：

```
Please enter the seed: 5↵
674  17425  46182  44349  15498  5769  54286  58101  3058

Please enter the seed: 3↵
428  52703  60000  40027  8180  23159  30568  24371  48572
```

这里，把产生随机数的两个函数和一个静态全局变量的声明组成一个文件，单独编译。这个静态变量 *r* 是不能被其他文件直接引用的，即使别的文件中有同名的变量 *r* 也互不影响。*r* 的值是通过 random 函数返回值带到主调函数中的。因此，在编写程序时，往往将用到某一个或几个静态全局变量的函数单独编成一个小文件。可以将这个文件放在函数库中，用户可以调用函数，但不能使用其中的静态外部变量（这个外部变量只供本文件中的函数使用）。

对于一个多文件程序来说，由于每个文件可能都是由不同的人单独编写的，这难免会出现不同文件中同名但含义不同的全局变量。这时，若采用静态全局变量，就可以避免引同名而造成的尴尬局面。所以，在程序设计时最好不用全局变量，非用不可时，也要尽量有限考虑使用静态全局变量。

函数也可以用 static 修饰为文件内部的。

习　题　8.2

选择题

（1）下面的 4 组存储说明关键字中，两个都是在使用时才为变量分配内存的是（　　）。

A．auto 和 static　　B．register 和 static

C．auto 和 register　　D．extern 和 register

（2）以下叙述中，正确的是（　　）

A．局部变量说明为 static 存储类，其生命期将被延长

B．全局变量说明为 static 存储类，其作用域将被扩大

C．任何变量在未初始化时，其值都是不确定的

D．形参可以使用的存储类说明符与局部变量完全相同

（3）以下叙述中，正确的是（　　）

A．全局变量的作用域一定比局部变量的作用域范围大

B．静态（static）类别变量的生存期贯穿于整个程序运行期间

C．函数的形参都属于全局变量

D．未在定义语句中赋初值的 auto 变量和 auto 变量的初值都是随机的

代码分析

1. 指出下面 3 个程序的输出结果，说明每个程序中各个 x 有何不同。

（1）

```
#include <stdio.h>
int x=5;
int main(void) {
   printf("\nx1=%d ",x);
   {int x=3; printf("\nx2=%d ",x); printf("\nx3=%d ",::x); }
    return 0;
}
```

（2）

```
 #include <stdio.h>
 int main(void)  {
    void sub(void);
    int i;
    static int x;
    int y;
    i=1;x=10;y=5;
    printf("******void main******\n");
    printf("i=%d x=%d y=%d\n",i,x,y);
    sub();
    printf("******void main******\n");
    printf("i=%d x=%d y=%d\n",i,x,y);
    return 0;
}

void sub(void){
    int i;
    static int x
    i=18;x=200;
    printf("******sun******\n");
    printf("i=%d x=%d\n",i,x);
}
```

2. 先分析下面程序的输出结果，然后上机调试；将运行结果与自己分析的结果进行比较，若不同，就分析自己错在何处，并总结通过这些程序说明了什么。

（1）

```
#include <stdio.h>
void prt(int a,int b,int c){
   printf("\na = %d\tb = %d\tc = %d\n",a,b,c);
}

int main(void) {
   int i = 0;
   prt(++ i, ++ i, ++ i);
   prt(i ++, i ++, i ++);
```

```
    return 0;
}
```

（2）

```
int x;
fun1(void);
fun2(void);
int main(void){
     printf("\n%d",x);
     fun1();
     fun1();
     fun2();
     fun1();
     fun2();
     return 0;
}

fun1(void){
     int y=5;
     y++;x++;
     printf("\nx=%d,y=%d",x,y);
}

fun2(void){
     x--;
     printf("\nx=%d",x);
}
```

（3）

```
#include <stdio.h>
void head1(void);
void head2(void);
int count;

int main(void){
    int index;
    head1();
    head2();
    for(index=3;index>=2;index--) {
        int stuff;
        for(stuff=0;stuff<=2;stuff++)
            printf("stuff=%d ",stuff);
        printf("index is now %d\n",index);
    }
    return 0;
}

void head1(void){
    int index;
    index=25;
    printf("The header1 value is %d\n",index);
```

```
}

void head2(void){
    int index;
    count=56;;
    printf("The header2 value is %d\n",count);
    count=88;
}
```

（4）

```
#include <stdio.h>
int main(void) {
    extern int x;
    printf("\nx1:%d",x);
        {
            int x=3;
            printf("\nx2=%d",x);
        }
    extern int x;
    printf("\nx3:%d",x);
    return 0;
}
int x=7;
```

（5）

```
#include <stdio.h>
void func(int a[]){
    static int j=0;
    do
        a[j]+=a[j+1];
    while(++j<2);
}
int main(void){
    int b,s[10]={1,2,3,4,5};
    for(b=1;b<3;b++)func(s);
    for(b=0;b<5;b++)printf("%d",s[b]);
    return 0;
}
```

（6）

```
#include <stdio.h>
int func(int a){
    static int x=3;
    x += a;
    return (x);
}
int main(void){
    int k=2,m=6,n;
    n=func(k);
    n=func(m);
    printf("%d",n);
```

```
    return 0;
}

/* Note:Your choice is C IDE */
#include "stdio.h"
int main(void){
    int compare(int p[],int q[]);
    int a[]={2,5,6,7,8};
    int b[]={2,6,7,3,9};
    int c=compare(a,b);
    printf("main-len=%d\n",sizeof(a)/sizeof(a[0]));
    if(c==1)  printf("a>b");
    if(c==0)  printf("a=b");
    if(c==-1) printf("a<b");
    return 0;
}
int compare(int p[],int q[]){
    int len=sizeof(p)/sizeof(p[0]);
    int bigger=0,smaller=0;
    int i;
    printf("len=%d\n",len);
    for(i=0;i<len;i++){
        printf("a[%d]=%d ",i,p[i]);
        printf("b[%d]=%d ",i,q[i]);
    }
    for(i=0;i<len;i++){
        if(p[i]>q[i])  bigger++;
        if(p[i]<q[i])  smaller++;
    }
    printf("bigger=%d,smaller=%d\n",bigger,smaller);
    if(bigger>smaller)  return 1;
    if(bigger<smaller)  return -1;
    return 0;
}
```

第9单元　C语言中常量的表示

数据可以用变量存放，也可以用常量形式表示。常量是程序不可修改的固定值，可以分字面常量和符号常量。字面常量就是直接书写出来的常数，通常不被单独存储，而是与代码一起存储。符号常量是将一个常量用一个符号表示。

9.1 字 面 常 量

字面常量也称直接变量，是可以从字面上直接识别的不变量。不同类型的字面常量的表示形式是不同的。

9.1.1 整型字面常量的表示和辨识

1. 书写字面整数常量使用的三种进制

在C语言中，整型常量可以使用十进制数、八进制数、十六进制数等格式书写。表9 .1为三种进制之间的关系。

表9.1　　十进制、八进制和十六进制整数的关系

进 制	记 数 符 号	前 缀
十进制	0,1,2,3,4,5,6,7,8,9	无
八进制	0,1,2,3,4,5,6,7	0
十六进制	0,1,2,3,4,5,6,7,8,9,a/A,b/B,c/C,d/D,e/E,f/F	0x

（1）合法的八进制和十六进制C整常数举例

0 177 777——八进制正整数，等于十进制数65 537。

－010 007——八进制负整数，等于十进制数－4103。

0XFFFF——十六进制正整数，等于十进制数65 537。

－0xA3——十六进制负整数，等于十进制数－163。

（2）不合法的八进制和十六进制整常数举例。

09 876——非十进制数，又非八进制数，因为有数字8和9。

20fa——非十进制数，又非十六进制数，因为不是以0x开头。

0x10fg——出现非法字符。

2. 整数字面常量类型的确定

遇到一个整型字面常量，如何区分为short int、int、long int、long long int、unsigned int呢？

（1）默认原则。按照常数所在的范围，决定其类型。例如，在16位计算机中：

- 当一个常整数的值在十进制－32 768～32 767（八进制数0～0 177 777、十六制数0x0～0xFFFF）之间，如234、32 766、0 177 776、0xFFFE等即被看作是int型。
- 超出上述范围的整常数，被看作长整数（32位）。例如，－32 769、32 768、0 200 000、0x10 000等被看作是long int型。

（2）后缀字母标识法。例如

- 用 L 或 l 表示 long int 类型整数，如－12L（十进制 long int）、076L（八进制 long int）、0x12l——（十六进制 long int）。
- 用 LL 或 ll 表示 long long int 类型整数，如－12LL（十进制 long long int）。
- 用 U 或 u 表示 unsigned int 类型，如 12 345u——（十进制 unsigned int）、12 345UL——（十进制 unsigned long int）。

9.1.2 实型字面常量的表示和辨识

1. 实型字面常量的书写格式

C 语言中的实型（浮点）数据常量有两种书写格式：

（1）小数分量（定点）形式。即一个实型数由小数点和数字组成，即小数点是必须的。例如 3.141 59、0.123 45、3.、.123 等。

（2）科学记数法（浮点，即指数）形式。它把一个实型数的尾数和指数并列写在一排，中间用一个字母 E 或 e 分隔，前面部分为尾数，后面的整数为指数。例如 19.345，用科学记数法可以表示为 0.193 45e＋2，0.193 45E＋2，19 345e－3。

注意：

- 尾数部分可以有小数点，但指数部分一定是一个有符号整数。
- 尾数部分必须存在。
- 正号可以省略。

例如，1.23e5、3E－3 都是正确的科学记数法表示，而 E－3、1e0.3 都是不正确的科学记数法表示。

（3）C99 中加了用十六进制（以 0x 或 0X 开始）书写浮点常量的规范。

2. 实型字面常量的辨识后缀

C 语言将实型数据分为 float、double 和 long double 三种类型，并且默认的实型数据是 double 类型的。因此，对于带小数点的常量，C 语言编译器会将之作为 double 类型看待。如果要特别说明某带小数点的常量是 float 类型或 long double 类型，可以使用后缀字母：

- 用 f 或 F 表示 float 类型，如 123.45f、1.2345e＋2F。
- 用 l 或 L 表示 long double 类型，如 1234.5l、1.2345E＋3L。

9.1.3 字符类型常量的表示

字符类型数据就其使用可以分为两类：可打印（显示）字符和转义字符。下面介绍这两类字符的表示。

1. 可打印字符

可打印字符常量是用一对单撇号括起来的一个字符，如'a', 'A', '?', '#'。需要注意以下几点：

（1）单撇号只是字符与其他部分的分隔符，或者说是字符常量的定界符，而不是字符常量的一部分，当输出一个字符常量时不输出此撇号。

（2）不能用双引号代替撇号，如"a"不是字符常量。

（3）撇号中的字符不能是单撇号或反斜杠，如'''或'\'不是合法的字符常量。

（4）字符类型的数据（如字符'a', 'A', '?', '3'）在内存中以相应的 ASCII 代码存放。例如，'a'的 ASCII 码为 97，则在内存中的二进制存储形式为 01100001。

（5）空字符的表示为两个单撇号之间留一个空格，不能写成两个靠在一起的单撇号。

代码 9.1

```
#include <stdio.h>
int main(void){
    char ch;                              /* 定义一个字符类型的变量 ch */
    ch = 'a';
    printf ("%d",ch);
    return 0;
}
```

运行结果为

```
97
```

说明：在 C 语言中，字符数据可以等价为与其相应的 ASCII 码的整数（如'a'与整数 97 等价），字符数据可以用数值形式输出。反之，一个与字符相对应的整数也可以用字符形式输出。字符数据还可以作为整数参加运算，例如'A'＋32，相当于 65＋32，得到 97。

代码 9.2

```
#include <stdio.h>

int main(void){
    char ch;
    int i;
    ch = 'A';
    ch = ch + 32;
    i = ch;
    printf ("%d is %c\n",i,ch);          /* 注意格式码        */
    printf("%c is %d\n",ch,ch);          /* 注意格式码        */
    return 0;
}
```

运行结果如下：

```
97 is a
a is 97
```

说明：printf 函数中的“%c”是输出字符的格式符，它的作用是转换成字符形式输出。从此例可以看出，字符型数据和整数在一定范围内是互相通用的（在字符的 ASCII 码范围内），所以一般也把字符类型作为整型的一种。

字符型数据可分为 signed 和 unsigned。字符数据占一个字节（8 位）。ANSI 标准 ASCII 字符的允许范围为 0～127，用 7 位表示就可以了，最左一位补 0。例如，字符'A'的 ASCII 码为 65，ASCII 码的二进制存储形式为 01000001。这时第一位是否作为符号位其作用都是一样的（因为一个数前面加一个零或多个零其值不变）。但是有些计算机系统（例如 IBM），除了使用 ASCII 码为 0～127 的字符外，还扩充使用 128～255 的字符。这些字符需要 8 个二进制位来表示，它们多是图形字符。例如字符“≥”，ASCII 码为 242，即二进制数 11110010（八进制数 362），其第一位为 1。怎样处理这个最左端的位，标准 C 无统一规定，有的系统把 char 型变量隐含指定为 unsigned 型，即其最左端一位不作为符号位，如果按十进制数形式输出，得到的是十进制数 242。有的系统（如 Turbo C，PDP，VAX-11 等）把 char 型变量隐含指定为 signed 型，即将其最左端一位作为符号位。因此，如果有一个字符变量被赋予八进制数 0362（即二进制补码为 11110010），按字符形式输出，则得到的字符“≥”；按十进制数形式输出，得到的不是十进制数 242，而是一个负数−14。

代码 9.3

```
#include <stdio.h>
int main(void) {
    char c;
    c = 0362;
    printf ("%d\n", c);
    return 0;
}
```

运行结果：

```
-14
```

请读者留意自己所使用的 C 系统是按哪种方法处理的。不论按哪种原则处理，用户都可以自己定义所需的类型：

```
signed char c1;                         /* 定义 c1 为有符号字符变量 */
unsigned char c2;                       /* 定义 c2 为无符号字符变量 */
```

2. 转义字符

转义字符（即反斜杠码）是 C 语言提供的处理一些特殊字符（包括一些不可打印字符）的方法。重要的有如下一些：

- 用反斜杠开头后面跟一个字母代表一个控制字符（不可打印字符）。
- 用\\代表字符“\”，\'代表字符撇号。
- 用\后跟 1～3 个八进制数代表 ASCII 码为该八进制数的字符。
- 用\x 后跟 1～2 个十六进制数代表 ASCII 码为该十六进制数的字符。

转义字符见表 9.2。因为“\”后面的字符有了特殊的含义，因而称转义字符。

表 9.2 转 义 字 符

转义字符	意 义	转义字符	意 义
\n	换行	\\	反斜杠
\t	水平制表	\?	问号
\v	垂直制表	\"	双撇号
\b	退格	\'	单撇号
\r	换行	\ddd	用 1～3 位八进制常数表示字符
\f	走纸换页	\xhh	用 1～2 位十六进制常数表示字符
\a	报警（如铃声）		

代码 9.4

```
/*打印人民币符号"¥"*/
#include <stdio.h>
```

```
int  main(void){
    printf("Y\b=\n");
    return 0;
}
```

说明：该程序运行时先打印一个字符“Y”。这时打印头已走到下一个位置，用控制代码\b 使打印头回退一格，即回到原先已打印好的 Y 位置再打印字符“＝”，两字符重叠形成人民币符号“￥”。当然，这一输出只能在打印机上实现，而不能在显示器上实现。因为显示器无此重叠显示功能（在显示后一字符时原来在该位置上的字符消失）。

转义字符除用来形成一个外设控制命令外，还用来输出不能直接从键盘上输入或不能用字符常量书写出的 ASCII 字符。这时要在反斜杠\后跟一个代码值，这个代码值最多用三位八进制码数（不加前缀）或两位十六进制数（以 x 作前缀）表示。

代码 9.5

```
#include <stdio.h>
int  main(void){
    char ch;
    ch='\362';                              /* 将八进制数 362 的 ASCII 字符赋给 ch */
    printf ("%c",ch);
    return 0;
}
```

运行可在显示屏上输出：

```
≥
```

当然，也可以用以输出其他字符，如

\101 或 \ x41 表示'A'

\010 或 \x08 表示\b

\134 或 \x5C 表示\\

\012 或 \x0A 表示\n

3. 字符串常数

关于字符串常数在第 5.2 节已经介绍。这里仅再强调以下几点。

（1）在 C 语言中，把用一对双撇号括起来的零个或多个字符序列称为字符串常数。字符串以双撇号为定界符，但双撇号并不属于字符串。

（2）字符串中的字符数称为该字符串的长度。字符串常数在机器内存储时，系统自动在字符串的末尾加一个“字符串结束标志”，它是转义字符“\0”。即字符串在存储时要多占用一个字节来存储“\0”。实际上每个字符都是用其 ASCII 代码来存储的。“\0”的代码为 0，它的含义为“空操作”，即不产生任何动作，只起“标记”作用。

（3）要特别注意空字符常数与空字符串常数的区别。空字符常数在单撇号中要有一个空格，而空字符串有双撇号中没有空格。

习 题 9.1

概念辨析

选择题

（1）下面各项中，均是合法整型常量的项是（　　）。

A．180　–0xFFFF　011　　B．–0xcdf　01a　0xe

C．–01　999,888　06688　　D．–0x567a　2e5　0x

（2）下面各项中，均是不合法整型常量的项是（　　）。

A．––0f1　–0xffff　0011　　B．–0xcdf　016　2.34

C．–016　999　3E5　　D．–0x23eg　–028　03f

（3）下面各项中，均是正确的八进制数或十六进制数的项是（　　）。

A．–10　0x8f　018　　B．0abcd　–017　0xabc

C．0010　–0x11　0xf12　　D．0a123　–0x789　–0xa

（4）下面各项中，均是不正确的八进制数或十六进制数的项是（　　）。

A．016　0x89f　018　　B．0abc　017　0xa

C．010　–0x11　0x16　　D．0a123　78ff　–123

（5）下面各项中，均是合法实型常量的项是（　　）。

A．＋2e＋1　3e-2.3　05e6　　B．–.567　23e–3　–8e9

C．–123e　1.2e.5　＋2e–1　　D．–e2　23　2.e-0

（6）下面各项中，均是不合法实型常量的项是（　　）。

A．2.　0.123　e3　　B．123　3e4.5　.e5

C．–.123　123e45　0.0　　D．–e　2.　1e2

（7）下面各项中，均是合法转义字符的项是（　　）。

A．'\"'　'\\'　'\n'　　B．'\'　'\17'　'\"'

C．'\018'　'\f'　'\xabc'　　D．'\\0'　'\101'　'\xf1'

（8）下面各项中，均是不合法转义字符的项是（　　）。

A．'\"'　'\\'　'\xf'　　B．'\011'　'\f'　'\&'

C．'\abc'　'\xif'　'\101'　　D．'\'　'\017'　'\a'

（9）下面各项中，不正确的字符串是（　　）。

A．'abcd'　　B．"I Say: 'Good!' "　　C．"0"　　D．"　"

（10）在 C 语言中，整常数不能用（　　）表示。

A．十进制　　B．十六进制　　C．二进制　　D．八进制

（11）常数 10 的十六进制表示为（　　），八进制表示为（　　）。

A．8　　B．a　　C．12　　D．b

（12）对于定义 char c;下列语句中正确的是（　　）。

A．c＝'97';　　B．c＝"97";　　C．c＝97;　　D．c＝"a";

代码分析

选择题

（1）数字字符 0 的 ASCII 码值为 48，则程序

```
#include<stdio.h>
int main(void){
    char a='1',b='b';
    printf("%c,",b++);
    printf("%d\n",b-a);
    return 0;
}
```

执行后的输出为（　　）

A．3,2　　B．50,2　　C．2,2　　D．2,50

（2）以下程序运行后的输出结果为（　　）

```
#include<stdio.h>
int main(void){
    char *s="abcde";
    s+=2;
    printf("%ld\n",s);
    return 0;
}
```

A．cde　　B．字符 c 的 ASCII 码值　　C．字符 c 的地址　　D．出错

（3）有函数

```
func(char *a,char *b){
    while((*a!='\0')&&(*b!='\0')&&(*a=*b)){
        a++;
        b++;
    }
    return (*a-*b);
}
```

该函数的功能是（　　）

A．计算 a 和 b 所指向字符串的长度之差

B．将 b 所指向的字符串复制到 a 所指向的字符串中

C．将 b 所指向的字符串连接到 a 所指向的字符串后面

D．比较 a 和 b 所指向的字符串大小

请为该函数添加类型关键字。

探索验证

1．下面是试图比较 char *p 与“零值”比较的 if 语句的三种不同形式。试分析它们的优劣。

（1）if(p==0)或 if(p!=0)

（2）if(p==NULL)或 if (p!=NULL)

（3）if (p)或 if(!p)

2. 下面是一个判断参数是否为奇数的函数，请分析这个函数是否可行。

```
int isOdd(int i){
    return i%2==1;
}
```

9.2 宏

宏是 C 编译器提供的一种文字间进行替换的编译预处理机制。利用这种替换机制，可以提高程序的可读性，也能减轻程序员书写程序的负担。

9.2.1 宏定义

代码 9.6 求圆的周长和面积的一个程序。

```
#include <stdio.h>

#define PI          3.1415926           /* 宏定义                         */
#define R           1.0                 /* 宏定义                         */
#define CIRCUM      2.0 * PI * R        /* 宏定义，使用了前面定义的 R 和 PI */
#define AREA        PI * R * R          /* 宏定义，使用了前面定义的 R 和 PI */

int main(void){
   printf("The circum is %f and area is %f\n",CIRCUM,AREA);
   return 0;
}
```

说明：在代码 9.6 中，首先定义了 4 个字符串，用于分别代表#define 行中其后面的字符串。在阅读这个程序时，可以这样来进行。

① 执行主函数，遇到 CIRCUM 和 AREA，分别用各自后面的字符串进行替换，得到
2.0 * PI * R 和 PI * R * R。

② 由于 PI 和 R 还是符号，应进一步进行替换，得到
2.0 * 3.1415926 * 1 和 3.1415926 * 1 * 1。

③ 这样，printf( )函数就可以将其参数计算出了。

这些代换是在编译预处理时进行的，即程序在编译前已经代换好了。所以，程序中只要写出宏定义，就可以在其后面使用所定义的宏名了。不仅常量可以用一个名字代替，一个表达式也可以用一个名字代替，甚至还可以用宏进行一个有参数的计算。

9.2.2 使用宏应当注意的几点

使用宏应当注意如下几点。

1. 关于宏名

（1）宏名字不能用引号括起来。如

```
#define "YES" 1
…
printf(""YES"");
```

将不进行宏定义。

（2）宏名中不能含有空格。例如想用 A NAME 定义 SMISS，而写成：

```
#define A  NAME   SMISS
```

则实际进行的宏定义是 A 为宏名字，宏体是 NAME SMISS。因为最先出现的空格才是宏名与宏体之间的分隔符。

（3）C 程序员一般都习惯用大写字母定义宏名字。这样可使宏名与变量名有明显的区别，有助于快速识别要发生宏替换的位置，提高程序的可读性。

（4）不能进行宏名的重定义。

（5）不能把宏名当变量名使用，如不能对宏名赋值等。

（6）宏名的作用域是从其定义开始到本源程序文件结束的代码区间。可以使用预处理命令#undef 提前结束其作用域。例如

```
#define PI 3.1415926                /* 定义宏名 PI        */
⋮
#undef  PI                          /* 宏名 PI 作用域结束  */
⋮
```

2. 关于宏定义

（1）宏定义的基本格式如下。

#define 宏名　宏体字符串

（2）宏定义不是声明，也不是语句，而是一条编译预处理命令，末尾不能加分号。

（3）宏定义可以写在源程序中的任何地方，但必须写在函数之外，通常写在一个文件之首。对多个文件可以共用的宏定义，可以集中起来构成一个单独的头文件。

（4）在#define 命令中，宏名字与字符串（宏体）之间用一个或多个空格分隔。这个空格就是宏名与宏体之间的分隔符号。

（5）一行中写不下的宏定义，应在前一行结尾使用一个续行符“\”，并且在下一行开始不使用空格。例如

```
#define AIPHABET ABCDEFGHHIJKLMN\
OPQRSTUVWXY
```

（6）宏定义可以嵌套。

3. 关于宏替换

（1）不可以替换作为用户标识符中的成分。例如，在代码 9.6 中，不可以用 R 替换 CIRCUM 中的 R。

（2）不能替换字符串常量中的成分，即当宏名出现在字符串中时，编译器对其不做代换处理。

代码 9.7　使用宏定义的圆周长和面积计算。

```
/***  使用宏定义的圆周长和面积计算 ***/

#include <stdio.h>

#define PI          3.1415926
#define R           1.0
#define CIRCUM      2.0*PI*R
#define AREA        PI*R*R
```

```
int main(void) {
    printf("The CIRCUM is %f and AREA is %f\n",CIRCUM,AREA);

    return 0
}
```

运行结果：

```
The CIRCUM is 6.283185 and AREA is 3.141593
```

显然不会用宏体 2.0*PI*R 和 PI*R*R 替换格式串中的 CIRCUM 和 AREA。

9.2.3 带参宏定义

1. 带参宏定义的基本格式

带参宏定义有点像函数，但是用法和定义有所不同。先看一个例子。

代码 9.8 使用带参数宏定义计算圆周长和面积。

```
#include <stdio.h>

#define PI          3.1415926
#define CIRCUM(r)   2.0*PI*(r)
#define AREA(r)     PI*(r)*(r)

int main(void){
    double r;
    printf("Input a radius:");
    scanf("%lf",&r);
    printf("The circum is %lf and area is %lf\n",CIRCUM(r),AREA(r));
    return 0;
}
```

经编译预处理后 CIRCUM(x)变为 2.0* PI*(x)，AREA(x)经替代后得到 PI*(x)*(x)。一次运行结果为

```
Input a radius:1.0
The circum is 6.283185 and area is 3.141593
```

显然，带参的宏在形式上很像函数。它也带有形参，调用时也进行实参与形参的结合。

带参宏定义的格式为

```
#define 标识符(形参表)  宏体
```

2. 带参宏定义使用注意事项

注意：这时的宏体是一个表示表达式的字符串。正确地书写宏体的方法是将宏体及其各个形参应该用圆括号括起来。

代码 9.9 演示 4 种求平方的宏定义的正确性。

```
#define SQUARE(x) x*x              /* (a) */
#define SQUARE(x) (x*x)            /* (b) */
#define SQUARE(x) (x)*(x)          /* (c) */
#define SQUARE(x) ((x)*(x))        /* (d) */
```

到底哪个对呢？下面用几个表达式进行测试：

（1）用表达式 a＝SQUARE(n＋1)测试，这时，

按（a），将替换为 a＝n＋1*n＋1。显然结果不对。

按（b），将替换为 a＝(n＋1*n＋1)，结果与按（a）相同。

按（c），将替换为 a＝(n＋1)*(n＋1)，结果对。

按（d），将替换为 a＝((n＋1)*(n＋1))，结果对。

（2）用表达式 a＝16/SQUARE(2)对剩下的（c）和（d）进行测试。

按（c），将替换为 a＝16/(2)*(2)＝32，显然结果不对。

按（d），将替换为 a＝16/（(2)*(2)）＝4，结果对。

所以，还是把宏体及其各形参都用圆括号括起来稳妥。

3. 带参宏与函数的比较

宏与函数都可以作为程序模块应用于模块化程序设计中，但它们各有特色。

（1）时空效率不相同。宏定义时要用宏体去替换宏名，往往使程序体积膨胀，加大了系统的存储开销。但是它不像函数调用要进行参数传递、保存现场、返回等操作，所以时间效率比函数高。通常对简短的表达式以及调用频繁、要求快速响应的场合（如实时系统中），采用宏比采用函数合适。

（2）宏虽然可以带有参数，但宏定义过程中不像函数那样要进行参数值的计算、传递及结果返回等操作；宏定义只是简单的字符替换，不进行计算。因而一些过程是不能用宏代替函数的，如递归调用。同时，还可能产生函数调用所没有的副作用。

代码 9.10　采用函数与带参宏计算 1～5 平方的比较。

```
/* 采用函数计算 */
#include <stdio.h>
long square (int n){
   return (n*n);
}
int main(void){
   int i=1;
   while (i<=5)
      printf ("%ld\n", square(i++));
   return 0;
}
```

执行结果：

```
1
4
9
16
25
```

结论：程序执行成功。

```
/* 采用带参宏计算 */
#include <stdio.h>
#define SQUARE(n) ((n)*(n))
```

```
int main(void){
    int i=1;

    while(i<=5)
        printf ("%ld\n",SQUARE(i++));
    return 0;
}
```

编译、执行结果如下：

```
1
9
25
```

结论：程序未达到预期目的。

原因当 i=1 时，先被替换，执行语句

```
printf("%d\n",((1)*(1)));
```

输出 1。然后 i 经过两次自增，变为 3，再被替换，输出 9。接着 i 经过两次自增，变为 5，再被替换，输出 25。最后经过两次自增，变为 7，不再重复，程序结束。

可以看到，使用带参的宏，引入了 i++的副作用，而用函数则不会出现此问题。因为在函数中 i++作为实参只出现一次，而在宏定义后 i++出现两次。

习 题 9.2

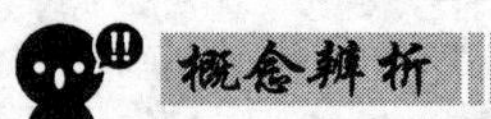

选择题

（1）下面的叙述中，不正确的为（ ）。

A．宏名无类型　　B．宏替换不占用运行时间

C．宏替换进行的是字符串替换　　D．宏名必须大写

（2）为了用宏名 PR 表示常量 printf，下列宏定义中符合 C 语言语法的是（ ）。

A．#define PR, printf　　B．define PR printf

C．#define PR printf;　　D．#define PR printf

代码分析

1. 阅读程序，选择输出结果。

（1）输出结果为（ ）。

```
#define  f(x) x * x
#include <stdio.h>
int main(void){
    int a = 8,b = 4,c ;
    c = f(a)/f(b) ;
    printf("%d\n",c);
```

```
    return 0;
}
```

A. 4　　B. 8　　C. 64　　D. 16

（2）输出结果为（　　）。

```
#include <stdio.h>
#define f(x) x*x
int main(void){
    int m;
    m = f(4 + 4) / f(2 + 2);
    printf("%d\n",m);
    return 0;
}
```

A. 22　　B. 28　　C. 4　　D. 16

（3）输出结果为（　　）。

```
#include <stdio.h>
#define F(x,y)  (x)*(y)
int main(void){
    int m = 3;n = 4
    printf("%d\n",F(m++,n++));
    return 0;
}
```

A. 20　　B. 16　　C. 15　　D. 12

2. 阅读程序，指出输出结果。

（1）

```
#include <stdio.h>
#define N 10
#define f1(x)  x*x
#define f2(x)  (x*x)
int main(void){
    int i1,i2;
    i1 = 1000 / f1(N);i2 = 1000 / f2(N);
    printf("%d %d\n",i1,i2);
    return 0;
}
```

（2）

```
#include <stdio.h>
#define MAX (x,y)  (x)>(y)?(x):(y)
int main(void){
    int a = 5,b = 2,c = 3,d = 3,t;
    t= MAX(a + b,c + d) * 10;
    printf("%d\n",t);
    return 0;
}
```

（3）

```
#include <stdio.h>
#define PR  printf
```

```
#define NL  "\n"
#define D   "%d"
#define D1  D NL
#define D2  D D NL
#define D3  D D D NL
#define D4  D D D D NL
#define S   "%s"
#define string  "CHINA"
int main(void){
    int a = 1,b = 2,c = 3,d = 4;
    PR(D1,a); PR(D2,a,b); PR(D3,a,b,c); PR(D4,a,b,c,d);
    PR(S,string);
    return 0;
}
```

3. 下面程序中，for 循环的执行次数是（　　）。

```
#include <stdio.h>
#define N 2
#define M  N+1
#define K  M+1*M/2
int main(void) {
    int i;
    for(i=1;i<K;i++){…}
    …
    return 0;
}
```

4. 某程序有一个头文件 type1.h，其内容为

```
#define N  3
#define M1  N*2
```

程序如下。

```
#include <stdio.h>
#include "type1.h"
#define M2  M1*3
int main(void){
    int i;
    i=M2-M1;
    printf("%d\n",i);
    return 0;
}
```

程序编译后，运行的结果是（　　）。

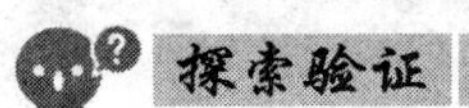

分析并验证下面代码的运行结果。

```
#include <stdio.h>
int main(void){
    printf("circum=%lf,area=%lf",CIRCUM,AREA);
```

```
    return 0;
}
#define PI          3.1415926D
#define R           1.1D
#define CIRCUM      2.0D*PI*R
#define AREA        PI*R*R
```

开发实践

1. 定义一个带参的宏实现两个数据的交换，并用测试程序进行测试。
2. 定义一个带参的宏实现从 3 个数中给出最大数，并用测试程序进行测试。
3. 定义一个带参的宏实现判断一个年份是否为闰年，并用测试程序进行测试。

9.3 const 修饰符

const 是 C 语言的一个关键字，它可以修饰变量，也可以修饰指针，还可以修饰函数参数、函数返回值，使它们“固化”不可修改，有利于提高程序的可读性。此外，它能提供类型等错误检查（宏名是没有类型的），有利于提高程序的可靠性。

9.3.1 用 const “固化”变量

1. const 的基本用法

C 语言允许程序员使用只读区，使所声明的变量变为不可修改的只读变量，即将变量固化，形成一种符号常量。定义只读变量的方法是在声明变量时使用修饰符 const。格式为

```
const 数据类型 变量1 = 初始表达式1,变量2=初始表达式2,…
```

例如使用定义

```
const double pi = 3.141 59;
```

后，变量 pi 的值在程序中就是不可修改的了。这种情况称为变量的“固化”。

注意：const 变量与常量还是有一定区别的。例如，常量一般不占用独立的存储空间，而 const 变量要占用独立的存储空间；此外，它不能用来初始化数组大小，例如代码

```
const int n = 5;
int a[n];
```

在编译时将导致一个错误，因为 C 语言要求初始化数组大小必须用“纯粹”的常量表达式，如整常数、宏名等。

2. 在多文件程序中共享一个 const 定义

为了能在多文件程序中共享一个 const 定义，可以采用两种方法：

（1）在一个文件中将 const 变量定义为外部变量，并编写一个具有外部引用声明语句的头文件。例如，在文件 file1.c 中定义一个 const 外部变量

```
/* file1.c */
const double pi = 3.14;
⋮
```

然后定义一个头文件

```
/* file1.h */
extern const double pi;
```

这样，其他需要使用这个 const 变量 pi 的文件，只要包含文件 file1.h 就可以共享它，而不会有重复定义的问题。

（2）使用静态外部存储类型。例如，建立一个头文件

```
/* constant.h */
static const pi = 3.14;
```

凡是需要使用这个 const 变量的文件，都要包含这个头文件。因为静态变量只定义一次，在编译时，会把其中一个作为定义，其他作为引用性声明。

9.3.2 用 const 修饰指针

const 还可以使用在指针定义中，这时在声明语句中会有如下 3 种情况

（1）一个名字——指针名。

（2）两种对象——指针和指针的递引用。

（3）3 个修饰——指针名前的数据类型、const 和指针操作符*。

形成了表 9.3 中的 3 种情形。

表 9.3 在指针定义中 const 的使用方法

名 称	助记技巧	示 例	const 保护内容
常量指针（指向常量的指针）	“*”与指针名紧靠	const int * pa int const * pa	保护指针的递引用，即指针指向的变量值，但指针值可变
指针常量（作为常量的指针）	“*”不与指针名紧靠	int * const pb const * int pb	保护指针变量值（地址），而指针的递引用可变
常量指针常量（指向常量的指针常量）	两个 const 分别修饰指针类型和指针名	const int* const pc	指针及其递引用都受保护

1. const 保护递引用对象

（1）声明格式。

```
const 数据类型 * 指针名;
```

或

```
数据类型 const * 指针名;
```

（2）名称：常量指针，即指向常量的指针。

（3）理解技巧。

- 由 const 的后接词决定 const 类型。*紧靠指针名，在表达式中与变量名合起来表示递引用，所以认为 const 保护的是指针的递引用。
- Bjarne Stroustrup 博士（1979 年致力于开发 C with Class，在此基础上开发出 C++）把 const char * p;读为 p is a pointer to const char。由于在 C++ 中，类型名可以与 const 关键字对换而不影响语法关系，所以 char const * p 与 const char * p 等价。

（4）特点。

- 常量指针指其递引用为常量，但并非指针指向真正的常量，只是强调不能通过该指针修改它所指向的对象。
- 定义时不需要初始化，并且还可以修改其指向，但不可以把一个 const 对象的地址赋给一个不是指向 const 对象的指针。
- 不能使用 void*指针保存 const 对象地址，必须使用 const void*类型保存 const 对象地址。
- 可以将变量的地址赋给指向常量指针变量，而常量的地址不能赋给无约束的指针。

代码 9.11　用 const 修饰递引用的影响。

```
int a = 0,b = 1;
const int c = 6;
const int* pi1;                 /* 声明一个指向 int 类型的常量指针 pi          */
pi1 = &a;                       /* OK，修改指向，指向非常量                    */
*pi1 = 10;                      /* 错误，不能用递引用方式修改所指向的对象      */
a = 10;                         /* OK，所指向的对象值可以修改                  */
pi1 = &b;                       /* OK，修改指向，指向非常量                    */
*pi1 = 20;                      /* 错误，不能用递引用方式修改所指向的对象      */
Pi1 = &c;                       /* OK，修改指向，指向常量                      */
*pi1 = 30;                      /* 错误，不能用递引用方式修改所指向的对象      */
int* pi2 = &c;                  /* 错误，不能把一个常量对象地址赋给一个无约束指针 */
void* pv = &c;                  /* 错误，不能使用 void*指针保存 const 对象的地址 */
const void* pv = &c;            /* OK，使用 const void*类型保存常量对象地址    */
```

2. const 保护指针

（1）声明格式。

```
const * 数据类型 指针名 = 变量地址;
```

或

```
数据类型 * const 指针名 = 变量地址;
```

（2）名称：指针常量。

（3）理解技巧。

- 由 const 后接的词决定 const 类型。指针名不直接受*修饰，在表达式中是指针的概念，所以认为 const 保护的是指针值。
- Bjarne 把 char * const cp; 读为 cp is a const pointer to char。因为类型名可以与 const 关键字对换而不影响语法关系，所以 const * char cp 与 char * const cp 等价。

（4）特点。

- const 修饰指针本身，将指针声明为常量，不可以修改，不可以作为左值，不可以指向其他的对象。
- 指针所指向的地址中存放的值不受该指针为常量的影响，可以通过该指针的递引用修改它指向的对象。
- 定义时必须初始化，并且“＝”号两边的类型一定要一致。

代码 9.12　用 const 修饰指针产生的影响。

```
const int a = 1;
const int b = 2;
```

```
int i = 3;
int j = 4;

int *pi1 = &b;                 /* 错误，将常量地址送非常量指针                          */
const int* pi2 = &i;           /* OK，将变量的地址送常量指针                            */
const int* pi3 = &a;           /* OK，将常量的地址送常量指针                            */
int * const pi4 = &i;          /* OK, pi4 的类型为 int* const &i 的类型为 int* const    */
int * const pi5 = &a;          /* 错误，将常量地址送非指针常量, pi5 的类型为 int* const  */
                               /* &a 的类型为 const int* const                          */
Pi2 = &j;                      /* 错误，指针是常量,不可变                               */
*pi4 = a;                      /* OK, *pi 没有限定是常量,可变                           */
*pi4 ++ = 5;                   /* 错误，指针常量不能改变其指针值                        */
```

3. const 保护指针及其递引用的对象

（1）声明格式。

```
const * 数据类型 const 指针名 = 变量地址;
```

或

```
const 数据类型* const 指针名 = 变量地址;
```

或

```
数据类型 const * const 指针名 = 变量地址;
```

（2）名称：常量指针常量。

（3）特点：指针不可以修改，指针递引用的对象也不能修改。

代码 9.13 用 const 修饰指针及其递引用的影响。

```
const int a = 1;
const int b = 2;
int i = 3;
int j = 4;
const int* const pi1 = &i;     /* ok, &i 类型为 int* const,含有 int*,可赋值             */
const int *pi2 = &j;
const int *const pi3 = pi1;    /* ok, pi1 类型为 int*                                  */
pi1 = &b;                      /* 错误, pi1 不可变                                     */
pi1 = &j;                      /* 错误, pi1 不可变                                     */
*pi1 = b;                      /* 错误, *pi1 不可变                                    */
*pi1 = j;                      /* 错误, *pi1 不可变                                    */
Pi1 ++;                        /* 错误, pi1 不可变                                     */
++ i;                          /* ok, =号右边的变量(或对象)与所修饰的变量无关          */
a --;                          /* 错误, a 为 const                                     */
```

习　题　9.3

概念辨析

选择题

（1）const int *p 说明不能修改（　　）。

A．p 指针　　B．p 指向的变量　　C．p 指向的数据类型　　D．上述三者都不对

（2）假定变量 m 定义为“int m＝7;”，则定义变量 p 的正确语句为__________。

A．int * p＝&m;　　B．int p＝&m;　　C．int & p＝*m;　　D．int *p＝m;

（3）对于声明 int b;，下列声明中，两个等同的是__________。

A．const int* a＝&b;　　B．const* int a＝&b;

C．const int* const a＝&b;　　D．int const* const a＝&b;

代码分析

找出下面各程序段中的错误并说明原因

（1）

```
int ii=0;
const int i = 0;
const int *p1i = &i;
int * const p2i = &ii;
const int * const p3i = &i;
p1i = &ii;
*p2i = 100;
```

（2）

```
const int a = 10;
int i = 1;
const int *&ri = &i;
ri = &a;
ri = &i;
const int *pi1=&a;
const int *pi2=&i;
ri - pi1;
ri = pi2;
*ri = i;
*ri = a;
```

（3）

```
const int a = 10;
int i = 5;
int *const &ri = pi;
int *const &ri = &a;
 (*ri) ++;
i ++;
ri = &i;
```

探索验证

1. 分析下面一段代码：

```
const int i = 0;
int * p = (int*)&i;
p = 100;
```

它说明 const 的常量值是否一定不可以被修改呢？

2. 分析下面的代码有何实用价值。

```
const float EPSINON=0.00001f ;
if((x>=-EPSINON)&&(x<=EPSINON))
…
```

9.4 枚 举 类 型

9.4.1 枚举类型及其定义

在现实世界中，像逻辑、颜色、星期、月份、性别、职称、学位、行政职务等这样一些事物，具有一个共同的特点，就是它们的属性是可以列举——枚举出来的一组常量，例如，逻辑{true, false};、颜色{red,yellow,blue,white,black}、星期{sun,mon,tue,wed,thu,fri,sat}等。这些被枚举的值都是常数，若要为某种类型的这些事物设置一个变量，变量的取值只能是这组常量中的某一个。例如，一个 Color 类型的变量，只能在{red,yellow,blue,white,black}中取值。为了描述这类事物，C 语言设置了一种特定的用户定制数据类型——枚举（enumeration）类型。

枚举类型定义格式如下。

```
enum 枚举类型名{枚举元素列表}
```

说明：

（1）enum 为枚举类型关键字，枚举类型名是一个符合 C 语言标识符规定的枚举类型名字，枚举元素列表为一组枚举常量标识符。例如，声明语句

```
enum Color{red,yellow,blue,white,black};
```

定义了一个以 red、yellow、blue、white 和 black 为枚举常量的枚举类型 Color。

（2）枚举常量，顾名思义不是变量，而是一些常数。编译器给它们的默认值是从 0 开始的一组整数。对于上述定义的 Color 类型来说，这组值依次被默认为 0，1，2，3，4。即 red、yellow、blue、white 和 black 只是这组整型数据的代表符号。不过，在程序中，这组符号对于类型 Color 是有意义的，而数字 0，1，2，3，4 对于类型 Color 没有意义。

（3）根据需要，枚举元素所代表的值可以在定义枚举类型时显式地初始化。例如对于星期，可以这样定义

```
enum Day{sun = 7,mon = 1, tue = 2, wed = 3,thu = 4, fri = 5, sat = 6};
```

这样更符合人们的习惯，用起来也比较自然。在默认情况下，枚举元素的值是递增的。因此，当要给几个顺序书写的元素初始化为连续递增的整数时，只需要给出第一个元素的数值。所以上述定义可以改写为

```
enum Day{sun = 7,mon = 1, tue, wed,thu, fri, sat};
```

9.4.2 枚举变量的定义

定义枚举类型的目的是要用它去生成枚举变量参加需要的操作。生成枚举变量的方法与生成结构体变量类似，可以用 3 种方式进行：先定义类型后生成变量，定义类型的同时生成变量和直接生成变量。例如，要生成变量 carColor，可以用下面一种方式。

（1）先定义类型后生成变量。

```
enum Color{red,yellow,blue,white,black};
enum carColor
```

（2）定义类型的同时生成变量。

```
enum Color{red,yellow,blue,white,black}carColor;
```

（3）直接生成变量。

```
enum {red,yellow,blue,white,black}carColor;
```

枚举的变量生成，表明系统将为其分配存储空间，大小为存储一个整型数所需的空间。

在生成一个枚举变量的同时，还可以为之初始化。例如

```
enum Color{red,yellow,blue,white,black}carColor = white;
```

9.4.3　对枚举变量和枚举元素的操作

表9.4对于枚举变量和枚举元素所能进行的操作进行了比较。

表9.4　　枚举变量和枚举元素的操作比较

操作内容	枚举变量	枚举元素	例　　子
赋值或键盘输入	可以	不可以	`carColor = red;　　/* ① */` `carColor = (enum Color)2;　/* ② */`
比较	可以	可以	`if(carColor == white)printf("My car.");` `if(carColor < yello) printf("Wife's car.");`
输出	可以	可以	`pintf("%d,%d)(carColor,red);`

① 枚举变量只能在枚举元素中取值。

② 在程序中，一定不能给枚举元素赋值。也不可以用枚举元素的整型值代替枚举常量参加操作（如给枚举变量用枚举元素代表的整数赋值），因为这些整型值并非枚举元素。只有将枚举元素代表的整型值转换为枚举类型后，才可以当作枚举元素使用。

说明：（1）枚举有时也当作整型数使用。在某些不能直接使用数值的地方，可以用枚举来代替，例如

```
enum{stackSize = 20};                  // 用枚举元素定义堆栈大小
int  top;                              // 栈顶指针
double   stc[stackSize];               // 存放堆栈的double类型数组
```

（2）在switch结构中，根据carColor的当前值由程序输出事先指定的字符串。当然，也可以输出其他任意指定的字符串。

（3）枚举常量只是一个符号，本身并无任何物理含义，不要以为red一定代表“红的”，令color＝red就使carColor具有红色了。枚举常量用来代表什么，完全由程序设计者自己假定。为了可读性，一般定名时使其易于理解。例如

```
enum weekday {sunday,monday,tuesday,wednesday,thursday,friday,saturday};
```

也可以写为

```
enum weekday {sun, mon,tue,wed,thu,fri,sat};
```

究竟用 sunday 还是 sun 代表人们心目中的“星期天”，完全自便，甚至可以用别的名字，例如 a,b,c,d 等。

习 题 9.4

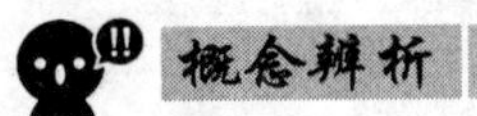

概念辨析

选择题

1. 关于枚举变量，下面的叙述中不正确的说法是（　　）。

   A. 要将一个枚举类型中隐含的整型数赋值给枚举变量，必须将其先转换为相应的枚举类型

   B. 两个同类型的枚举变量之间可以进行关系操作

   C. 两个同类型的枚举变量之间可以进行算术操作

   D. 对一个枚举变量可以进行 ++或 --操作

2. 下面关于枚举类型的说法中，正确的是（　　）。

   A. 可以为枚举元素赋值　　B. 枚举元素可以进行比较

   C. 枚举元素的值可以在类型定义时指定　　D. 枚举元素可以作为常量使用

3. 下面关于枚举的说法中，正确的是（　　）。

   A. 枚举元素是整型常量　　B. 枚举元素是字符常量

   C. 枚举元素是字符串常量　　D. 以上都不对

代码分析

选择题

（1）程序

```
#include <stdio.h>
int main(){
    enum e{ elm2=1,elm3,elm1};
    char *ss[]={"AA", "BB","CC" , "DD"};
    printf("\n%s%s%s%\n",ss[elm1],ss[elm2],ss[elm3]);
    return 0;
}
```

的运行结果为（　　）。

A. AABBCC　　B. DDCCBB　　C. CCBBAA　　D. DDBBCC

（2）下面的描述中，符合 C 语言语法的枚举定义为（　　）。

A. enum a＝{"one","two","three"};　　B. enum a＝{one,two,three};

C. enum a{one＝6＋2,two＝－1,three};　　D. enum a{"one","two","three"};

（3）设有定义

```
enum whose{my,your=10,his,her=his+10};
```

则语句

```
printf("%d,%d,%d,%d",my,your,his,her);
```

的输出为（ ）。

A．0,1,2,3　　B．0,10,0,10　　C．0,10,11,21　　D．1,10,11,21

（4）若有下面的定义

```
enum{A = 21,b = 23,C = 25}abc;
```

则循环语句

```
for( abc = A; abc < C; abc ++)printf("*");
```

将（ ）。

A．成死循环　　B．循环 2 次　　C．循环 4 次　　D．语法出错

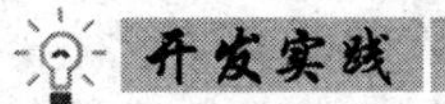

编写一个 C 程序，能根据用户输入的今天是星期几（数字或英文名称均可），输出明天是星期几的英文名称。

第10单元　数　据　类　型

C 语言是一种面向过程的高级程序设计语言。面向过程程序设计的真谛，就是将问题域中所涉及的事物用数据表示，并用施加在这些数据上的操作（计算）和所引起的有关数据变化过程来模拟问题域中的运动，达到求解问题的目的。由于客观世界中问题和事物的多样性，会使得数据及其上的操作描述极其复杂。为了降低程序设计在数据描述面的复杂性，高级语言中广泛地使用“数据类型”这一概念。C 语言规定，在程序中使用的每个数据都属于一种类型。数据类型是对程序所处理的数据的“抽象”，通过类型名赋予数据一些约束，以便进行高效处理和词法检查。这些约束包括：

- 取值范围。每种数据类型对应不同的取值范围，即数据类型是数值的一个集合。
- 存储方式。每种数据类型对应不同的字节空间。
- 操作集合。即数据类型是一个数据集合及其上面带有某种性质的操作集合。

C 语言提供有丰富的数据类型。图 10.1 给出了 C 语言中数据类型的基本框架。更详细的内容请参考有关标准。

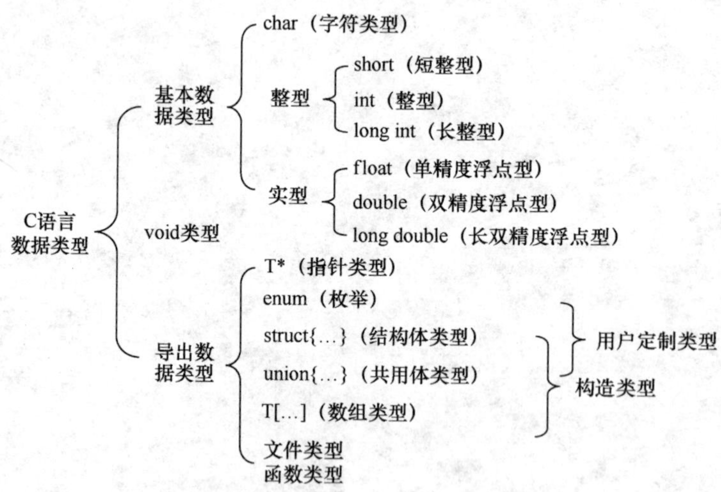

图 10.1　C 语言数据类型的基本框架

说明：（1）图中的 T 代表任何一种类型。

（2）导出类型数据是指基于基本类型数据产生出的类型。

（3）构造类型是由多个数据按一定的规律构造而成的类型。

（4）用户定制类型是允许用户（程序员）在一个大的类型框架中再定制个性化的具体类型。

10.1　基本数据类型

C 语言提供的基本数据类型是预定义的，包括 char（字符）型、int（整）型、float（单精度实）型、double（双精度实）型，并且还可以通过使用 short、long、signed 和 unsigned 修饰 char 和 int，用 long 修饰 double，形成更多的类型。为了帮助读者了解这些类型之间的关系，这一节介绍两个基本概念。

10.1.1 整数的有符号类型与无符号类型

在内存中存储定点数时，一般以其最高位（即最左边一位）表示数的符号，以 0 表示正，1 表示负。数值是以补码形式存放的，一个正数的补码就是该数的二进制数原码（如 10 的补码为 00000000 00001010）。求一个负数（如－10）的补码方法如下：

① 先取该数的绝对值： 先取 10；
② 然后以二进制形式表示： 10 的二进制码为 00000000 00001010；
③ 再对其取反： 取反得 11111111 11110101；
④ 然后加 1： 加 1，得 11111111 11110110。

即－10 的 16 位存储形式为 11111111 11110110。

所有负数的二进制补码的最高位必然是 1。从该位的状态（0 或 1）可以判定该数的正或负。这样的整数称为有符号整数。在 C 语言中，也可以使用无符号的整数，以它用来表示那些只有正值的数值（例如人口、年龄等）。图 10.2 为用同样长度的内存单元存储数据时，有符号整数与无符号整数之间取值范围的比较。

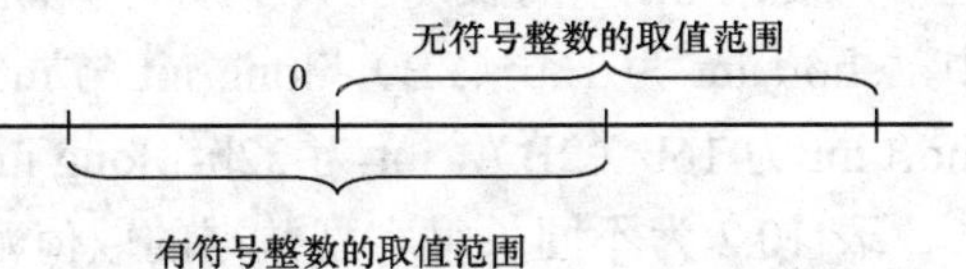

图 10.2 有符号的整数与没有符号的整数之间取值范围的比较

显然，无符号整数的最大值大约是有符号整数的最大值的两倍再加 1（因为是补码表示）。例如，一个有符号的 2B 整数的最大数为 32 767，而一个无符号 2B 整数表示的范围为 0～65 535。

在 C 语言中，有符号整数用 signed 修饰，无符号整数用 unsigned 修饰，并且有符号数据的定义可以省略符号修饰符。例如

```
signed int a,b;                    /* a,b 是有符号整数 */
int c,d;                           /* c,d 是有符号整数 */
unsigned int e,f;                  /* e,f 是无符号整数 */
```

在 C 语言中，实数（浮点数）都是有符号的，不可以使用无符号修饰符。

10.1.2 类型宽度与取值范围

C 语言对不同类型的数据分配不同宽度的存储空间，典型的存储空间宽度有 1B（8 位）、2B（16 位）、4B（32 位）、8B（64 位）和 10B（80 位）几种。显然，不同的长度，对应数据的取值范围是不同的。当然，同样长度的取值范围还与有无符号、是定点表示（整型）还是浮点表示（实型）有关。另外，还取决于所用的编译系统。大多数编译系统对一个带符号整数的数值范围处理为-2^{n-1}～$2^{n-1}-1$（n 为该整数所占的比特数）。当一个整数所占的比特数为 16 位时，该整数的取值范围为－32 768～32 767。也有一些编译系统对一个带符号整数的数值范围处理为$-(2^{n-1}-1)$～$2^{n-1}-1$，当一个整数所占的比特数为 16 值时，该整数的取值范围为－32 767～32 768。

表 10.1 为 limits.h 头文件中定义的整型数据的取值范围。

表 10.1 不同长度整型数据的最小取值范围

数据长度（比特）	取值范围	
	signed（有符号）	unsigned（无符号）
8	−127～127	0～255
16	−32 767～32 767	0～65 535
32	−2 147 483 647～2 147 483 647	0～4 294 967 295
64	$-(2^{63}-1)\sim2^{63}-1$	$0\sim2^{64}-1$（18 446 744 073 709 551 615）

这样，整型数据就进一步分为了如下 5 大类型：

（1）char（字符型），至少应为 8 位，即 1B。

（2）short int（短整型），至少应为 16 位。即 2B。

（3）int（普通整型），至少应为 16 位（2B），在 32/64 位计算机中为 32 位（4B）。

（4）long int（长整型），至少应为 32 位（4B）。

（5）long long int（超长整型）至少应为 64 位（8B）。

C 标准并未具体规定各种类型必须占多少字节，可以由各种 C 版本自己确定各自的长度。通常只要求 int 型的长度应大于或等于 short 型且应小于或等于 long 型。例如，在 32 位系统中，short int 为 16b（2B），long int 与 int 的宽度相同，都是 32b（4B）。而在 64 位系统中，short int 为 16b（2B），int 为 32b，long int 为 64b（8B）。

表 10.2 为不同长度实型数据的取值范围和表数精度（有效位数）。

表 10.2 不同长度实型数据的取值范围和表数精度

宽度（比特）	数据类型	机内表示（二进制位数）			取值范围	最少十进制有效数字位数和最低精度
		阶码	尾数	符号		
32	float	8	23	1	|3.4e−38|～|3.4e+38|	大约 7 位有效数字，精确到小数点后 6 位
64	double	11	52	1	|1.7e−308|～|1.7e+308|	15 位有效数字，精确到小数点后 6 位
80	long double	由具体实现确定			|1.2e−4932|～|1.2e+4932|	18 位有效数字，精确到小数点后 6 位

C 语言提供了一个测定某一种类型数据所占存储空间长度的运算符 sizeof，其格式为

```
sizeof (类型标识符或数据)
```

当不了解所使用的编译器中的某数据类型的宽度时，可以使用这个运算符进行计算。

代码 10.1 用 sizeof 运算符测定所用的 C 系统中各种类型数据的长度。

```
/******  测定数据类型长度 ******/
#include <stdio.h>
int main(void){
    int i = 0;
    printf ("char: %d bytes.\n",sizeof(char));
    printf ("short: %d bytes.\n",sizeof(short));
    printf ("i: %d bytes\n",sizeof (i));                /* 计算变量 i 的字节数*/
    printf ("long: %d bytes\n",sizeof(long));
```

```
    printf ("float: %d bytes\n",sizeof(float));
    printf ("double: %d bytes\n",sizeof(double));
    printf ("1.23456: %d bytes\n",sizeof(1.23456));      /* 计算常量的字节数   */
    printf ("double: %d bytes\n",sizeof(double));
    return 0;
}
```

编译并运行，得到以下结果：

```
char: 1 bytes
short: 2 bytes
i: 4 bytes
long: 4 bytes
float: 4 bytes
double: 8 bytes
1.23456: 8 bytes
double: 8 bytes
```

习　题　10.1

概念辨析

1. 选择题

（1）表达式 sizeof(double)是一个（　　）。

A．整型表达式　　B．双精度表达式　　C．函数调用表达式　　D．不合法表达式

2. 判断以下叙述中，哪些是正确的，哪些是错误的，并说明原因。

（1）在 C 程序中，任何数值数据都可以用八进制、十进制、十六进制的形式表示。　（　　）

（2）C 语言是一种功能强大的语言，无论是整数还是实数，都可以准确无误地表示。　（　　）

探索验证

1．下面是两段 32 位系统中的代码，请先给出每个 sizeof 计算值，然后上机验证，再分析结果，并简要说明原因。

（1）

```
void func(char str[100]){sizeof(str);}
```

（2）

```
void *p=mallod(100);
sizeof(p);
```

2．指出下列程序的运行结果，然后上机验证自己的判断是否正确，并分析得出这个结果的原因。

```
#include <stdio.h>
int main(void){
    int count=0;
    const char END=127;
    const char START=END-10;
    char c;
    for(c=START;c<=END;c++) count++;
```

```
    printf("%d",count);
    return 0;
}
```

10.2 union 类 型

10.2.1 共用体类型的定制与共用体变量的定义

共用体（union）数据类型是指将不同的数据项存放于同一段内存单元的一种构造数据类型。下面是一个共用体的例子：

```
union exam{
    int       a;
    double    b;
    char      c;
}x;
```

这与结构体形式相似，其数据类型的定制和变量的定义形式也与结构体相似，即可以采用如下三种形式：

（1）

```
union 共用体类型名
{成员表列};
```

（2）

```
union 共用体类型名
{成员表列}变量表列;
```

然后用共用体类型定义共用体变量。

（3）

```
union
{成员表列}变量表列;
```

即不定义类型名而直接定义变量。

共用体类型和结构体类型在声明时可以嵌套，即一个结构体中可以有共用体结构，反之，一个共用体结构中可以有结构体结构。

10.2.2 共用体类型与结构体类型的比较

共用体与结构体在形式上相似，但实质有很大不同。下面在同样成员的情况下对二者进行比较。假定它们都有如下 3 个成员：

- 4B 的 int 类型成员 a。
- 8B 的 double 类型成员 b。
- 1B 的 char 类型成员 c。

（1）存储结构不同。图 10.3 为它们的存储结构比较。系统要为结构体变量的每个成员分配相应的存储空间，共分配 13B 的空间，每个成员有自己的空间；而系统为共用体变量的存储空间分配，是按最大的一个成员占用的存储空间进行分配，所以只分配 8B 的存储空间，所有成员共享这个空间。

（2）由于结构体中每个成员都有自己的存储空间，所有成员可以同时存储；而共用体中所有成员共用一个存储空间，同一时间只能存储一个成员。

（3）结构体变量可以在定义时进行初始化，而共用体变量不能在定义时进行初始化。例如，下面的程序段都是非法的。

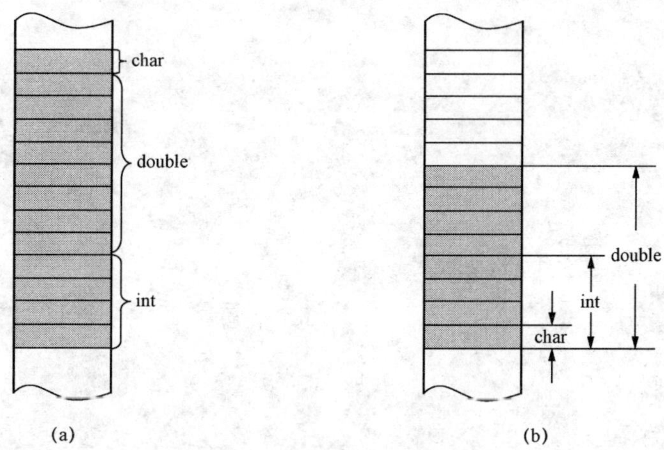

图 10.3　结构体变量与共用体变量的存储分配

（a）结构体变量的存储分配；（b）共用体变量的存储分配

```
union m{
   int        i;
   char       c;
   double     d;
}x={3,'s',3.141593};                        /* 不能对共用体变量初始化 */
```

也不能直接用共用体变量名进行输入输出，如

```
scanf ("%f",&x);
printf ("%f",x);
```

（4）结构体变量中的所有成员可以同时存储，也可以用指针或变量单独引用每个成员；而同一时间只能存储共用体的一个成员，也只能用指针或变量单独引用所存储的成员，并且所引用的是最后一次存入的成员的值。例如，执行

```
x.i=3;
x.c='w';
x.d=2.7234;
```

后，引用的只能是成员 d 的值。

也可以通过指针变量引用共用体变量中的成员，例如：

```
unionexam*pt,x;
pt=&x;
pt->i=3;printf ("%d\t",pt->i);
pt->c='A';printf ("%c\t",pt->c);
pt->d=4.5;printf ("%f\n",pt->d);
```

这里，pt 是指向 union exam 类型数据的指针变量，先使它指向共用体变量 x。此时 pt->d 相当于 x.d，这和结构体变量中的用法相似。

不能企图通过下面的 printf 函数得到 x.i 和 x.c 的值 3 和'w'，只能得到 x.d 的值为 2.723。

```
printf ("%d,%c,%f",x.i,x.c,x.d);
```

（5）ANSI C 允许在两个同类型的共用体变量之间赋值。

代码 10.2

```
#include <stdio.h>
#include <stdlib.h>
int main (void){
    union exam{
        int a;
        float b;
        char c;
    }x,y;
    x.a = 3;
    y = x;
    printf ("%d\n",y.a);
    return 0;
}
```

运行结果为

```
3
```

ANSI C 还允许把共用体变量作为函数参数。

10.2.3 共用体变量的应用

共用体类型有什么用呢？它可以增加程序的灵活度，对同一段内存空间的值在不同情况下做不同的用途。至少可以有两方面的用途。

1. 数据处理

例 10.1 一个学校的人员数据管理中，对教师则应登记其“单位”，对“学生”则应登记其“班级”，它们都在同一栏中。可以定义的数据结构如下。

代码 10.3

```
struct{
    long num;
    char name[20];
    char sex;
    char job;                          /* 职业   */
    union{
        int    class;                  /* 班级   */
        char   group[20];              /* 单位名 */
    } category;
}person[10];
```

如果 job 项输入为's'（学生），则使程序接收一个整数给 class（班号），如果 job 的值为't'（教师），则接收一个字符串给 group［20］。下面是一段应用程序。

代码 10.4

```
scanf ("%c",& person[0].job);
if (person[0].job=='s')
    scanf ("%d",& person[0].category.class);
else if (person[0].job=='t')
    scanf ("%",person[0].category.group);
```

请读者自己把它写成一个完整的程序。

2. 发现数据底层存储形式

代码 10.5 利用共用体的特点区分整型变量中的高字节和低字节。

```
#include <stdio.h>
union change{
    char          c[2];
    short int     i;
}un;

int main(void){
    un.i = 24897;
    printf("i=%o \n", un.i);
    printf("%ld(低字节): %o,%c\n", &un.c[0],un.c[0],un.c[0]);
    printf("%ld(高字节): %o,%c\n", &un.c[1],un.c[1],un.c[1]);
    return 0;
}
```

运行结果：

```
i=60501
4339616(低字节): 101,A
4339617(高字节): 141,a
```

这里，60 501 是 *i* 的八进制数，101 和 141 分别为 *i* 的低字节和高字节中的八进制数值。图 10.4 为它们在内存中的存储形式。

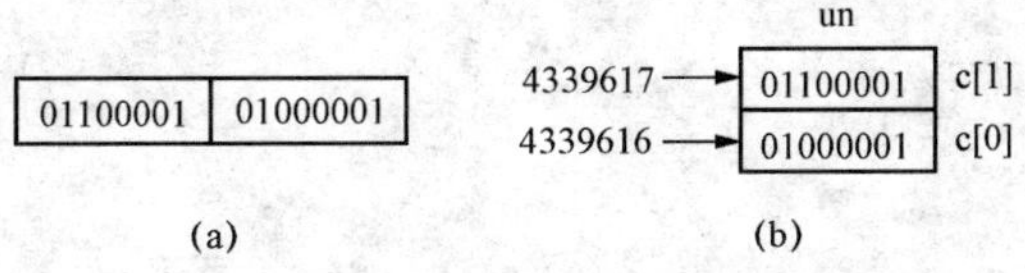

图 10.4 利用共用体输出各字节值

（a）整数 60 501 的存储；（b）共用体 un 中整数 60 501 的存储

习 题 10.2

代码分析

1. 给出下列程序的输出结果。

（1）

```
#include <stdio.h>
int main(void){
    union{unsigned char c;unsigned int i[4];}z;
    z.i[0]=0x39; z.i[0]=0x36;
    printf("%c\n",z.c);
    return 0;
}
```

提示：字符 0 的十六进制 ASCII 码为 30。

（2）

```
#include <stdio.h>
typedef union{
    long x[2];
```

```
    int y[4];
    char z[8];
}MYTYPE;
MYTYPE them;
int main(void){
    printf("%d\n",sizeof(them));
    return 0;
}
```

（3）

```
#include <stdio.h>
union{char m[2];int k;}mk;
int main(void){
    mk.m[0] = 0; mk.m[1] = 1;
    printf("%d\n",mk.k);
    return 0;
}
```

（4）

```
#include <stdio.h>
union{int num; struct{char c1,c2;}sc;}lun;
int main(void){
    lun.sc.c1 = 65; lun.sc.c2 = 97; lun.num = 0;
    printf("%d\n",lun.sc.c2);
    return 0;
}
```

2. 选择题。

（1）

对于定义

```
union{char a; int b; float c;}x1,x2;
```

以下叙述中错误的是（ ）。

A. 在定义变量 x1 和 x2 时，不能对其成员进行初始化

B. 变量 x1 中不能同时存放成员 a、b、c 的值

C. 成员变量 x1.a 和 x1.c 具有相同的首地址

D. 赋值语句 x1=x2；是合法的

（2）对于定义

```
union UT{int n; double g; char c[4];}x;
struct ST{float x; union UT ut;}first;
```

变量 first 所占内存字节数为（ ）。

A. 4　　B. 8　　C. 12　　D. 14

3. 下面的程序中有若干错误，请改正。

```
#include <stdio.h>
union{int a; struct{int u; float v;}b;};
int main(void){
```

```
    union uu m;
    m.a = 200; m.u = 500; m.v = 150;
    printf("%d\t%f\n",m.a, m.b.v);
    return 0;
}
```

开发实践

1. 某校建立一个人员登记表，内容参见表10.3。

表10.3 某校人员登记表

号 码	姓 名	性 别	职 业	级别（年级/职称/职务）
50201	Wang Li	m	学生	3
10058	Zhang He	m	教师	教授
20067	Li Feng	f	职员	科级

请为之建立一个数据文件。

10.3 数据类型转换

在下列情况下，C语言编译器可能将数据从一种类型转换成另一种类型：

（1）显式转换：使用转换表达式。

（2）隐式转换，包括：

- 当二元运算符两端的操作数类型不匹配进行的转换。
- 赋值操作符右边表达式的类型与左边变量类型不匹配时。
- 函数参数传递时实参类型与形参类型不匹配时的数据类型转换。
- 函数返回时的return语句中的数据类型与函数类型不匹配时的数据类型转换。

10.3.1 几个概念

1. 数据类型的提升与降格

当数据与运算符作用时，编译器将小尺寸的数据类型转换为大尺寸的数据类型，称为类型提升（type promotion）。相反的转换称为类型降格。

提升实际上就是下列转换之一：

（1）char、unsigned char或short型的实参被提升为int型。如果机器上int型的字长比short整型的长，则unsigned short型的实参被提升到int型；否则，它被提升到unsigned int型。

（2）float型的实参被提升到double类型。

（3）枚举类型的实参被提升到下列第一个能够表示其所有枚举常量的类型：int、unsigned int、long或unsigned long。

（4）布尔型的实参被提升为int型。

提升可以分为如下3类情况：

（1）类型提升：由整数转换为浮点数。

（2）整数提升：由短整数类型转换为长整数类型。

（3）同一长度的整数有符号与无符号的，属于同一级别。

由于 C99 增加了标准整数类型，可以实现类型扩展，使得数据类型很难简单地用“尺寸”区分，因而引入了转换阶的概念，见表 10.4。转换阶是对每个整数类型指派一个数字值，以便确定其转换顺序。

表 10.4　　C99 转 换 阶

转换阶	对应的整数类型	转换阶	对应的整数类型
60	long long int, unsigned long long int	30	short, unsigned short
50	long int, unsigned long int	20	char, unsigned char, signed char,
40	int, unsigned int	10	_Bool（布尔类型，C99 新类型）

2. 标准转换

标准转换（standard conversion）包括如下几种。

（1）整型转换：从任何整型或枚举类型向其他整型的转换（不包括前面提升部分中列出的转换）。

（2）浮点转换：从任何浮点类型到其他浮点类型的转换（不包括前面提升部分中列出的转换）。

（3）浮点—整型转换：从任何浮点类型到任何整型或从任何整型到任何浮点类型的转换。

（4）指针转换：整数 0 到指针类型的转换和任何类型指针到类型 void*的转换。

3. 符号位变为数据的最高位和最高位变成符号位

同样长度的整型数据在 signed 类型与 unsigned 类型之间转换时，会发生因符号位丢失或形成而造成数据值的变化。

代码 10.6　分析下面程序的执行结果。

```
#include <stdio.h>

int main(void){
   unsigned short us1 = 32767, us2 = 65535, us;
   signed short ss = -7;
   us = ss;
   printf("(1)ss = %d, us = %d\n",ss,us);
   ss = us1;
   printf("(2)us1 = %d, ss = %d\n",us1,ss);
   ss = us2;
   printf("(3)us2 = %d, ss = %d\n",us2,ss);
   return 0;
}
```

程序执行结果如下：

```
(1)ss = -7, us = 65529
(2)us1 = 32767, ss = 32767
(3)us2 = 65535, ss = -1
```

讨论：

在这个例子中，不同类型的变量之间通过赋值操作，使右值类型转换为左值类型。下面分两种情形讨论。

（1）第 1 种情形是把一个有符号的数－7（在变量 ss 中）赋值给无符号类型的变量 us 后，存储在无符号变量中的数据变成为 65 529。这种变化是由于将原来的符号数中的符号变成了无符号数中的最高位而产生的。如图 10.5 所示，当一个－7 的 16 位补码被当作 16 位无符号数时，由于正数的原码＝补码，所以 1111 1111 1111 1111（65 535）－110＝（65 529）。

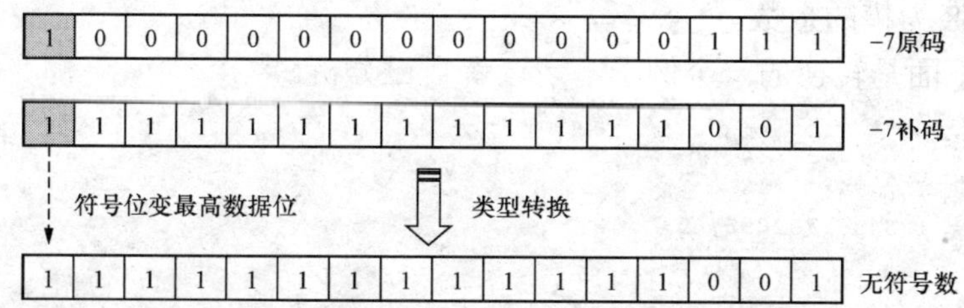

图 10.5 signed 类型向 unsigned 类型转换时因符号位被当作最高数据位造成的数据错误

（2）第 2 种情形是将一个一般的 unsigned 类型数据转换成同长度的 signed 类型数据。在一般情况下，不会出现数据的错误。但是在第 3 种情形却出现了错误。这是因为当无符号数较小，其最高位为 0 时，转换成符号数后，最高位虽然被当作了符号位，但并没有影响数据的有效值。而如果无符号数大到使最高位为 1，则转换成有符号数后，将会被当成负数的补码。于是，出现数据错误。这一情形如图 10.6 所示。

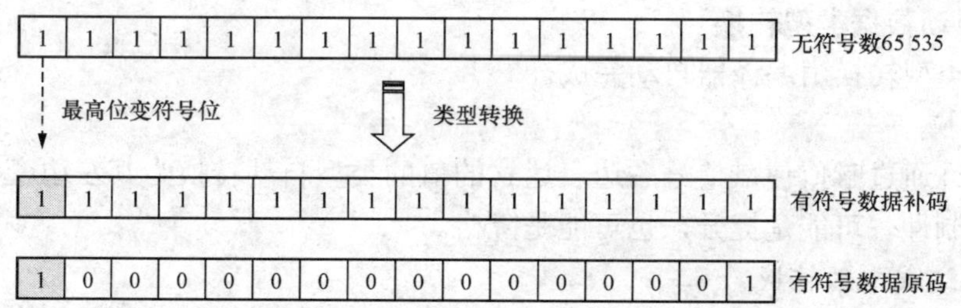

图 10.6 当无符号数转换成同样长度的有符号数因最高位被当作符号位而出现的错误

4. 截去小数与四舍五入

当一个实数（浮点数）转换为整数时，实数的小数部分全部舍去，并按整数形式存储。例如，将实数 3276.85 赋给一个整型变量 i，i 的值为 3276。但应注意，实数的整数部分不要超过整型数允许的最大范围，否则数据将要出错。

当由 double 型转换为 float 型时，将去掉多余的有效数字，但且要按四舍五入处理。

5. 丢失精度

四舍五入会丢失一些精度，截去小数也会丢失一些精度。此外，由 long 型转换成 float 或 double 型时，有可能在存储时不能准确地表示该长整数的有效数字，而且精度也会受损失，因为 float 型只有 6 位精度。

6. 结果不确定与截去高位

浮点数降格时，即 double 转换为 float，或 double、float 转换成 long int、short 型。当数

据值超过了目标类型的取值范围时，所得到的结果将是不确定的（其实也是有规律的，只是给出一个用户往往难以理解的数值。例如，将实数 32 768.85 赋给 16 位整型变量 *i*，由于 32 768 超过了 16 位整数最大值 32 767，在内存中就把 32 768 存储为 1 000 000 000 000 000 形式，它代表整数−32 768。如果输出 *i*，得−32 768。若将 32 769.85 赋给 *i*，输出整数 *i* 的值得−32 767。这些牵涉到补码的知识，在此不详述）。

当较长的整数转换为较短的整数时，要将高位截去。例如 long int 型为 4B，short 型为 2B，将 long int 型值赋给 short 类型时，只将低字节内容送过去。这就会有很大误差，得到的值是原数据值以 32 768 为模的余数。

代码 10.7 下面是转换的一个例子，请读者自己分析。

```
#include <stdio.h>
int main(void) {
    double a = 123456.789098765;
    float b;
    long c;
    short i,j;
    b = a; c = a; i = a; j = c;
    printf ("a = %f, b = %f, c = %d, i = %d, j = %d\n",a,b,c,i,j);
    return 0;
}
```

运行结果如下：

```
a = 123456.789099, b = 123456.789063, c = 123456, i = -7616, j = -7616
```

10.3.2 自动数据类型转换

自动数据类型转换由编译器自动完成。

1. 赋值转换

C 语言允许通过赋值使赋值号右边表达式的值的类型自动转换为其左边变量的类型。赋值转换具有强制性，可能是提升，也可能是降格。

2. 一般表达式中的转换

除赋值转换外，一般表达式转换是当混有不同类型的常量和变量时，要把它们通过类型提升转换，全都转换成同一类型。通常用于算术运算（加、减、乘、除、取余及负号运算），通称算术转换。算术转换分两步进行：

① 一元转换。一元转换即将短的数扩展成机器处理的长度。其中，算术一元转换的规则见表 10.5。

表 10.5 算术一元转换规则

操作数类型	标准 C 语言转换	传统 C 语言转换
float	（无转换）	double
阶大于或等于 int 的整型数据	（无转换）	（无转换）
阶小于 int 的有符号类型数据	int	int
阶小于 int 的无符号类型数据，所有值可以用 int 类型表示	int	unsigned int
阶小于 int 的无符号类型数据，所有值不可用 int 类型表示	unsigned int	unsigned int

② 二元转换。按照优先级顺序将各二元运算符两端的操作数提升成同一类型。转换按照下面的算法进行。

IF（一个操作数为 long double）：THEN 另一个操作数转换为 long double。

ELSE IF（一个操作数为 double）：THEN 另一个操作数转换为 double。

ELSE IF（一个操作数为 float）：THEN 另一个操作数转换为 float。

ELSE IF（一个操作数为 long）：THEN 另一个操作数转换为 long。

3. 输出转换

例如，一个 long 型数在 printf( )中指定用%d 格式输出，相当于先将 long 转换为 int 型后再输出，一个 int 型数也可按无符号方式输出（使用%u 转换等）。

10.3.3　用户定义转换

用户定义转换（user-defined conversions）也称强制类型转换、显式转换，是用户强制进行的一种数据类型转换。这种转换要用如下格式在程序中进行显式描述。

```
(类型标识符) 表达式
```

例如：

(char) (3-3.14159 *x)：（得到字符型数）。

k＝(int)((int)x＋(float)i＋j)：（得到整型数）。

(float)(x＝99)：（得到实型单精度数）。

(enum Color)2：（得到枚举 Color 类型）。

显式转换是一种单目运算。各种数据类型的标识符都可以用来作显式转换运算符，但必须用圆括号把类型标识符括起来，不要写成 int(3＋5)的形式。如果写成：(int)3.6＋7.2，则只对 3.6 转换，相当于((int)3.6)＋7.2，如果想对 3.6＋7.2 这个表达式进行转换，应加括弧，即(int)(3.6＋7.2)。

注意：对一个变量进行显式转换后，得到另外一个类型的数据，但原来变量的类型不变。例如，若 x 原为实型变量且值为 3.6，在执行

i＝(int)x

后得到一个整数 3，并把它赋给整型变量 *i*，但 x 仍为实型，值仍为 3.6。

10.3.4　函数调用时的参数类型转换

在调用函数时，存在实参初始化形参的过程，有时形参和实参不一定是完全吻合的。这样，实参初始化形参之前就存在一个类型转换的问题。参数类型转换大体有以下 3 种情况。

（1）精确匹配。精确匹配的实参并不一定与形参的类型完全一致，有一些最小转换可以被应用到实参上。精确匹配转换可能存在如下等级类别。

- 从左值到右值的转换。
- 从数组到指针的转换。
- 从函数到指针的转换。在给函数指针赋值的时候可以直接使用函数名，而没有必要通过&取址。
- 限定修饰转换。

限定转换只影响指针，它将限定修饰符 const 或 volatile 加到指针指向的类型上，而且这种转换是单向的，即只能是由没有带修饰符的实参到带有修饰符的形参的单向转换。前 3 种

比限定修饰转换要更精确，也统称为左值转换。

（2）与一个类型转换有关的转换。这类转换比较复杂，几种类型转换都要考虑到。可能的转换被分成三组：提升、标准转换和用户定义转换。精确匹配比提升好，提升比标准转换好，标准转换比用户定义的转换好。

（3）无匹配。若无法完成从实参到形参类型的转换就是无匹配。

习 题 10.3

判断题

对于定义

```
int a = 10;float b;
```

可以写出表达式b=a，这说明，变量b不仅可以存储实数，还可以存储整数。

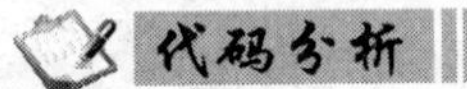

1. 选择题。

（1）表达式“(short)10L * 1.1”的数据类型是（　　）。

A. 短整型　　B. 长整型　　C. 双精度型　　D. 单精度型

（2）若有定义

```
int i; float f;
```

则下面的表达式中，正确的是（　　）。

A. (int f)% i　　B. int (f)% i　　C. int (f % i)　　D. (int)f % i

（3）若变量已经正确定义，则下列程序段的输出结果为（　　）。

```
x = 5.6789;
printf("%f\n",(int)(x * 1000 + 0.5) / (float)1000);
```

A. 由于输出格式与输出项不匹配，所以输出无定值

B. 5.68　　C. 5.678　　D. 5.679

2. 分析代码，将正确的答案填在空白处。

（1）对于定义

```
int b = 7; float a = 2.5, c = 4.7;
```

表达式a+(int) (b / 3 * (int) (a+c) / 2)% 4的值为____________。

（2）对于定义

```
int a = 2, b = 3; float x = 3.5, y = 2.5;
```

表达式(float) (a+b) / 2+(int)x % (int)y的值为____________。

（3）对于定义

```
int x = 3, y = 2; float a = 3.5, b = 2.5;
```

表达式(x+y) % 2+(int)a / (int)b 的值为____________。

（4）对于定义

```
int e = 1, f = 4, g = 2; float m = 10.5, n = 4.0,k;
```

表达式 k=(e+f) / g+sqrt(double)n) * 1.2 / g+m 的值为____________。

（5）表达式 8 / 4 * (int)2.5 / (int)(1.25 * (3.7+2.3))的数据类型为____________。

（6）表达式 pow(2.8, sgrt((double)(x)))的数据类型为____________。

10.4 typedef

以前用的类型名，除结构体类型、共用体类型和枚举类型名由用户自己添加一个名字外，其他类型名都是系统预先定义好的标准名，如 int、float、char 等。C 语言还允许在程序中用 typedef 来定义新的类型名来代替已有的类型名。下面介绍 typedef 的几种用法。

1. 简单的名字替换

```
typedef int INTEGER;
```

意思是将 int 型定义为 INTEGER，这二者等价，在程序中就可以用 INTEGER 作为类型名来定义变量。这样，语句

```
INTEGER a,b;                                /*相当于 int a,b;                  */
```

就定义 a、b 为 INTEGER 类型，也即 int 类型。

2. 定义一个结构体类型名

如

```
typedef struct{
   char  name[20];
   long  num;
   float score;
} STUDENT;
```

这样以后就可以用名字 STUDENT 来定义变量了。如

```
STUDENT student1,student2,*p;
```

定义了两个如上类型的结构体变量 student1、student2 以及一个指向该类型的指针变量 p。同样可用于共用体类型和枚举类型。

3. 定义数组类型

```
Typedef int  COUNT[20];                     /* 定义 COUNT 为整型数组             */
Typedef char NAME[20];                      /* 定义 NAME 为字符数组              */
COUNT a,b;                                  /* a,b 为整型                        */
NAME  c,d;                                  /* c,d 为字符数组                    */
```

4. 定义指针类型

```
typedef char *STRING;                       /* 定义 STRING 为字符指针类型         */
STRING p1,p2,p[10];                         /* p1,p2 为字符指针变量，p 为字符指针数组名 */
```

还可以有其他用法

5. 小结

归纳起来，用typedef定义一个新类型名的方法如下：

① 先按定义变量的方法写出定义体（如char a[20]）。

② 将变量名换成新类型名（如char NAME[20];）。

③ 在最前面加上typedef（如typedef char NAME[20];）。

④ 可以用新类型名去定义变量（如NAME c,d;）。

应当说明：用typedef只是起了一个新的类型名字，并未建立新的数据类型。其好处是，用typedef往往能增加程序的可读性。例如用COUNT去定义变量，使人一看就知道这些变量用于“统计”，还可以定义类型名AGE、ADDRESS等，此外，有利于程序的可移植性。例如32位计算机上一个整型量占4B，如果把它移植到16位计算机（int型为2B）上，并且数据范围超过−32 768～32 767，整数赋给整型变量就会溢出。为此，可以在程序中先定义

```
typedef int INTEGER;
```

然后，用INTEGER去定义所有整型变量。在向16位计算机移植时只需将最前面的typedef定义修改为

```
typedef long INTEGER;
```

此时所有用INTEGER定义的变量都是long int型。

习 题 10.4

代码分析

阅读程序，给出运行结果。

(1)

```
#include <stdio.h>
typedef union{
   long x[2];
   int y[4];
   char z[8];
}MYTYPE;
MYTYPE them;
int main(int){
   printf("%d\n",sizeof(them));
   return 0;
}
```

(2)

```
#include <stdio.h>
typedef struct{int no; double score;}REC;
void fun(REC x){x.no = 20; x.score = 99.6;}
```

```
int main(void){
    REC a = {15,88.5};
    fun(a);
    printf("%d,%1f\n",a.no,a.score);
    return 0;
}
```

(3)

```
#include <stdio.h>
typedef struct{int no; double score;}REC;
void fun(REC *y){y -> no = 15; y -> score = 99.6;}
int main(void){
    REC a = {10,88.5};
    fun(&a);
    printf("%d,%1f\n",a.no,a.score);
    return 0;
}
```

第 11 单元　文　件

文件（file）也是 C 语言提供的一种数据类型。但它与前面介绍的简单变量、数组、结构体类型变量、指针变量、枚举、共用体等不同。后者都是基于内存的数据类型，而文件是基于外部介质上的数据类型。也就是说，文件是计算机程序对外部介质上的数据进行管理的单位。使用文件，可以实现数据的持久化，数据可以以文件为单位永久保存，不受程序是否运行以及系统是否通电的影响，并且可以对大规模的数据进行组织。而内存数据结构受限于程序是否运行和系统是否通电，并且数据的量不能太大。

11.1　C 文件与 FILE 类型指针

11.1.1　文本文件与二进制文件

文件是计算机外部介质上的数据有序集合，是操作系统进行外部设备管理的抽象单位。为了进行管理，每个文件要有一个名称。操作系统根据这个名称，可以找到外部介质上保存文件的位置。

按照内容，可以将文件分为程序文件和数据文件。程序文件是程序的编译单位。这一单元介绍的内容适合数据文件。此外，也可以按照数据的编码方式进行分类。从 C 语言文件操作的角度看，更关注文件中数据的编码方式。据此，将文件分为文本文件（也称 ASCII 文件）和二进制（binary）文件两类。图 11.1 为整数 8576 的字符和二进制两种编码形式。用字符形式存放时，要分别存放 8（8 位 ASCII 码为 00111000）、5（8 位 ASCII 码为 00110101）、7（8 位 ASCII 码为 00110111）、6（8 位 ASCII 码为 00110110），共要 4 个字符，每个字符占一个字节，共用 8B 空间。而用二进制存放时，编码为 00010000 11000000，共 16 位，占 2B 空间。

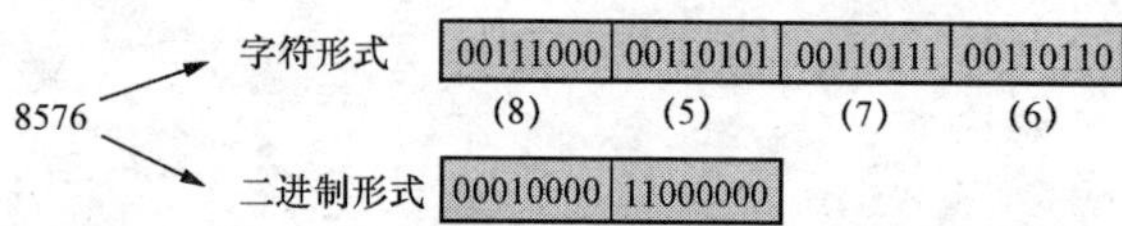

图 11.1　数据 8576 的字符形式和二进制编码形式

总之，文本文件 ASCII 码以字符为单位，比较直观，但占用的存储空间较大；二进制文件以字节为单位，占用的存储空间较小。

11.1.2　文件缓冲区

在计算机程序进行文件的存取时，文件中的数据存放在外部介质上，而计算机程序工作在 CPU 与内存之间。显然，计算机程序的工作速度要比外部介质高得多。为了提高计算机的工作效率，就要在程序与文件之间设置一个内存缓冲区，如图 11.2 所示。从内存向磁盘输出数据时，必须先送到输出文件缓冲区，装满后再一起送到磁盘中；从磁盘向内存输入数据时，一次从磁盘中读一批数据到输入文件缓冲区，

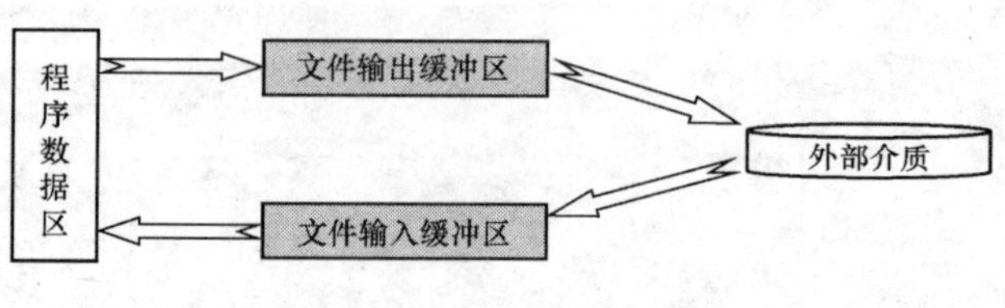

图 11.2　文件与缓冲区

然后由程序将数据逐个地读到程序的数据区中。文件缓冲区的大小因 C 语言版本而异，一般为 512B。

当要把数据写入文件时，程序先把数据写到文件输出缓冲区中，写满缓冲区或文件关闭时，将缓冲区内的数据写入到外部介质，并清理缓冲区。当要从外部介质读取数据时，先一个扇区（通常为 512B）一个扇区地从外部介质读取数据到缓冲区，每读完一个扇区的数据，才由程序将这些数据分别送给有关的变量，最后一次读回的数据不足一个扇区会遇到文件结束符，这时也将数据分别送给有关变量。

可以说，计算机程序只负责缓冲区与内存变量之间的操作，缓冲区与外部介质之间的操作是由操作系统完成的。

按照缓冲区设置，文件系统分为缓冲文件系统和非缓冲文件系统。缓冲文件系统由系统自动设置缓冲区，而非缓冲文件系统要用户自己根据需要设置缓冲区。

在传统的 UNIX 系统中，用缓冲文件系统处理文本文件，用非缓冲文件系统处理二进制文件。新的 ANSI C 标准已经不支持非缓冲文件系统，只采用缓冲文件系统，文本文件和二进制文件都用缓冲文件系统处理。

11.1.3 FILE 类型及其指针

缓冲文件系统要为每个文件建一个小的档案用来存放文件的有关信息，例如文件当前位置、该文件的对应内存缓冲区地址、缓冲区大小、缓冲区中未被处理字符数、文件操作方式、文件定位指针等，这些信息保存在一个结构体类型的变量中。这个结构体类型是由系统定义在 stdio.h 中，取名 FILE，其形式为

```
typedef struct{
    short          level;                    /* 缓冲区满或空的程度 */
    unsigned       flags;                    /* 文件状态标志       */
    char           fd;                       /* 文件描述符         */
    unsigned char  hold;                     /* 有无缓冲区不读字符 */
    short          bsize;                    /* 缓冲区大小         */
    unsigned char *buffer;                   /* 文件缓冲区首地址   */
    unsigned char *curp;                     /* 文件缓冲区工作指针 */
    unsigned       istemp;                   /* 临时文件指示器     */
    short          token;                    /* 有效性检查记录     */
}FILE;
```

在 C 语言程序中，要对一个文件进行操作，就要定义一个指向该文件的 FILE 指针变量。采用这样一种简明的方式，可以方便地实现文件操作。定义 FILE 类型指针变量的格式如下：

```
FILE * 指针变量名 = null;
```

习 题 11.1

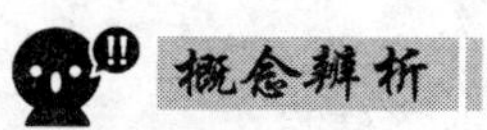

选择题

(1) 文件指针用来（ ）。

A. 标识文件在内存中的存放地址　　　B. 标识文件在外部介质中的存储位置

C．标识文件中的读写位置　　　　D．指向某个文件的信息区

（2）二进制文件与文本文件相比，（　　）。

A．文本文件占用存储空间小，且易读性弱

B．文本文件占用存储空间大，但易读性强

C．二进制文件占用存储空间小，但易读性弱

D．二进制文件占用存储空间大，且易读性强

（3）下面关于缓冲文件与非缓冲文件的叙述中，正确的是（　　）。

A．非缓冲文件不需要内存缓冲区，效率较高

B．系统不为非缓冲文件自动开辟内存缓冲区

C．程序员要为缓冲文件设置开辟内存缓冲区

D．非缓冲文件不由标准库函数操作

（4）在缓冲文件系统中，缓冲区的大小一般（　　）。

A．为 1024B　　　　B．为 512B

C．由程序员决定　　　　D．指根据文件大小确定

（5）进行文件操作之前，首先要打开文件，打开文件的目的是（　　）。

A．将磁盘文件中的内容全部复制到内存中　　　　B．在程序与磁盘之间建立一个专用传输通道

C．建立程序与文件缓冲区之间的联系　　　　D．建立文件与程序之间的联系

11.2　C 文件操作的一般过程

一个 C 语言文件操作大致需要如下 3 个过程。

① 打开文件。

② 读写操作。

③ 关闭文件。

11.2.1　文件打开

1. 打开文件的意义

在第 11.1.3 节中讲到，定义一个指向 FILE 类型的指针，可以方便地实现文件操作。但是，实际并非如此简单。因为只定义了一个 FILE 类型指针名，这个指针还没有与要操作的文件联系起来，如何进行操作呢？为此必须对这个文件指针进行初始化文件指针初始化的过程就称为文件打开，由库函数 fopen()完成，具体格式如下。

```
FILE 指针名 = fopen("文件名","文件使用方式");
```

通常可以将创建 FILE 指针与打开文件同时进行，格式如下。

```
FILE *FILE 指针名 = fopen("文件名","文件使用模式");
```

更具体地说，打开操作将完成如下一些工作。

（1）根据文件名（包括了文件路径），可以得到文件的存储位置、大小等信息。

（2）要求系统在内存中分配一个 16B 的空间保存 FILE 结构体变量。

（3）要求系统在内存中为该文件分配一个文件缓冲区。

（4）根据以上信息初始化 FILE 类型的结构体变量。

（5）把 FILE 结构体变量的地址返回给 FILE 类型指针。

（6）自动打开 3 个标准文件：标准输入（键盘）文件、标准输出（屏幕）文件和标准出错（屏幕）文件，即自动建立 3 个文件指针 stdin、stdout 和 stderr，分别指向 3 个标准文件，使它们与标准终端设备联系。

这样，利用这个 FILE 类型指针才能有效地进行文件操作。

对于标准文件来说，系统在程序运行开始时便自动地创建了 3 个指针变量：stdin、stdout 和 stderr，它们都以终端设备为输入输出对象，也就是说，系统在程序运行开始时，就已经隐含打开了 3 个标准 I/O 文件，所以不需再另外执行打开操作。

当文件打开成功时，函数 fopen()返回一个地址，指向被打开文件的信息区。该信息区是 FILE 类型的结构体，使以后的文件操作反映到其信息区中。或者说，使文件信息区中的信息能正确地反映文件的状态。

为了判断文件是否能正确地打开，通常使用下面的程序段。当文件打开失败时，可以输出打开失败信息，并退出执行。

代码 11.1 常用的文件打开程序段。

```
#include <stdio.h>
#include <stdio.h>
   ...
FILE *fp;
if((fp=fopen("filename","mode"))==NULL){
    printf("Can't open file\n");
    exit(-1);
}
```

2. 关于文件使用模式

如前所述，fopen()函数的一个参数是文件名，它包含了文件路径，另一个参数是“文件使用模式”。

如图 11.3 所示，文件使用模式由 3 部分组成，每一部分都用一个字母表示。所以，这个字符串最多含有 3 个字符。

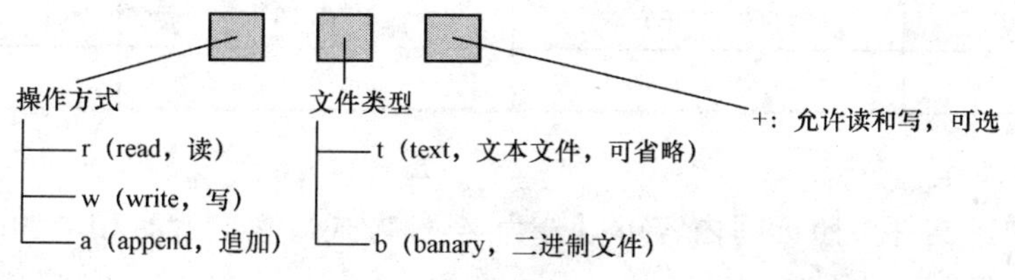

图 11.3 文件使用模式的组成

说明：（1）w 的含义：打开时，若文件已经存在，则覆盖原文件；若文件不存在，就建一个新文件。r 或 a 的含义：文件必须已经存在，只打开文件，不创建新文件。

（2）第 3 部分的“＋”是可选的。增加这一部分，表示可读又可写。

（3）文件使用模式，隐含着文件读写指针的位置。表 11.1 为 ANSI C 规定的几种文件操作模式。

表 11.1 文件操作模式

模　式	读	写	刷新	创建	追加	打开时读写指针位置
r/rb	√					文件头
r+/rb+	√	√				文件头
w/wb		√	√	√		文件头
w+/wb+	√	√	√	√		文件头
a/ab		√			√	文件尾
a+/ab+	√	√			√	文件尾

11.2.2 文件读写定位与读写操作

1. 文件读写指针及其定位

前面提到了读写指针。读写指针是用来指示读写位置的指针。由表 11.1 可以看出，这个指针的初始位置与打开时选择的文件操作模式有关。一般来说，读和写时，读写指针的初始位置在文件头；追加时，读写指针的初始位置在文件尾。在读写过程中，一般读写指针会顺序向后移动，每读/写一个字节，读写指针就后移一个字节，这种情形称为文件的顺序操作。但是，有时还需要对文件中的数据通过对读写指针定位的方式直接进行读写，这种操作方式称为随机读写。随机读写时可以使用的读写指针定位函数主要有表 11.2 中列出的 3 种。

表 11.2 3 种主要的读写指针定位函数

函数名	函　数　参　数	作　用
rewind()	文件指针	置读写指针到文件首
ftell()	文件指针	获得读写指针位置
fseek()	文件指针，位移量，起始位置	移动读写指针一段距离

其中，“起始位置”用一组符号常量或数字表示，见表 11.3。

表 11.3 “起始位置”的符号常量

起始位置	文　件　首	当前读写位置	文　件　尾
符号常量	SEEK_SET	SEEK_CUR	SEEK_END
数字表示	0	1	2

2. 文件读写操作

在 C 语言中，文件按照读写内容可以分为 4 种方式，它们都有相应的库函数。表 11.4 为 C 语言提供的 4 种读写函数。

表 11.4 C 语言提供的 4 种读写函数

读写内容	读　函　数	写　函　数
字符读写	fgetc(文件指针)	fputc(字符，文件指针)
字符串读写	fgets(开始地址，长度+1，文件指针)	fputs(开始地址，文件指针)
格式化读写	fscanf(文件指针，格式字符串，输出表列)	fprintf(文件指针，格式字符串，输出表列)
二进制数据块	fread(开始地址，长度，块数，文件指针)	fwrite(开始地址，长度，块数，文件指针)

代码 11.2

```
while(strlen(gets(string))>0) {              /* 写字符串到文件 */
    fputs(string,fp);
    fputs("\n",fp);
}
```

这段代码的功能是，当从键盘上获得（用 gets()函数）的一个字符串非空（strlen()>0）时，将其写进文件 file1.txt 中（用 fputs()函数），而当从键盘上获得的字符串为空时（只打回车），退出循环。

3. 文件检测相关函数

在文件操作过程中，常常需要一些特殊检测，如文件读写指针是否处于文件尾、读写是否不能完成等，也还需要在问题处理后将文件出错标志和文件结束标志复位，这些也由库函数承担，具体见表 11.5。

表 11.5　　　　文件检测相关函数

函数调用形式	功　能	返 回 值
feof(文件指针)	判断文件读写指针是否到文件尾	读写指针处于文件尾则返回 1，否则返回 0
ferror(文件指针)	检测文件读写是否完成	出错则返回 1，否则返回 0
clearerr(文件指针)	文件出错或文件结束标志复位	无返回

11.2.3　文件关闭

文件关闭有如下 3 个功能。

（1）将仍留在文件缓冲区中的数据（不论缓冲区是否已满）送给文件。

（2）将打开文件时自动打开的 3 个标准文件：标准输入（键盘）文件、标准输出（屏幕）文件和标准出错（屏幕）文件关闭。

（2）释放文件信息区，使文件指针不再指向所联系的文件。

因此，进行完文件操作后，应当再执行一个关闭文件的操作，以免丢失本来该写到文件上的数据。

在 C 语言程序中使用函数 fclose()关闭文件。fclose()的原型为

```
int fclose(文件指针);
```

正常关闭时返回 0，出错时返回 EOF（−1）。

习　题　11.2

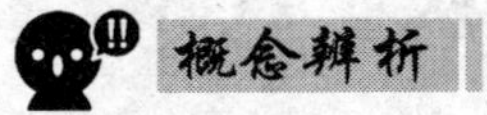

选择题

（1）使用 fopen()函数打开一个文件时，读写指针（　　）。

A. 一定在文件首　　B. 一定在文件尾

C. 可以在文件的任意位置　　D. 可能在文件首，也可能在文件尾

（2）若 fp 为一个文件指针，则语句（　　）执行后，文件读写指针不指向文件首。

A. rewin(fp);　　B. fseek(fp,0L,0);　　C. fseek(fp,0L,2);　　D. fopen("fi.c","r");

（3）若 fp 是一个文件指针，且已经读文件到文件尾，则 feof(fp)的返回值为（　　）。

A.EOF　　B. －1　　C. 非零　　D. null

（4）函数调用语句 fseek(fp,-20L,2)；执行后，将使文件读写指针（　　）。

A. 移到距离文件头 20B 位置　　B. 从当前位置向后移动 20B

C. 从文件尾处后退 20B　　D. 移到距当前指针 20B 处

1. 阅读下面的程序，指出它们的功能。

（1）

```
#include <stdio.h>
#include <stdlib.h>
int main(void){
   FILE *fp;
   char ch;
   if((fp = fopen("file2.txt","w")) == NULL){
      printf("can't open this file");
      exit(-1);
   }
   while((ch = getchar())!= '\n')
      fputc(ch,fp);
   fclose(fp);
   return 0;
}
```

（2）

```
#include <stdio.h>
#include <stdlib.h>
int main(void){
   FILE *fp;
   char ch;
   if((fp = fopen("file2.txt","r")) == NULL){
      printf("can't open this file");
      exit(-1);
   }
   while((ch = fgetc(fp))!= EOF)
      putchar(ch);
   fclose(fp);
   return 0;
}
```

（3）

```
#include <stdio.h>
#include <stdlib.h>
int main(void){
   FILE *fp;
```

```
    char string[81];
    if((fp = fopen("file1.txt","r")) == NULL){
        printf("can't open this file");
        exit(-1);
    }
    while(fgets(string,81,fp)!= NULL)
        printf("%s",string);
    fclose(fp);
    return 0;
}
```

(4)

```
#include <stdio.h>
#include <stdlib.h>
#include <string.h>
int main(void){
    FILE *fp;
    char name[18];
    int num;
    float score;

    if((fp=fopen("file3.txt","w"))== NULL){
        printf("can't open this file");
        exit(-1);
    }

    printf("type name,num,score:");
    scanf("%s %d %f",name,&num,&score);
    while(strlen(name)>1){
        fprintf(fp, "%s %d %f",name,num,score));
        fputs("\n",fp);
        printf("type name,num,score:");
        scanf("%s %d %f",name,&num,&score);
    }
    fclose(fp);
    return 0
}
```

(5)

```
#include <stdio.h>
#include <stdlib.h>
int main(void){
    char c;
    FILE *fp;
    if((fp=fopen("test","r")) == NULL){
        printf("Cannot open file.\n");
        exit(-1);
    }
    fseek(fp,0L,2);

    while((fseek(fp,-1L,1)) != -1){
```

```
        c = fgetc(fp);putchar(c);
        if(c == '\n')
            fseek(fp,-2L,1);
        else
            fseek(fp,-1,1);
    }
    fclose(fp);
    return 0;
}
```

2. 找出下面程序中的错误并改正。

下面程序的功能是把文本文件 d1.txt 复制到文本文件 d2.txt，要求复制时将英文文字和数字排除。

```
#include <stdio.h>
int main(void){
    FILE *fp1,*fp2;
    char ch;
    fp1 = fopen(d1.txt,r);
    fp2 = fopen(d2.txt,w);
    while(feof(fp1)){
        ch = fgetc(fp1);
        if(!((ch >= 'A' && ch <= 'z' && (ch >= 'a' && ch <= 'z') && (ch >= '0' && ch <= '9')
            fputc(ch);
    return 0;
}
```

探索验证

编写程序，验证库函数 feof( )函数是适合于二进制文件也适合于文本文件，还是适合其中一种。

11.3 文件操作程序示例

11.3.1 写若干行字符串到文本文件

代码 11.3

```
/* 将由键盘输入的几个字符串保存到磁盘文件 */
#include <stdio.h>
#include <stdlib.h>
#include <string.h>
int main(void){
    FILE *fp;                                    /* 建立文件指针   */
    char string[81];
    if((fp = fopen("file1.txt","w")) == NULL){   /* 打开文件       */
        printf("can't open this file");
        exit(-1);
    }

    while(strlen(gets(string)) > 0) {            /* 写字符串到文件 */
        fputs(string,fp);
        fputs("\n",fp);
    }
```

```
    fclose(fp);                                /* 关闭文件                                    */
    return 0;
}
```

说明：由于 fputs()不会自动在一串字符后加上操作字符“\n”，所以要再使用一个 fputs()向文件中写一个转义字符“\n”，以便将来读取数据时能分开各字符串。

11.3.2　文件复制

1. 问题分析

（1）复制一个文件（源文件）中的内容到另一个文件（目标文件）的基本步骤如下。

① 从源文件中读取一批数据到内存中的缓冲区（buffer）。

② 从内存缓冲区中将数据写入目标文件。

在正常情况下，每次读写后，读写指针向后移动一个读写单位（即缓冲区空间，大小由 bsize 给定）。当源文件中的数据量不足 bsize 时，可按逐步减半的方法缩小缓冲区。注意，读写单位改变时，应使用 fseek()函数移动读写指针。

（2）为了使用方便，可在输入程序名的同时输入两个文件名。例如程序名为 mycopy，源文件名为 file1，目标文件名为 file2，则可按下面的命令行格式启动程序：

```
mycopy file1 file2
```

为了实现这一功能，要使用带参主函数。带参主函数允许使用两个参数：int argc 和 char argv[]。本题的 3 个文件名就存放在 argv[]中，argv[]的大小由参数 argc 指定，由系统根据命令行中字符串的个数自动生成。对上述命令行，argc 的值为 2，故 argv[1]存放 file1, argv[2]存放 file2。

2. 程序参考代码

代码 11.4

```
/***** 文件名：mycopy *****/
#include <stdio.h>
char buff[32768];

int main(int argc,char * argv[]){          /* 使用命令行参数                          */
   unsigned int bfsz=32768;
   unsigned long i=0;
   FILE *fp1,*fp2;                          /* 按读、写分别打开两个文件                */
   if((fp1 = fopen(argv[1],"rb")) == 0){
      printf("can't open file %s",argv[1]);
      exit(-1);
   }
   if((fp2=fopen(argv[2],"wb")) == 0){
      printf("can't open file %s",argv[2]);
      exit(-1);
   }

   while(bfsz){
      if(fread(buff,bfsz,1,fp1)) {          /* 源文件中数据够 bfsz，则以 bfsz 为单位读出数据 */
         fwrite(buff,bfsz,1,fp2);           /* 写到目标文件                            */
         i += bfsz;                         /* 计算下一个读写位置                      */
```

```
        }
        else{                                   /* 源文件中数据不够bfsz，则以减小bfsz的大小    */
            fseek(fp1,i,0);                     /* 移动读写指针到下一个位置                    */
            bfsz = bfsz/2;                      /* 折半减小bfsz的值                            */
        }
        fclose(fp1);
        fclose(fp2);
    }
    return 0;
}
```

习 题 11.3

开发练习

设计下面各题的C语言程序，并设计相应的测试用例。

1. 将命令行中指定的文本文件的内容追加到另一个文本文件原内容之后，实现文件的连接。

2. 将两个文件中的内容逐字符进行比较。如果两文件内容完全相同，则打印相应信息；若两个文件有不同之处，则打印从文件开始处到出现不同结束，有多少个字节相同。

3. 一个文件中保存一个公司的职工信息，内容包括职工号（用4位表示入职年份，用2位表示当年序号）、姓名、学历、职位和基本工资。要求如下：

（1）在程序中用结构体描述每个职工的信息，并且可以按照需要只描述其中的一部分。

（2）可以对职工进行分类处理，例如，给5年以上公司龄的人，每月加薪500元。

第12单元　格式化输入/输出

12.1　printf( ) 格 式 详 解

printf( )函数的格式说明字段的结构如图12.1所示。

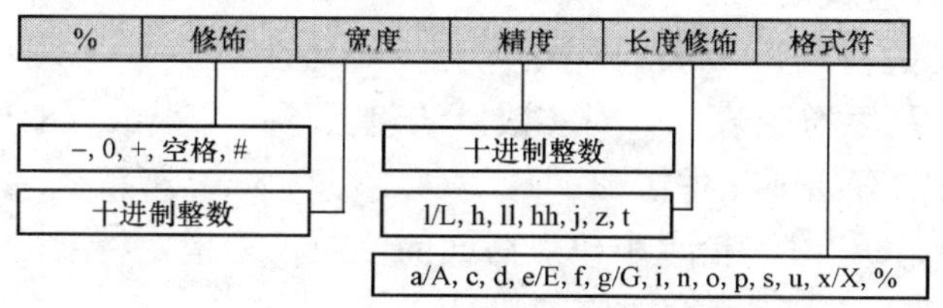

图12.1　printf( )的格式字段结构

下面分别介绍它们的含义。

12.1.1　基本格式符

表12.1为printf( )的基本格式符。

表12.1　printf( )的基本格式符

格式符	输出说明	举　例	输出结果
d/i	带符号十进制定点格式	int a = 975311; printf("%d", a);	975 310
u	无符号十进制定点格式	int a = 975311; printf("%u", a);	975 310
o	无符号八进制定点格式	int a = 975311; printf("%o", a);	3 560 717
x/X	无符号十六进制定点格式	int a = 975311; printf("%x", a);	ee1cf
c	字符	int a = 68; printf("%c", a);	D
s	字符串	char s[ ] = "abcde"; printf("%s", s);	abcde
f	小数形式十进制	double a = 123.456; printf("%f", a);	123.456 000
e/E	科学记数法	double a = 123.456; printf("%E", a);	1.234 560E+002
g/G	f和e中短者，不输出无效0	double a = 123.456; printf("%G", a);	123.456
p	输出地址，格式由实现定义	double a = 123.456; printf("%p", &a);	0012FF74（a的地址）
%	%	printf("%%");	%

注　在C99中增加了一对a/A，用于进行带符号十六进制浮点格式输出。

12.1.2　长度修饰符

长度修饰符是在基本类型的基础上进行的长度说明，用于指定是基本类型的short，还是long。表12.2列出了长度修饰符的用法。

表 12.2 长度修饰符的用法

长度修饰符	可修饰的格式符	作 用 类 型
l	d,i,o,u,x,X	long
ll	d,i,o,u,x,X	long long int unsigned long long int
h	d,i,o,u,x,X	short unsigned short
hh	d,i,o,u,x,X	char unsigned char
L	a,A,e,E,f,g,G	long double

12.1.3 域宽与精度说明

域宽与精度说明的格式为 *m.n*。其中：

m 为输出域宽，用字符数表示。对实数，还包括了一个小数点的位置。

n 为精度，其用法有如下几种情形：

- 配合格式符 f、e/E 时，指定小数点后面的位数；未指定精度时，默认小数点后 6 位。
- 配合格式符 g/G 时，指定有效位的数目。
- 作用于字符串时，精度符限制最大域宽。
- 作用于整型数据时，指定必须显示的最小位数，不足时左侧补 0。

代码 12.1

```
#include <stdio.h>
int main(void){
    printf("%12.5f\n",123.1234567);
    printf("%12f\n",123.1234567);
    printf("%12.5g\n",123.1234567);
    printf("%5.10s%s\n","abcdefghijklm","a");
    printf("%12.8d\n",12345);
    return 0;
}
```

执行结果如图 12.2 所示。

			1	2	3	.	1	2	3	4	6	域宽12，精度5
		1	2	3	.	1	2	3	4	5	7	域宽12，未指定精度，默认6位精度
						1	2	3	.	1	2	域宽12，有效位5位
a	b	c	d	e	f	g	h	i	j	a		最少5个字符，最大域宽10
				0	0	0	1	2	3	4	5	域宽12，显示8位，不足时左侧补0

图 12.2 代码 12.1 的输出结果

需要指出的是：输出数据的实际精度并不主要取决于格式说明字段中的域宽与精度，也不取决于输入的数据精度，而主要取决于数据在机器内的存储精度。例如，一般的 C 语言系统对 float 类型只能提供 6 位有效数字，double 只有大约 16 位有效数字。格式说明字段中指定的域宽再大、精度再长，所得到的多余位数上的数字是无意义的，所以增加域宽与精度并不能提高输出数据的实际精度。

12.1.4 前缀修饰符

前缀修饰符见表 12.3。在格式说明字段中它们的位置一般紧靠“%”，在输出字段中可以增添前缀符号。

表 12.3　　　　**前缀修饰符**

修饰符	意　义
−	数据在输出域中左对齐显示
0	用“0”而非空格进行前填充
+	在有符号数前输出前缀“+”或“−”
空格	对正数加前缀空格，对负数加前缀“−”
#	在 g 和 f 前，确保输出字段中有一个小数点；在 x 前，确保输出的十六进制数前有前缀 0x
*	做占位符号

代码 12.2　对于数据的定义如下：

```
double x = 333.0123456789, y = -555.0123456789;
int i = 123456;
```

按照不同的格式说明字段，用 printf( )函数输出的结果见表 12.4。

表 12.4　　　　**对代码 12.2 中定义的数据的输出格式**

格式字段	数据项表	输出结果																				说　明
%20d	i															1	2	3	4	5	6	
%20x	i																1	e	2	4	0	域中右对齐输出
%20f	x											3	3	3	.	0	1	2	3	4	6	
%#20x	i														0	x	1	e	2	4	0	确保加前缀 0x
%−20f	x	3	3	3	.	0	1	2	3	4	6											域中左对齐
% 20f	x											3	3	3	.	0	1	2	3	4	6	填充空格前导
%020f	x	0	0	0	0	0	0	0	0	0	0	3	3	3	.	0	1	2	3	4	6	填充 0 前导
%+20f	y										+	3	3	3	.	0	1	2	3	4	6	确保加正负号
%+20f	y										−	5	5	5	.	0	1	2	3	4	6	
%*.*f	20,8,x									3	3	3	.	0	1	2	3	4	5	6	8	数据替代占位符

通常的报表中要求数字以小数点对齐格式打印，其他非数字要求左对齐打印。利用负号、域宽、精度域宽便可以实现上述要求。

代码 12.3　一个显示美国各州面积、森林覆盖面积和森林覆盖率的简单程序。

```
/******  美国各州面积列表 ******/
#include <stdio.h>
int main(符){
   double ar ,por,perc;
   printf("%-12s%12s%12s%12s\n","State","Area","Forest","Percent");
   printf("------------------------------------------------\n");
   ar = 50750; por = 33945; perc = por/ar*100;
   printf("%-12s%12.0f%12.0f%10.2f%%\n","Alabama",ar,por, perc);
   ar = 591000;por = 201642; perc = por/ar*100;
   printf("%-12s%12.0f%12.0f%10.2f%%\n","Alaska",ar,por, perc);
```

```
    ar = 114000;por = 30287; perc = por/ar*100;
    printf("%-12s%12.0f%12.0f%10.2f%%\n","Arlzona",ar,por, perc);
    ar = 53187;por = 26542; perc = por/ar*100;
    printf("%-12s%12.0f%12.0f%10.2f%%\n","Arkanasas",ar,por, perc);
    ar = 158706;por = 61532; perc = por/ar*100;
    printf("%-12s%12.0f%12.0f%10.2f%%\n","California",ar,por, perc);
    ar = 104000;por = 33340; perc = por/ar*100;
    printf("%-12s%12.0f%12.0f%10.2f%%\n","Colorado",ar,por, perc);
    printf("……\n");
    return 0;
}
```

执行结果：

```
State        Area         Forest        Percent
-----------------------------------------------
Alabama      50750        33945          66.89%
Alaska       591000       201642         34.12%
Arlzona      114000       30287          26.57%
Arkanasas    53187        26542          49.90%
Galifornia   158706       61532          38.77%
Golorado     104000       33340          32.06%
……
```

注意：编译程序只是在检查了 printf( )中的格式参数后才确定有几个输出项，每个输出项是什么类型、按什么格式输出等信息。因此，在设计格式参数时，要求每个格式项要与所对应的输出项参数的类型、次序一致。

习　题　12.1

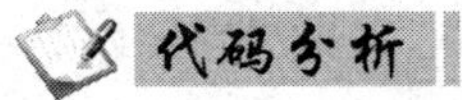

选择题

（1）有下面的程序

```
#include <stdio.h>
int  main(void){
    int a = 3,b = 5;
    printf("a=%%d,b=%%d\n",a,b);
    return 0;
}
```

程序执行后的输出结果为（　　）。

A．a=%%3,b=%%5　　B．a=3,b=5　　C．a=%d,b=%d　　D．a=%3,b=%5

（2）有下面的程序

```
#include <stdio.h>
int main(void) {
   int a = 333,b = 555;
   printf("%d\n",a,b);
```

```
    return 0;
}
```

程序执行后的输出结果为（　　）。

A．333　　B．333,555　　C．出错　　D．555

（3）对于定义

```
long x=-12345678L;
```

下列语句中，不能正确地输出变量 x 的值的语句为（　　）。

A．printf(“x＝%d\n”,x);　　B．printf(“x＝%LD\n”,x);

C．printf(“x＝%8dL\n”,x);　　D．printf(“x＝%ld\n”,x);

（4）程序段

```
int a=12345;
printf("%2d\n",a);
```

的输出为（　　）。

A．12　　B．45　　C．12345　　D．提示出错

（5）程序段

```
int a=32767,b=032767;
printf("%d,%o\n",a,b);
```

的输出为（　　）。

A．32767,77777　　B．32767,32767　　C．32767,032767　　D．32767,077777

12.2　scanf() 格式详解

scanf()函数的功能是将输入数据送入相应的存储单元。具体地说，它是按格式参数的要求，从终端把数据传送到地址参数所指定的内存空间中。其原型为

```
int scanf (格式参数字符串,地址 1,地址 2,…);
```

12.2.1　地址参数

C 语言允许程序员间接地使用内存地址，这个地址是通过对变量名“求地址”运算得到的，求地址的运算符为&。例如，对于定义：

```
short a;
float b;
```

&a 给出的是变量 a 两字节空间的首地址，&b 给出的是变量 b 四字节空间的首地址。

12.2.2　格式字段

scanf()与 printf()有相似之处，也有不同之处。scanf()格式参数字符串中的主要成分是格式字段。scanf()的格式字段的结构如图 12.3 所示。

1. 基本格式符和长度修饰

scanf()的基本格式符与 printf()的基本格式符相似。表 12.5 列出了输入格式符及长度修饰符与要输入数据类型之间的关系。

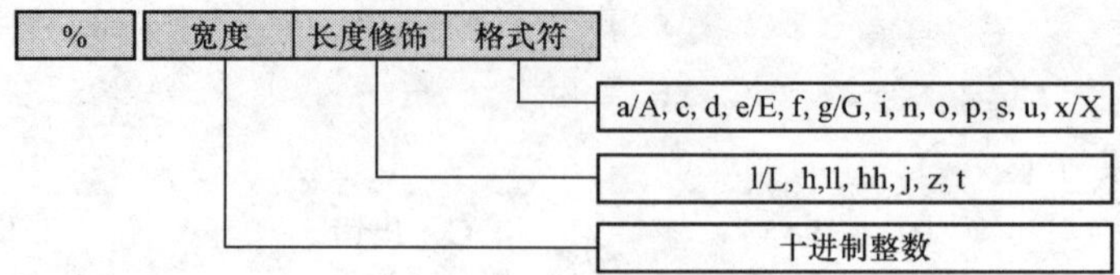

图 12.3 scanf( )的格式字段结构

表 12.5 输入格式符和长度修饰符

格式符	长度修饰符	输入数据类型	说 明
d	无 hh h l ll	int char short long long long	输入带符号十进制整数，可选加＋或－
i	hh h l ll	char short long long long	输入带符号整数，可选加＋或－以及 0（八进制）、0x（十六进制）
u	无	unsigned	输入带符号十进制整数
o	hh	unsigned char	输入无符号八进制整数，可选加＋或－
x	h l ll	unsigned short unsigned long unsigned long long	输入无符号十六进制整数，可选加＋或－
c	无	char	读取字符
s	无	字符串	连续读取字符，直到遇到文件结束符、空白或达到指定字段宽度
n	无 hh h l ll	int char short long long long	不读取字符，而是把 scanf( )所处理的字符总数写入到对应参数指定的变量中
p	无	地址	读取地址
f, e, g,a	无 l L	float double long double	读取带符号十进制实数
[ ]	无	字符搜索集合	只能输入定义在搜索集合中的字符，例如%[abcdefgh]或%[a－h]
%	无	%	读取%

注意：输入数据时，格式字段中的格式符以及长度修饰符所指定的类型，必须与地址参数的类型一致。

代码 12.4

```
#include <stdio.h>
int main(void){
    double a,b,c,d;
    scanf("%f%f",&a,&b);
    printf("\na=%lf,b=%lf\n",a,b);
    scanf("%lf%lf",&c,&d);
```

```
    printf("\nc=%lf,d=%lf\n",c,d);
    return 0;
}
```

某次执行结果：

```
1.234      5.678↵

a=-9255960430402809 400000000000000000000000000000000000000000000000.000000,
b=-925596045133574090000000000000000000000000000000000000000000000.000000
1.234     5.678↵

c=1.234000, d=5.678000
```

可以看出，第 1 个 scanf( )函数中使用了格式符“%f”，而数据项是 double 类型，所以产生输入错误。而第 2 个 scanf( )函数中使用了格式符“%lf”，与数据项类型 double 类型一致，故输入结果正确。

2. 字段宽度

字段宽度是放在%与格式符之间的整数，用于限制一个字段可以读取字符的数目。

12.2.3　数值数据流的分隔

scanf( )是从输入数值数据流中接收非空的字符，再转换成格式项描述的格式，传送到与格式项对应的地址中去。当操作者在终端输入一串字符时，系统怎么知道哪几个字符算作一个数据项呢？方法如下：

1. 使用默认分隔符

使用默认分隔符：空格、跳格符（'\t'）、换行符（'\n'）。

代码 12.5

```
#include <stdio.h>
int main(void){
    int a;
    float b,c;
    scanf ("%d%f%f",&a,&b,&c);
    printf ("a=%d,b=%f,c=%f",a,b,c);
    return 0;
}
```

一次运行情况：

```
12 345 6789 87654321↵
a=12,b=345.000000,c=6789.000000
```

注意：当从键盘上输入一串字符流后，只有输入“↵”时，系统才开始执行 scanf( )规定的操作。

2. 根据格式参数项中指定的域宽分隔出数据项

代码 12.6

```
#include <stdio.h>
int main(void){
    int a;
    float b,c;
```

```
    scanf ("%2d%3f%4f",&a,&b,&c);
    printf ("a=%d,b=%f,c=%f",a,b,c);
    return 0;
}
```

一次运行情况：

```
12345678987654321↵
a=12,b=345.000000,c=6789.000000
```

说明：%2d 只要求读入 2 个数字字符，因此把 12 读入送给变量 a；%3f 要求读入 3 个字符，可以是数字、正负号或小数点，结果把 345 读入送给 b，又按%4f 读入 6789，送给 c。

3. 根据格式字符的含义从输入流中取得数据

代码 12.7

```
#include <stdio.h>
int main(void){
    int a;
    char b;
    float c;
    printf ("input a,b,c:\n");
    scanf ("%d%c%f",&a,&b,&c);
    printf ("a=%d,b=%c,c=%f",a,b,c);
    return 0;
}
```

一次执行结果：

```
input a b c: 1234r1234.567↵
a=1234,b=r,c=1234.567017
```

说明：因为 scanf 首先按%d 的要求接收输入流中的数字字符，到 r 时发现类型不符。于是把“1234”转换成整型数送往地址&a 所指定存储空间中，接着接收字符 r 送入地址&b 所指定的存储空间，最后把 1234.567 送入地址&c 所指定的存储空间。

注意：当输入流中数据类型与格式字符要求不符时，就认为这一数据项结束。

4. 格式参数字符串中的非空白字符。在 scanf( )中的格式控制字符串中，除了格式说明字段中的字符外，所出现的其他字符都必须在输入数据流时照样输入。

代码 12.8

```
#include <stdio.h>
int main(void){
    int a, b ;
    scanf("input:%d$$$%d",&a,&b);
    printf("%d, %d\n",a,b);
    return 0;
}
```

输入的情形：

```
input:123$$$456↵
123, 456
```

显然，两个格式说明字段之间的非空白字符也起了分隔数据项的作用。例如，可以使用逗号来分隔数据项。

12.2.4　scanf( )与输入缓冲区

在输入数据时，并不是输入完一个数据项就被读入送给一个变量，而是在输入一行字符后先放在缓冲区中，如果缓冲区中的数据多于一个 scanf( )所要求的个数，则被继续保留，供下一个 scanf( )接着使用。

代码 12.9

```
#include <stdio.h>
int main(void){
    int a,b,c,d,e,f;
    scanf("%d %d",&a,&b);
    scanf("%d %d",&c,&d);
    scanf("%d",&e);
    scanf("%d",&f);
    printf("a=%d,b=%d,c=%d,d=%d,e=%d,f=%d",a,b,c,d,e,f);
    return 0;
}
```

运行情况：

```
13 24 35 46 57↵
68 79↵
a=13,b=24,c=35,d=46,e=57,f=68
```

说明：这个程序中的操作如图 12.4 所示。

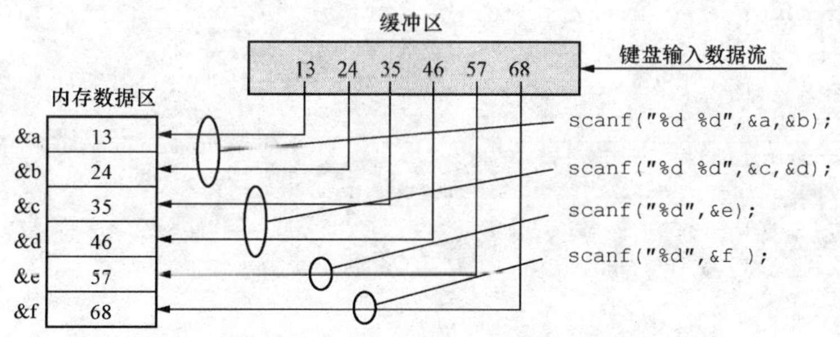

图 12.4　代码 12.9 中的赋值过程

图 12.4 表明，第一个 scanf 函数从缓冲区读取前 2 个整数（13，24）给 a 和 b，第 2 个 scanf 接着读取下两个整数（35，46）给 c 和 d，第 3 个 scanf 函数接着读取下一个数据（57）给 e。此时缓冲区中数据已读完。从键盘再输入一行字符，第 4 个 scanf 函数只需取其中一个整数（68），多余下的（79）无用。

12.2.5　scanf( )用于字符输入

1. 用 scanf( )输入多个字符

由于所有空白字符、转义字符都将作为有效字符被接收，因此不能再使用空白或其他字符进行数据项的分隔，系统会从缓冲区中依次给数据参数中的各项逐一分配一个字符。

代码 12.10

```
#include <stdio.h>
int main(void){
```

```
    char c1,c2,c3;
    scanf("%c%c%c",&c1,&c2,&c3);
    printf("\nc1=%c, c2=%c, c3=%c",c1,c2,c3);
    return 0;
}
```

一次执行结果如下：

```
a  b↵
c1=a, c2=  ,c3=b
```

显然，在字符 a 后面输入的空格，被存入变量 c2 中了。如果输入时不在字符后面输入空格，则可以将 a、b、c 分别存入 c1、c2、c3 中。下面是另一次执行结果：

```
abc↵
c1=a, c2=b, c3=c
```

2. 数字数据和字符数据的混合输入

在数值数据和字符数据混合的情况下需要格外小心。

代码 12.11　有一组职工信息：职工号、姓氏（用一个字母）、性别、年龄和工资。要求从键盘上输入，然后显示出来。

```
#include <stdio.h>
int main(void){
    int num,age;
    double salary;
    char name,sex;
    printf("\n请输入职工号、姓氏、性别、年龄、工资:\n");
    scanf("%d%c%c%d%lf", &num,&name,&sex,&age,&salary);

    printf("\n职工号  姓氏  性别  年龄  工资\n");
    printf("%6d%5c%6c%6d%10.2lf", num,name,sex,age,salary);
    return 0;
}
```

运行结果：

```
输入职工号、姓氏、性别、年龄、工资：
200608  s  f  41  1234.56↵
职工号    姓氏   性别   年龄    工资：
200608     s-858993460-92559631349317831000000000000000000000000000000000000000000000.
           00Press any key to continue_
```

显然结果不正确。改成多语句输入，也不会解决上述问题，因为字符型输入还会把换行作为字符提取。

为了输入的一致性，可以在格式串中的不同类型转变处添加显式的分隔符（如空白等）。如上面的程序可以改为

```
#include <stdio.h>
int main(void){
    int num,age;
    double salary;
    char name,sex;
```

```
    printf("\n 请输入职工号、姓氏、性别、年龄、工资:\n");
    scanf("%d %c %c %d %lf", &num,&name,&sex,&age,&salary);

    printf("\n 职工号  姓氏  性别  年龄  工资\n");
    printf("%6d%5c%6c%6d%10.2lf\n", num,name,sex,age,salary);
    return 0;
}
```

运行结果：

```
请输入职工号、姓氏、性别、年龄、工资：
200608  s  f  41  1234.56↵
职工号    姓氏   性别   年龄    工资
200608    s      f     41  1234.56
```

3. 用格式字段宽度控制字符输入

当定义有字段宽度时，scanf( )将在缓冲区中的输入流上按宽度间隔地跳取字符。

代码 12.12

```
#include <stdio.h>
int main(void){
    char c1,c2,c3,c4,c5,c6;
    scanf("%3c%3c%3c",&c1,&c2,&c3);
    printf("\nc1=%3c, c2=%3c, c3=%3c\n",c1,c2,c3);
    scanf("%3c%3c%3c",&c4,&c5,&c6);
    printf("\nc4=%3c, c5=%3c, c6=%3c\n",c4,c5,c6);
    scanf("%3c%3c%3c",&c1,&c2,&c3);
    printf("\nc1=%3c, c2=%3c, c3=%3c\n",c1,c2,c3);
    return 0;
}
```

一次执行结果：

```
abcdefghijklmnopqrstuvwxyz↵
c1=   a,  c2=   d,  c3=   g
c4=   j,  c5=   m,  c6=   p
c1=   s,  c2=   v,  c3=   y
```

12.2.6　scanf( )的停止与返回

从上述例子可以看出，scanf( )函数操作有两个作用：

（1）首先从缓冲区中提取需要的数据。

（2）如果缓冲区中没有需要的数据，则要求从键盘输入一个数据流，输入操作以“↵”操作结束。

（3）遇到下面的情形终止执行：

- 格式参数中的格式项用完——正常结束。
- 发生格式项与输入域不匹配时——非正常结束。例如，从键盘输入的数据数目不足。

（4）执行成功，返回成功匹配的项数；执行失败，返回 0。

代码 12.13

```
#include <stdio.h>
```

```
int main(void) {
    int a,b,c;
    printf("%d\n",scanf("%3d-%2d-%4d",&a,&b,&c));
    printf("a=%d,b=%d,c=%d\n",a,b,c);
    return 0;
}
```

在这个程序中，scanf( )作为 printf( )中的一个输出项。在程序运行时先按 scanf( )的要求输入数据，然后由printf函数把在输入时匹配成功的项目数输出。一次运行情况如下：

```
123-45-6789↲
3↲
a=123,b=45,c=6789
```

正确地输入了3个整数，scanf正常结束，返回值为3。

另一次运行情况：

```
12-345-6789↲
2↲
a=12,b=34,c=62
```

在按%3d读数据时，第3个字符不是数字，故提前截止，只将2个字符（12）送给a，再按%2d读入2个字符34送给b，本应出现“－”，但却输入“5”，不合法，非正常终止。scanf函数返回值为2输出c的值是随机的。

习　题　12.2

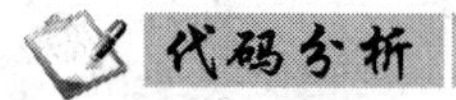

1. 选择题。

（1）对于定义

```
int a,*pa=&a;
```

下列语句中，能为变量a正确地输入数据的语句为（　　）。

A．scanf("%d", pa);　　B．scanf("%d", a);

C．scanf("%d", *pa);　　D．scanf("%d", &pa);

（2）有程序

```
#include <stdio.h>
int main(void){
    char a,b,c,d;
    scanf("%c,%c,%d,%d",&a,&b,&c,&d);
    printf("%c,%c,%c,%c\n",a,b,c,d);
    return 0;
}
```

若从键盘上输入：

```
6,8,68,69<↲>
```

则输出结果为（　　）。

A．6,8,D,E　　　B．6,8,68,69　　　C．6,8,8,9　　　D．6,8,6,6

（3）对于定义

```
float a,b,c;
```

要用语句 scanf("%f%f%f",&a,&b,&c);为变量 a、b、c 分别输入 10.0、20.0、30.0，下列数据输入方式中不正确的为（　　）。

A．10<↵>
20<↵>
30<↵>

B．10.0<↵>
20.0　30.0<↵>

C．10.0,20.0,30.0<↵>

D．10 20 <↵>
30<↵>

2. 阅读下列代码，给出输出结果。

（1）

```
int x=0177;
printf("x=%3d,x=%6d,x=%6o,x=6x,x=6u\n",x,x,x,x,x);
```

（2）

```
int x=0177;
printf("x=%-3d,x=%-6d,x=$%-06d,x=$%06d,x=%%06d\n",x,x,x,x,x);
```

（3）

```
double a=123.123456;
printf("a=%8.6f,a=%8.2f,x=%14.8f,a=%14.8lf\n",a,a,a,a);
```

第 13 单元　位运算与位段

位（bit）是计算机内部进行数据存储的最基本单位。大部分高级语言都是在字的级别上进行运算的，不能在位的级别上进行运算，而 C 语言却可以对整数和字符提供位级别的运算。

13.1　位　运　算

C 语言提供的位运算有表 13.1 所示的 6 种。其中，双目位运算符进行运算时，要将两个操作数的右端对齐，再将左端位数不足的操作数向高位扩展，然后进行位运算。扩展的方法为

- 正整数和无符号数的左端用 0 补齐。
- 负数左端用 1 补齐。

表 13.1　　位　运　算　符

位　运　算　符	含　　义	操作数	优先级
～	按位求反	单目	高
<<、>>	左移、右移	双目	↓
&、^、|	按位与、按位异或、按位或	双目	低

还需要说明的是，位运算符还可以与赋值运算符组成复合赋值运算符。

13.1.1　按位逻辑运算

1. 按位“与”运算

（1）运算规则。

- 两个位都为 1 时，结果为 1，即 1&1＝1。
- 两个位中有一个为 0 时，结果为 0，即 1&0＝0、0&1＝0、0&0＝0。

（2）应用举例。

【例 13.1】 47&0

```
          47: 0010 1111
&          0: 00000000
结果         00000000
```

说明：任何整数与 0 进行按位与运算，其结果为 0。这样能够对一个变量进行清零。

【例 13.2】 获取指定位。

```
           X: xxxxxxxx
&         62: 001 11110
结果         00xxxxx0
```

说明：由于 62 从左（0 开始）向右的 2、3、4、5、6 位上为 1，所以可以获取 X 的第 2、3、4、5、6 位上的 bit 值。

2. 按位“或”运算

（1）运算规则。

- 两个位都为 0 时，结果为 0，即 0|0=0。
- 两个位中有一个为 1 时，结果为 1，即 1|0=1、0|1=1、1|1=1。

（2）应用举例。

【例 13.3】 对一个整数的某些位置 1。

```
      X: xxxxxxxx
|    62: 001 11110
----------------
结果     xx11111x
```

说明：由于 62 从左（0 开始）向右的 2、3、4、5、6 位上为 1，所以可以将 X 的第 2、3、4、5、6 位置 1。

3. 按位“异或”运算

（1）运算规则。

- 两个位相同，则结果为 0，即 1^0=0、0^1=0。
- 两个位不同，则结果为 1，即 1^0=1、0^1=1。

（2）应用举例。

【例 13.4】 对变量清 0。

```
       X: xxxxxxxx
^      X: xxxxxxxx
----------------
结果     00000000
```

说明：对同一整数进行按位“异或”，由于对应位相同，结果为 0。

【例 13.5】 保留某些位或将某些位变反。

```
        10101010
^       00001111
----------------
结果    10100101
```

说明：某位对 0 进行“异或”运算，保留原值，如前 4 位；某位对 1 进行“异或”运算，其值变反，如后 4 位。

4. 按位“取反”运算

（1）运算规则。将一个整数的各位取反，即～1=0，～0=1。

（2）应用举例。

【例 13.6】

```
～      10101010
----------------
结果    01010101
```

13.1.2 移位运算

C 语言允许将一个整数中的各位依次移动若干位的距离。

1. 移位运算的基本概念

当一个 1 在一个字中被移动时，由于位权不同，会发生如下变化。

（1）每左移一位，其值扩大一倍。

（2）每右移一位，其值缩小一半。

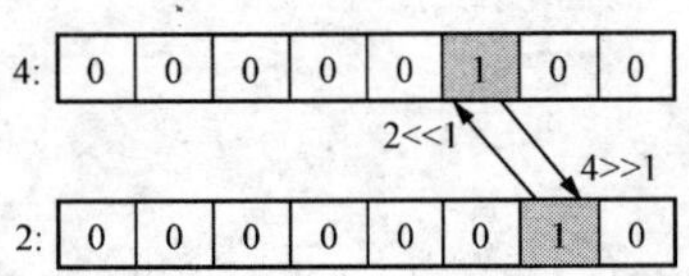

图 13.1 1在数据中的左移和右移

上述变化过程如图 13.1 所示：如数据 4 右移一位成为 2；而数据 2 左移一位成为 4。

2. 补位

由图 13.1 可以看出，当一个整数进行左移运算时，尾部会出现空位；而当一个整数进行右移运算时，首部会出现空位。这种情况下，就要分别在尾部和首部补位。但是，左移和右移的补位规则不同。

（1）进行左移运算，要在尾部补 0。

（2）进行正整数（最高位——符号位为 0）的右移时，要在首部补 0。

（3）进行负整数（最高位——符号位为 1）的右移时，机器内采用二进制补码表示。所谓补码，是将数值的各位变反（反码）再加 1。例如，数据 3 的原码为 00000011，反码为 11111100，补码为 11111101。补位方式视编译器不同可以有如下不同的方法：

- 逻辑右移：首部补 0，如 a（11111101）>>1，得 01111110。
- 算术右移：首部补 1，如 a（11111101）>>1，得 11111110。

13.2 位　段

1. 位段及其定义

C 语言提供一种在位一级进行操作的机制。它允许在一个结构体中以位为单位来指定其成员所占的内存长度，这种以位为单位的成员称为位段（bit-field）或位域。一个位段由一个位或若干位组成。实际上是将一个字节分成几个位段（即把只需要一位或几位的若干数据组织成一个字节），因此也可认为它是“位信息组”。从结构上看，位段是一种特殊形式的结构体类型。

【例 13.7】 表 13.2 所示，串行通信适配器的状态用一个 8B 的寄存器存储。

表 13.2　　串行通信适配器的状态

位	b_0	b_1	b_2	b_3	b_4	b_5	b_6	b_7
意义	清除后发送线路改变	数据就绪改变	检测到尾边界	接收线路改变	清除后发送	数据就绪	振铃	已接收信号

这些信息可以用下面的一个字节表示：

```
struct status_type{
    unsigned delta_cts:    1;          /* delta_cts 占一位  */
    unsigned delta_dsr:    1;          /* delta_dsr 占一位  */
    unsigned tr_edges:     1;          /* tr_edges 占一位   */
    unsigned delta_rec:    1;          /* delta_rec 占一位  */
    unsigned cts:          1;          /* cts 占一位        */
    unsigned dsr:          1;          /* dsr 占一位        */
    unsigned ring:         1;          /* ring 占一位       */
    unsigned rec_line:     1;          /* elta_dsr 占一位   */
}status;
```

这个结构体类型与前面结构体类型的不同之处在于，需要在声明结构体类型时指定各位段的长度（以位为单位）。方法：在位段名的后面有一个冒号，冒号的后面即为指定的位数。

这个结构体中，定义了成员 delta_cts、delta_dsr、tr_edges、delta_rec、cts、dsr、ring 和 rec_line 都是 1 位的无符号数，即这些位段只有 0 或 1 两个值。也可以根据需要，给不同的成员来定义不同的位宽，还可以根据需要跳过某些位不用。被跳过的位段没有位段名，无法引用。

代码 13.1

```
struct packeddata1 {
    unsigned int a:  3;
    unsigned int:    4;                /* 此 4 位无位段名，不能引用 */
    unsigned int c:  5;
    unsigned int d:  4;
} x;
```

这个定义的情形如图 13.2 所示。

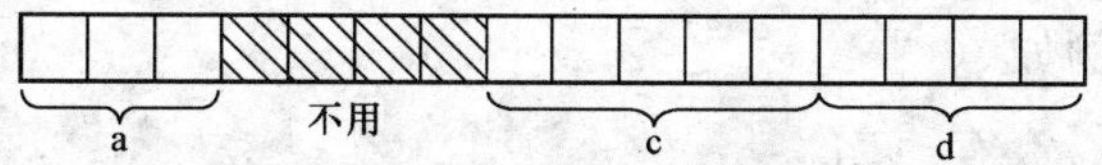

图 13.2　例 13.7 中位段的定义

如果各位段的长度超过一个整型数据的空间，即下一个位段已放不下了，这时系统会自动开辟第二个整型数据的空间，从下一个整型空间开始存放下一个位段，即一个位段不能跨越两个整型空间。也可以指定某一个位段从一个整型空间的下一个字节开始存放，而不是紧接着前面的位段存放。

代码 13.2

```
struct packeddata1 {
    unsigned int a:     3;
    unsigned int:       0;             /* 跳过一个字节中其余位     */
    unsigned int c:     5;
    unsigned int:       0;             /* 跳过一个字节中其余位     */
    unsigned int e:     4;
    unsigned int f:     2;
}
```

位段 a 后面定义了一个“位数为 0”的无名位段，它的作用是使下一个位段从另一个字节开始存放，如图 13.3 所示。

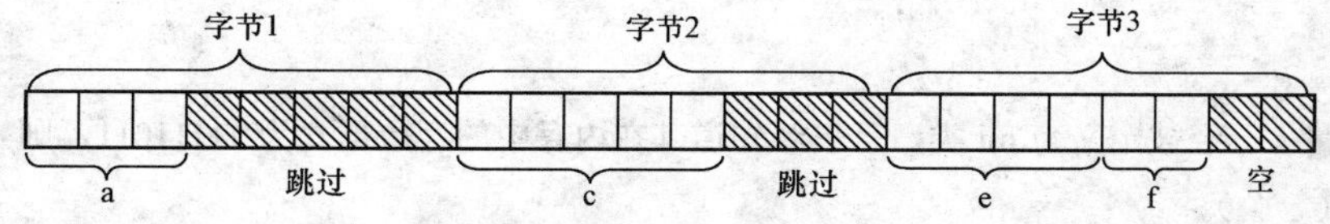

图 13.3　代码 13.2 中位段的定义

在一个结构体中可以混合使用位段和通常的结构体成员。

代码 13.3

```
struct data {
    int              i;              /* 非位段              */
    unsigned int a:  3;              /* 位段                */
```

```
    unsigned int b:     5;              /* 位段             */
    unsigned int c:     2;              /* 位段             */
    float               f;              /* 非位段           */
};
```

第一个成员是整型的，占 2B，下面 3 个位段 a、b、c，占 2B（多余 6 位），最后 f 又占 4B，共占 8B。

应当指出，定义位段时必须用 unsigned int 或 int 类型，不能用 char 或其他类型。有的 C 编译系统只允许使用 unsigned 型。

2. 位段的引用

对位段的引用方法与引用结构体变量中的成员相同，即用以下形式：

x.a, x.b, x.c, x.d

允许对位段赋值，例如

```
x.a = 2; x.b = 1; x.c = 7; x.d = 0;
```

注意：

（1）每一个位段能存储的最大值。这个不是定义位段时位段占用的比特数，而是它们所能表示的最大数。例如 x.c 占 3 位，最大值为 7，如果赋以 8 就会出现溢出，从而使 x.c 只取 8 的二进制数的低 3 位（000）。

（2）不能引用位段的地址，因为地址是以字节为单位的，无法指向位。如写法&x.a 是不合法的。

位段是很有用的。它使用户能方便地访问一个字节中的有关位，这在控制问题中非常有用，而其他高级语言是无此功能的。用位段可以节省存储空间，把几个数据放在同一字节中，如“真”和“假”（即 0 和 1）这样的信息只需一位就可以存放了。某些输入/输出设备的接口将传输信息编码为一个字节中的某个位，程序可以访问它们，并据此作出相应的操作。

习　题　13

代码分析

1. 选择题。

（1）若变量 a 已经被定义为 int 类，且已经知道其在内存中的存放形式为 11111011，则 printf("%d\n",a)的输出结果为（　　）。

A. −5　　B. 5　　C. 251　　D. −123

（2）两个非 0 的整型变量 a 和 b 的值相等，则下列表达式中为 0 的是（　　）。

A. a||b　　B. a|b　　C. a&b　　D. a^b

（3）下面的程序段

```
unsigned char int a,b;
a=4|3;
b=$&3;
```

执行后，a 和 b 的值为（　　）。

A. a=43，b=0　　B. a=1，b=1

C. a=0，b=7　　D. a=7，b=0

（4）下面的程序段

```
int a=3,b=4;
a=a^b;
b=b^a;
a=a^b;
```

执行后，a 和 b 的值为（　　）。

A. a=3，b=3　　B. a=4，b=4

C. a=4，b=3　　D. a=3，b=4

（5）程序

```
#include <stdio.h>
int main(void) {
    int x=3,y=2,z=1;
    printf("%d\n",x/y&~z);
    return 0;
}
```

执行后的结果为（　　）。

A. 11　22　　B. 12　24　　C. −6　−13　　D. −11　12

（6）程序

```
#include <stdio.h>
int main(void) {
    char x=040;
    printf("%o\n",x<<1);
    return 0;
}
```

执行后的结果为（　　）。

A. 32　　B. 64　　C. 80　　D. 100

2. 填空题。

（1）设变量 a 的二进制值为 00101101。若欲通过运算 a^b 使 a 的高 4 位取反，低 4 位不变，则 b 的二进制值应该是__________。

（2）程序

```
#include <stdio.h>
int main(void) {
    unsigned char x,y,z;;
    x=0x3;y=x|0x8;z=y<<1;
    printf("%d %d\n",y,z);
    return 0;
}
```

执行后的结果为__________。

（3）使字符型变量 ch 能从大写字母变为小写字母的位运算表达式为_________。

（4）对于定义

```
int b=2;
```

表达式(b>>2)/(b>>1)的值为_________。

开发实践

1. 编写一个函数 wordlength( )，用于计算所用计算机中 unsigned 类型数据的二进制位数。
2. 编写一个函数，用于统计一个整数的二进制形式中 1 的个数。

附录A C语言的关键字及其用途

用途分类	关键字	说明
数据类型	char	定义字符型数据
	const	定义常量
	float/double	定义单精度/双精度实型数据
	enum	定义枚举类型
	int、long、short	定义基本整型、长整型、短整型数据
	signed、wnsigned	定义有符号、无符号类型数据
	struct	定义结构体类型
	union	定义共用体类型
	void	无值类型
	volatile	用于定义可变类型的数据
	–Bool、–Complex、–Imaginary	定义布尔、复数、图像类型
存储类别声明	auto	自动变量声明
	extern	外部变量声明
	register	寄存器变量声明
	static	静态变量声明
程序控制流程	break	退出本层循环或 switch 语句
	case	switch 语句的分支
	continue	结束本次循环
	default	switch 语句的其他情况标号
	do	do-while 循环的起始标记
	else	if 语句的另一个分支
	for	for 循环的标记
	goto	无条件转移语句
	if	if 语句的标记
	return	函数返回语句
	switch	多路分支语句
	while	while 循环和 do-while 循环的标记
求字节数运算符	sizeof	求某类型的字节数
更改数据类型名	typedef	给某数据类型定义一个新名字
其　他	in line	声明函数代码为内嵌
	restrict	限定指针为访问一个数据对象的唯一且初始的方式

附录B C语言运算符的优先级和结合方向

<table>
<tr><th>优先级</th><th>运 算 符</th><th>运算符功能</th><th>运 算 类 型</th><th>结 合 方 向</th></tr>
<tr><td>1</td><td>()
[]
->
.</td><td>圆括号、函数参数表
数组元素下标
指向结构体成员运算符
结构体成员运算符</td><td></td><td>从左至右</td></tr>
<tr><td>2</td><td>!
~
++
--
+
-
（类型名）
*
&
sizeof</td><td>逻辑非运算符
按位取反运算符
自增运算符
自减运算符
正号运算符
负号运算符
强制类型转换运算符
指针运算符
取地址预算符
长度运算符</td><td>单目运算</td><td>从右至左</td></tr>
<tr><td>3</td><td>*、/、%</td><td>乘法、除法、整数求余运算符</td><td>双目运算</td><td>从左至右</td></tr>
<tr><td>4</td><td>+、-</td><td>加法、减法运算符</td><td>双目运算</td><td>从左至右</td></tr>
<tr><td>5</td><td><<、>></td><td>左移、右移运算符</td><td>移位运算</td><td>从左至右</td></tr>
<tr><td>6</td><td><、<=、
>、>=</td><td>小于、小于等于
大于、大于等于运算符</td><td>关系运算</td><td>从左至右</td></tr>
<tr><td>7</td><td>==、!=</td><td>等于、不等于运算符</td><td>关系运算</td><td>从左至右</td></tr>
<tr><td>8</td><td>&</td><td>按位与运算符</td><td>位运算</td><td>从左至右</td></tr>
<tr><td>9</td><td>^</td><td>按位异或运算符</td><td>位运算</td><td>从左至右</td></tr>
<tr><td>10</td><td>|</td><td>按位或运算符</td><td>位运算</td><td>从左至右</td></tr>
<tr><td>11</td><td>&&</td><td>逻辑与运算符</td><td>逻辑运算</td><td>从左至右</td></tr>
<tr><td>12</td><td>||</td><td>逻辑或运算符</td><td>逻辑运算</td><td>从左至右</td></tr>
<tr><td>13</td><td>?:</td><td>条件运算符</td><td>三目运算</td><td>从右至左</td></tr>
<tr><td>14</td><td>=、+=、-=、
*=、/=、%=、>>=、
<<=、&=、^=、|=</td><td>复合赋值运算符</td><td>双目运算</td><td>从右至左</td></tr>
<tr><td>15</td><td>,</td><td>逗号运算符</td><td>顺序运算</td><td>从左至右</td></tr>
</table>

附录C 编译预处理命令

以#开头的命令行称编译预处理命令，在编译源程序前进行处理。

C.1 宏定义

由编译预处理器将宏名后继出现的若干个实例用替代正文替换。

```
#define 宏名 替代正文
#define 宏名（形参，……）替代正文
```

带参数的宏定义在宏展开时，先用实参替换替代正文中的形参，再用替换后的结果替换程序中出现的宏调用。

C.2 文件包含

由编译预处理器把该行替换为指定文件的内容。编译预处理器将在特定的位置查找指定的文件。

```
#include <文件名>
#include "文件名"
```

第一种格式中在系统路径中搜索指定的文件，常用于包含系统的文件。

第二种格式中首先从源文件所在的位置开始搜索指定的文件，如果没找到则按第一种方式处理。此种格式常用于包含用户自定义的文件。

C.3 条件编译

（1）在复杂的程序中，使编译预处理器根据条件从几段程序中选择一段编译。

```
#if 常量表达式
   程序段 1
#else
   程序段 2
#endif
```

（2）如果之前已用#define 定义了宏名，则编译其中的程序。

```
#ifdef 宏名
   程序段
#endif
```

（3）如果之前未用#define 定义宏名，则编译其中的程序。

```
#ifndef 宏名
   程序段
#endif
```

附录D C语言常用标准库函数

为了简化程序设计，提高程序设计的效率，C 语言编译系统都会分门别类地提供大量的函数库。在编程时，若要使用某个库函数，则只需包含相关库的头文件即可。

虽然库函数不是 C 语言的组成部分，但由于不同的 C 编译系统提供的库函数差异较大，影响了标准 C 语言程序的可移植性，因此，有一部分常用库函数也被纳入 C 语言标准，称为 C 标准库函数。C 语言标准库包括 assert.h、complex.h（C99 增加）、ctype.h、errno.h、fenv.h（C99 增加）、float.h、inttyoes.h（C99 增加）、iso646.h（C89 增补 1）、limits.h、local.h、math.h、setjmp.h、signal.h、stdarg.h、stdbool.h、stddef.h、stdint.h、stdio.h、stdlib.h、string.h、tgmath.h（C99 增加）、time.h、wchar.h（C89 增补 1）、wctype.h（C89 增补 1）。

下面简要罗列 C 语言标准函数库中的常用库函数，对于其他库函数，其引用方法相同，需要时请参考相应 C 语言编译系统的帮助或库函数参考手册。

D.1 数学函数

在源文件中调用数学函数时应该使用预编译命令#include<math.h>。常见数学函数见表 D-1。

表 D-1 常见的数学函数

函数原型	函数功能	返回值	说明
int abs (int x);	求整数 x 的绝对值	计算结果	
double acos (double x);	计算 arccos$x$ 的值	计算结果	$x\in[-1,1]$
double asin (double x);	求 arcsin$x$ 的值	计算结果	$x\in[-1,1]$
double atan (double x);	求 arctan$x$ 的值	计算结果	
double atan2 (double x, double y);	求 arctan（x/y）的值	计算结果	
double cos (double x);	求 cos$x$ 的值	计算结果	x 为弧度
double cosh (double x);	求 x 的双曲余弦值	计算结果	
double exp (double x);	求 e^x 的值	计算结果	
double fabs (double x);	求 x 的绝对值	计算结果	
double floor (double x);	求不大于 x 的最大整数	该整数的双精度实数	
double fmob (double x, double y);	求整除 x/y 的余数	返回余数的双精度实数	
double frexp (double val, int * eptr);	把双精度数 val 分解为数字部分 x 和以 2 为底的指数 n，即 val$=x\times2^n$，n 存放在指针 eptr 指向的变量中	返回数字部分 x $0.5\leq x<1$	
double log (double x);	求 $\log_e x$，即 $\ln x$	计算结果	
double log10 (double x);	求 $\log_{10} x$	计算结果	
double modf (double val, double * iptr);	把双精度数 val 分解为整数部分和小数部分，把整数部分存到指针 iptr 指向的单元	val 的小数部分	

续表

函 数 原 型	函 数 功 能	返 回 值	说 明
double pow (double x, double y);	计算 x^y 的值	计算结果	
int rand (void);	产生从－90～32 767 之间的随机整数	产生［0，RAND_MAX］之间的随机整数	
double sin (double x);	求 sin$x$ 的值	计算结果	x 为弧度
double sinh (double x);	求 x 的双曲正弦的值	计算结果	
double sqrt (double x);	计算 x 的平方根	计算结果	
double tan (double x);	求 tan$x$ 的值	计算结果	x 为弧度
double tanh (double x);	求 x 的双曲正切的值	计算结果	

D.2　字符函数和字符串函数

在源文件中调用字符串函数时应该使用预编译命令#include<string.h>，调用字符函数时应该使用预编译命令#include<ctype.h>。表 D-2 列出了字符函数和字符串函数。

表 D-2　字符函数和字符串函数

函 数 原 型	函 数 功 能	返 回 值	头 文 件
int isalnum (int ch);	判断 ch 是否是字母或数字	是返回 1，不是返回 0	ctype.h
int isalpha (int ch);	判断 ch 是否是字母	是返回 1，不是返回 0	ctype.h
int iscntrl (int ch);	判断 ch 是否是控制字符，控制字符的 ASCII 码在 0～0x1F 之间	是返回 1，不是返回 0	ctype.h
int isdigit (int ch);	判断 ch 是否是数字 0～9	是返回 1，不是返回 0	ctype.h
int isgraph (int ch);	判断 ch 是否是图形字符，其 ASCII 码在 0x21～0x7E 之间	是返回 1，不是返回 0	ctype.h
int islower (int ch);	判断 ch 是否是小写字母 a～z	是返回 1，不是返回 0	ctype.h
int isprint (int ch);	判断 ch 是否是打印字符，其 ASCII 码在 0x20～0x7E 之间	是返回 1，不是返回 0	ctype.h
int ispunct (int ch);	判断 ch 是否是标点字符，除字母、数字和空格以外所有可打印字符	是返回 1，不是返回 0	ctype.h
int isspace (int ch);	判断 ch 是否是空格、制表符或换行符	是返回 1，不是返回 0	ctype.h
int isupper (int ch);	判断 ch 是否是大写字母 A～Z	是返回 1，不是返回 0	ctype.h
int isxdigit (int ch);	判断 ch 是否是一个十六进制数字字符，即 0～9，A～F，a～f	是返回 1，不是返回 0	ctype.h
char * strcat (char *dest, char * src);	将字符串 src 的内容添加到字符串 dest 末尾	新字符串 dest	string.h
char * strchr (char * s, int c);	搜索字符串 s 中第一次出现的字符 c	若找到字符 c，则返回指向第一个 c 的指针，否则返回 NULL 指针	string.h
int strcmp (char * s1, char * s2);	比较两个字符串 s1、s2 的大小	s1 ＜ s2，返回负数 s1 ＝ s2，返回 0 s1 ＞ s2，返回正数	string.h
char * strcpy (char *dest, char * src);	将字符串 src 的内容复制到字符串 dest，覆盖 dest 中原先内容	返回字符串 dest	string.h

续表

函 数 原 型	函 数 功 能	返 回 值	头 文 件
size_t strlen (const char * s);	计算 s 中终止 NULL 字符之前的字符数	返回字符串个数	string.h
char * strstr (char *src, const char * sub);	找到字符串 src 中第一次出现字符串 sub 的位置	返回指向第一次出现子串开头的指针	string.h
int tolower (int c);	将字符 c 转换成小写字母	与 c 对应的小写字母	ctype.h
int toupper (int h);	将字符 c 转换成大写字母	与 c 相应的大写字母	ctype.h

D.3　输入输出函数

在源文件中调用输入输出函数时应该使用预编译命令#include <stdio.h >。表 D-3 列出了输入输出函数。

表 D-3　　输 入 输 出 函 数

函 数 原 型	函 数 功 能	返 回 值
void clearerr (FILE * fp);	重置 fp 指向的数据流中的任何错误和文件末尾指示	无
in close (int fp);	关闭 fp 指向的文件	关闭成功返回 0，不成功，返回−1
int creat (char * filename, int mode);	以 mode 所指定的方式建立文件	成功则返回正数，否则返回−1
int eof (int fp);	判断 fp 指向的文件是否结束	遇文件结束，返回 1，否则返回 0
int fclose (FILE * fp);	关闭文件指针 fp 所指的文件，并释放文件缓冲区	有错则返回非 0，否则返回 0
int feof (FILE * fp);	判断文件指针 fp 指向的文件中的位置指针是否指向结束位置	遇文件结束符返回非 0，否则返回 0
int fgetc (FILE * fp);	从文件指针 fp 所指向的文件中读出位置指针指向的字符	返回读出的字符。若读出错误，返回 EOF
char * fgets (char * buf, int n, FILE * fp);	从文件指针 fp 指向的文件中读出一个长度为（n−1）的字符串，存入起始地址为 buf 的字符数组中	返回字符指针 buf，若遇文件结束或出错，返回 NULL
FILE * fopen (char * filename, char * mode);	以参数 mode 指定的方式打开名为 filename 的文件	成功，则返回一个文件指针，否则，返回 0
int fprintf (FILE * fp, char * format, args, …);	把 args 的值以 format 指定的格式输出到文件指针 fp 所指定的文件中	实际输出的字符数
int fputc (char ch, FILE * fp);	将字符 ch 写入文件指针 fp 指向的文件中	成功，则返回该字符，否则返回非 0
int fputc (char * str, FILE * fp);	将 str 指向的字符串写入文件指针 fp 所指向的文件	成功，则返回 0，若出错，返回非 0
int fread (char * pt, unsigned int size, unsigned int n, FILE * fp);	从文件指针 fp 所指向的文件中读取长度为 size 的 n 个数据项，存到 pt 所指向的内存区中	返回所读的数据项个数，如遇文件结束或出错返回 0
int fscanf (FILE * fp, char format, args, …);	从文件指针 fp 指向的文件中按 format 给定的格式将输入数据送到 args 所指向的内存单元中	已输入的数据个数

续表

函 数 原 型	函 数 功 能	返 回 值
int fseek (FILE * fp, long offset, int base);	将文件指针 fp 所指向的文件的位置指针移到以 base 所指出的位置为基准、以 offset 为位移量的位置	返回当前位置，否则，返回-1
long ftell (FILE * fp);	返回文件指针 fp 所指向的文件中的读写位置	位置指针的值
int fwrite (char * ptr, unsigned int size, unsigned int n, FILE * fp);	把字符指针 ptr 所指向的 n * size 个字节写入文件指针 fp 所指向的文件中	写到文件中数据项的个数
int getc (FILE * fp);	从文件指针 fp 所指向的文件中读入一个字符	返回所读的字符，若文件结束或出错，返回 EOF
int getchar (void);	从标准输入设备读取一个字符	所读字符，若文件结束或出错，则返回－1
int getw (FILE * fp);	从文件指针 fp 所指向的文件读取一个字（整数）	输入的整数，若文件结束或出错，返回－1
int open (char * filename, int mode);	以 mode 指出的方式打开已存在的名为 filenamed 的文件	返回文件号（正数），若打开失败，返回－1
int printf (char * format, args, …);	按 format 指定的格式字符所规定的格式，将输出表列 args 的值输出到标准输出设备	输出字符的个数，若出错，返回负数
int putc (int ch, FILE * fp);	把字符 ch 输出到文件指针 fp 所指的文件中	输出的字符 ch，若出错，返回 EOF
int putchar (char ch);	把字符 ch 输出到标准输出设备	输出的字符 ch，若出错，返回 EOF
int puts (char * str);	把字符指针 str 指向的字符串输出到标准输出设备，将“\0”转换为回车换行	返回换行符，若失败，返回 EOF
int putw (int w, FILE * fp);	将整数 *w*（即一个字）写到文件指向 fb 指向的文件中	返回该整数，若出错，返回 EOF
int read (int fd, char * buf, unsigned int count);	从文件号 fd 所指示的文件中读 count 个字节到由字符指针 buf 指向的缓冲区中	返回真正读入的字节个数，若遇文件结束返回 0，出错返回－1
int rename (char * oldname, char * newname);	把由字符指针 oldname 所指的文件名改为由字符指针 newname 所指的文件名	成功返回 0，出错返回－1
void rewind (FILE * fp);	将文件指针 fp 指示的文件中的位置指针置于文件开头位置，并清除文件结束标志和错误标志	无
int scanf (char * format, args, …);	从标准输入设备按 format 指向的格式字符串所规定的格式，输入数据给 args 所指向的单元	读入并赋给 args 的数据个数，遇文件结束返回 EOF，出错返回 0
int write (int fd, char * buf, unsigned count);	从 buf 指示的缓冲区输出 count 个字符到 fd 所标志的文件中	返回实际输出的字节数，若出错返回－1

D.4　动态内存分配函数

在源文件中调用动态内存分配函数时应该使用预编译命令#include<stdlib.h>。表 D-4 列出了动态内存分配函数。

表 D-4 动态内存分配函数

函数原型	函数功能	返回值
void * calloc (unsigned int n, unsigned int size);	分配容纳 *n* 个数据项的连续内存空间，每个数据项的大小占 size 个字节	若成功，返回分配内存空间的首地址，否则返回 NULL 指针
void free (void * p);	释放指针 p 所指向的内存	无
void*malloc (unsigned int size);	分配内存区来存储长度为 size 的对象	返回这个区域中第一个元素的指针，若失败，则返回 NULL 指针
void * realloc (void * p, unsigend int size);	将指针 p 所指向的已分配内存区的大小改为 size	返回指向新分配内存区的开始位置

说明：calloc( )和 malloc( )函数需强制类型转换成所需数据类型的指针。

D.5 过程控制函数

在源文件中调用过程控制函数时应该使用预编译命令#include<process.h>。表 D-5 列出了过程控制函数。

表 D-5 过程控制函数

函数原型	函数功能	返回值
void exit (int status);	使程序执行立刻终止，并清除和关闭所有打开的文件。status＝0 表示程序正常结束，status 非 0 表示程序存在错误	无

D.6 数值转换函数

在源文件中调用数值转换函数时应该使用预编译命令#include<stdlib.h>。表 D-6 列出了数值转换函数。

表 D-6 数值转换函数

函数原型	函数功能	返回值
double atof (char * s);	把字符串 s 转换成双精度浮点数	运算结果
int atoi (char*s);	把字符串 s 转换成整型数	运算结果
long atol (char*s);	把字符串 s 转换成长整型数	运算结果

D.7 时间和日期函数

时间和日期函数的原型在 time.h 中声明，见表 D-7。

表 D-7 时间和日期函数

函数原型	函数功能及返回值
cloct_t clock(void);	返回处理器已走的基准时钟脉冲的个数，若出错返回–1
time_t time(time_t*timer);	返回秒计时间[③]，并存入 timer 所指内存。若 timer 为空指针，则不保存
struct tm*gmtime(const time_t*timer);	将 timer 所指的秒计时间转换成日历时间[④]的结构体指针返回
struct tm * localtime(const time_t * timer);	将 timer 所指的本地秒计时间转换成日历时间的结构体指针返回。转换时要考虑时区和夏时制等

续表

函　数　原　型	函数功能及返回值
time_t mktime (struct tm * tp);	将 tp 所指的日历时间转换成秒计时间返回，若不能转换则返回−1
double difftime(time_t tl, time_t t0);	返回秒计时间 *t*1−*t*0（单位为 s）
size_t strftime (char * s, size_t max, const char * fmt, const struct tm * t);	将 *t* 所指的日历时间按 fmt 所指的格式转换成字符串，存入 s 所指内存。其中，s 所指内存最多 max 字节

备注：

① cloct_t 类型、time_t 类型是 long 类型的别名

② size_t 类型是 unsigned int 类型的别名

③ 秒计时间是指从 1970 年 1 月 1 日格林威治时间 00:00:00 起到目前的秒数

④ 日历时间是指含有年、月、日、星期、当年第几日、时、分、秒和夏时制标志的时间。日历时间结构体用于保存日历时间，其定义为：

```
struct tm{
    int tm_sec;                /*秒[0,59]          */
    int tm_min;                /*分[0,59]          */
    int tm_hour;               /*时[0,23]          */
    int tm_mady;               /*日[0,31]          */
    int tm_mon;                /*月[0,11]          */
    int tm_year;               /*年[从 1900 起]    */
    int tm_wday;               /*星期[0,6]         */
    int tm_yday;               /*当年第几日[0,365] */
    int tm_isdst;              /*夏时制标志        */
}
```

参 考 文 献

[1] 张基温．程序设计（C 语言）教程［M］．北京：清华大学出版社，2000．

[2] 张基温．新概念 C 语言程序设计［M］．北京：中国铁道出版社，2003．

[3] 张基温．C 语言程序设计案例教程［M］．北京：清华大学出版社，2004．

[4] 谭浩强，张基温．C 语言程序设计教程［M］．3 版．北京：高等教育出版社，2006．

[5] 张基温．新概念 C 程序设计教程［M］．南京：南京大学出版社，2007．

[6] 等级考试研究专家组．C 语言典型题汇与解析［M］．北京：中国铁道出版社，2005．